Dr. Norbert Stockinger
Frauengasse 25
A-8044 Graz
Austria

WINFRIED KASSERA   FLUG OHNE MOTOR

EIN LEHRBUCH FÜR DEN SEGELFLIEGER

WINFRIED KASSERA

Flug ohne Motor

MOTORBUCH VERLAG STUTTGART

Einbandgestaltung: Siegfried Horn
unter Verwendung eines Farbfotos der Firma GROB-Flugzeugbau

Die Zeichnungen im Innenteil fertigte der Autor.

ISBN 3-87943-194-9, Auflagen 1–5
ISBN 3-87943-651-7, Auflage 6
ISBN 3-87943-878-1, Auflage 7
ISBN 3-613-01039-9, ab Auflage 8

9. Auflage 1986
Copyright © by Motorbuch Verlag, Postfach 1370, 7000 Stuttgart 1.
Eine Abteilung des Buch- und Verlagshauses Paul Pietsch GmbH & Co. KG.
Sämtliche Rechte der Verbreitung – in jeglicher Form und Technik –
sind vorbehalten.
Satz und Druck: Schwabenverlag AG, 7302 Ostfildern 1.
Bindung: Verlagsbuchbinderei Karl Dieringer, 7016 Gerlingen.
Printed in Germany.

Inhaltsverzeichnis

TECHNIK 16
PHYSIKALISCHE GRUNDLAGEN 16
1. Der Energiehaushalt des Segelflugzeugs 16
2. Luftkräfte-Definitionen 17
3. Auftriebserzeugung 17
  3.1 Das Profil des Tragflügels 17
  3.2 Strömung am Profil 18
  3.3 Vorgänge in der Grenzschicht 19
  3.4 Einfluß des Anstellwinkels 21
  3.5 Einfluß des Staudrucks 22
  3.6 Größe des Auftriebs 23
4. Widerstand 23
  4.1 Der Druckwiderstand 23
  4.2 Der Reibungswiderstand 24
  4.3 Der Profilwiderstand 24
  4.4 Der induzierte Widerstand 25
  4.5 Der Interferenzwiderstand 26
  4.6 Der Restwiderstand 27
5. Zusammenhang zwischen Auftrieb und Widerstand 27
  5.1 Die Profilpolare 27
  5.2 Profilarten 28
  5.3 Flügelpolare und Gesamtpolare 30
  5.4 Der Einfluß des Einstellwinkels 31
6. Kräfte am Flugzeug 31
  6.1 Luftkraft und Druckpunkt 31
  6.2 Druckpunktwanderung 31
  6.3 Kräfte im Gleitflug 32
  6.4 Flug mit Motorkraft (M) 34
  6.5 Kräfte im Kurvenflug 34
  6.6 Die Flächenbelastung 35
  6.7 Das Lastvielfache 36
7. Beladung und Schwerpunkt 38
  7.1 Der Fluggewichts-Schwerpunkt 38
  7.2 Der Leergewichts-Schwerpunkt 39
  7.3 Der Beladeplan 39
  7.4 Ermittlung des Leergewichts-Schwerpunkts 40
8. Steuerung des Flugzeugs 43
  8.1 Achsen und Ruder 43
  8.2 Wirkung der Ruder 43

9.	Konstruktive Flughilfen	45
9.1	Stabilität um die drei Achsen 45	
9.2	Ruderausgleich 48	
9.3	Die Schränkung 49	
9.4	Start- und Landehilfen 50	
10.	Flugleistungen des Segelflugzeugs	53
10.1	Bestes Sinken und beste Gleitzahl 53	
10.2	Die Geschwindigkeitspolare 54	

FLUGZEUGKUNDE ... 56

1.	Einteilung der Luftfahrzeuge	56
2.	Aufteilung des Flugzeugs	57
3.	Gewichte	57
4.	Aufbau des Flugzeugs	58
4.1	Der Rumpf 58	
4.2	Das Tragwerk 60	
4.3	Das Leitwerk 62	
4.4	Das Steuerwerk 63	
4.5	Das Fahrwerk 65	
4.6	Bedienhebel 66	
4.7	Motor und Luftschraube (M) 66	
5.	Betrieb des Segelflugzeugs	78
5.1	Das Flug- und Betriebshandbuch 78	
5.2	Der Kontrollgang (Vorflugkontrolle) 79	
5.3	Der Startcheck 79	
5.4	Kontrolle nach einer harten Landung 80	
5.5	Störungen 80	

INSTRUMENTENKUNDE ... 81

1.	Instrumentierung	81
1.1	Sollinstrumentierung 81	
1.2	Sollinstrumentierung für Motorsegler (M) 81	
1.3	Instrumentenarten 81	
1.4	Nachprüfung 81	
1.5	Zusätzliche Instrumentierung für Segelflugzeuge 82	
2.	Flugüberwachungsgeräte	82
2.1	Fahrtmesser 82	
2.1.1	Der Staudruckfahrtmesser 82	
2.1.2	Meßgenauigkeit 83	
2.1.3	Geschwindigkeitsbereiche 88	

2.2	Der Höhenmesser 85	
2.2.1.	Funktion 85	
2.2.2.	Höhenmesserarten 86	
2.2.3.	Höhenmesserfehler 86	
2.3	Der Höhenschreiber oder Barograf 86	
2.4	Variometer 87	
2.4.1.	Das Dosenvariometer 87	
2.4.2.	Das Stauscheibenvariometer 88	
2.4.3.	Elektrische Variometer 88	
2.4.4.	Kompensation von Variometern 89	
2.5.	Kreiselinstrumente 91	
2.5.1.	Der Wendezeiger 91	
2.5.2.	Der künstliche Horizont 92	
2.5.3.	Der Kurskreisel 93	
2.6.	Die Libelle 93	
3.	**Navigationsgerät Kompaß**	94
3.1.	Funktion 94	
3.2.	Inklination 95	
3.3.	Kompaßfehler 95	
3.4.	Kompensierung 97	
4.	**Triebwerküberwachungsinstrumente (M)**	97
4.1.	Drehzahlmesser 97	
4.2.	Öldruckmesser 99	
4.3.	Ölthermometer 99	
4.4.	Kraftstoffvorratsmesser 99	

TECHNIK DES FLIEGENS 101

1.	**Die Platzrunde**	101
2.	**Der Start**	102
2.1.	Der Windenstart 102	
2.2.	Der Flugzeugschleppstart 103	
2.3.	Technische Sicherheitsmaßnahmen 104	
2.4.	Eigenstart (M) 104	
3.	**Der Geradeausflug und der Querruder-Sekundär-Effekt**	105
4.	**Kurven und Kreisen**	106
5.	**Steilkurven**	107
6.	**Der Faden**	108
7.	**Der Seitengleitflug (Slip)**	109
8.	**Fliegen am Hang**	110
9.	**Die Landung**	112
10.	**Langsamflug**	114
11.	**Trudeln**	114

METEOROLOGIE 118

1. Der Aufbau der Atmosphäre 118
1.1. Die Luft, ein Gasgemisch   118
1.2. Die Aufteilung der Atmosphäre   118
1.3. Die Eigenschaften der Luft   120
1.3.1. Die Luft als Gas   120
1.3.2. Luftdruck und Luftdichte   121
1.3.3. Die Erwärmung der Luft   121
1.3.4. Die Volumenänderung der Luft   122

2. Die Wetterfaktoren 124
2.1. Der Luftdruck   124
2.1.1. Luftdruckmessung   124
2.1.2. Luftdruckabnahme mit der Höhe   125
2.1.3. Luftdruckschwankungen   127
2.1.4. Berechnete Luftdruckwerte   128
2.2. Die Temperatur   131
2.2.1. Temperaturmessung   131
2.2.2. Temperaturänderungen mit der Höhe   131
2.3. Die Luftfeuchtigkeit   132
2.3.1. Der Dampfdruck   132
2.3.2. Die relative Luftfeuchtigkeit   133
2.3.3. Der Taupunkt   134
2.3.4. Messung der Luftfeuchtigkeit   135
2.4. Zusammenhang der Wetterfaktoren   136

3. Die Wettererscheinungen 137
3.1. Adiabatische Vorgänge   137
3.1.1. Trockenadiabatischer Auf- bzw. Abstieg   137
3.1.2. Feuchtadiabatischer Auf- bzw. Abstieg   138
3.1.3. Stabile und labile Schichtung   139
3.1.4. Die Inversion   142
3.2. Wolkenbildung   145
3.2.1. Die thermische Wolkenbildung   145
3.2.2. Orographische Wolkenbildung   148
3.2.3. Klassifikation der Wolken   149
3.3. Fronten   151
3.3.1. Die Warmfront   152
3.3.2. Die Kaltfront   152
3.3.3. Die Okklusion   153
3.4. Entstehung eines Tiefdruckwirbels (Zyklone)   155
3.5. Niederschläge   158
3.5.1. Entstehung und Messung   158
3.5.2. Niederschlagsarten   159
3.6. Vereisung   160
3.7. Nebel   161
3.7.1. Voraussetzungen zur Nebelbildung   161

3.7.2.	Nebelarten 162	
3.8.	Dunst 163	
3.9.	Wind 163	
3.9.1.	Richtung und Stärke 163	
3.9.2.	Windmessung 164	
3.9.3.	Entstehung des Windes 165	
3.9.4.	Besondere Windarten 170	
3.9.5.	Turbulenz 175	
3.10.	Gewitter 176	
4.	**Großräumiges Wettergeschehen**	**178**
4.1.	Druck- und Windverteilung 178	
4.2.	Luftmassenarten 179	
4.3.	Jet streams 180	
4.4.	Höhenwetterkarten 180	
5.	**Die Standardatmosphäre**	**181**
6.	**Die Wetterkarte**	**182**
6.1.	Der Stationskreis 182	
6.2.	Synoptische Wettermeldung 183	
7.	**Flugwetterdienst**	**186**
7.1.	Aufgabe des Flugwetterdienstes 186	
7.2.	Automatische Flugwetteransage (GAFOR) 186	
7.3.	Flugplatzvorhersagen 189	
7.4.	Zusätzliche Wetterinformationen 191	

NAVIGATION UND KARTENKUNDE 193

1.	**Die Erde**	**193**
1.1.	Gestalt der Erde 193	
1.2.	Längen- und Breitengrade 194	
1.2.1.	Die Breitenkreise 194	
1.2.2.	Die Längengrade 195	
1.3.	Standortfestlegung 196	
2.	**Richtung auf der Erde**	**196**
2.1.	Himmelsrichtung	197
2.2.	Die Ortsmißweisung 197	
3.	**Luftfahrtkarten für den Sichtflug**	**200**
3.1.	Zylinderprojektionen – Definitionen 200	
3.2.	Mercator-Projektionen 202	
3.3.	Kegelprojektionen 203	
3.4.	Lambert-Projektionen 204	
3.5.	Gnomische Projektionen 206	
3.6.	Stereographische Projektionen 207	
3.7.	Maßstäbe 208	
3.8.	Die Kartensymbole 208	

4.	**Navigationsarten**	**211**
4.1.	Terrestrische Navigation 211	
4.1.1.	Orientierung 211	
4.1.2.	Orientierungsverlust 211	
4.2.	Radionavigation (M) 212	
4.2.1.	Homing 212	
4.2.2.	QDM und QTE 212	
4.2.3.	Radiokompaß 213	
4.2.4.	VOR-Navigation 213	
4.3.	Meteorologische Navigation 214	
4.4.	Astronomische Navigation 214	
4.5.	Koppelnavigation 214	
5.	**Berechnung von Kompaßsteuerkursen**	**215**
5.1.	Der rechtweisende Kurs 215	
5.2.	Der mißweisende Kurs 216	
5.3.	Der Einfluß des Windes 216	
5.4.	Die Deviation 220	
5.5.	Das Kursschema 221	
5.6.	Kursverbesserungen 223	
5.6.1.	Berechnung des Abtriftwinkels 223	
5.6.2.	Berechnung der Kursverbesserung 224	
6.	**Streckenflug im Segelflug**	**225**
6.1.	Streckenoptimaler Gleitflug 226	
6.2.	Geschwindigkeitsoptimaler Gleitflug 233	
6.2.1.	Das mittlere Steigen 233	
6.2.2.	Optimaler Zielanflug 234	
6.2.3.	Streckenflug von Aufwind zu Aufwind 236	
6.2.4.	Streckenvorbereitung – mittlere Reisegeschwindigkeit 238	
Anhang: Navigationsaufgabe 240		
7.	**Streckenflug im Motorflug (M)**	**241**

VERHALTEN IN BESONDEREN FÄLLEN 245

1.	**Störungen des Startvorgangs**	**245**
1.1.	Bodenberührung eines Flügels 245	
1.2.	Seilrisse im Windenstart 246	
1.3.	Nachlassen der Schleppgeschwindigkeit im Windenstart 248	
1.4.	Seilriß im Flugzeugschleppstart 248	
1.5.	Seildurchhang im Flugzeugschlepp 248	
1.6.	Starke Überhöhung des Schleppflugzeugs 249	
1.7.	Motorausfall (M) 249	
2.	**Besondere Situationen im Flug**	**249**
2.1.	Fliegen im gebirgigen Gelände 249	
2.2.	Überfliegen von Bergkämmen 250	

2.3.	Luftwirbelbildung hinter anderen Luftfahrzeugen 250	
2.4.	Turbulenzen 250	
2.5.	Einbruch der Dunkelheit 251	
2.6.	Trudeln 251	
2.7.	Fallschirmabsprung 251	
3.	**Technische Störungen**	**252**
3.1.	Versagen des Querruders oder des Seitenruders 252	
3.2.	Ausfall des Höhenruders 252	
3.3.	Versagen des Fahrtmessers 252	
3.4.	Versagen des Einziehfahrwerks 253	
3.5.	Versagen der Sauerstoffanlage in größerer Höhe 253	
3.6.	Vergaservereisung (M) 253	
4.	**Wetterbedingte Situationen**	**253**
4.1.	Unbeabsichtigtes Einfliegen in eine Wolke 253	
4.2.	Starke Abwinde 254	
4.3.	Schlechtwetter 254	
4.4.	Nebel 254	
4.5.	Vereisung 255	
4.6.	Flüge im Regen 255	
4.7.	Durchfliegen von Scherflächen 255	
4.8.	Gewitter 256	
4.9.	Sicherung abgestellter Flugzeuge – Transport am Boden 257	
5.	**Verhalten bei außergewöhnlichen Landungen**	**257**
5.1.	Außenlandung 257	
5.2.	Landung in bergigem Gelände 257	
5.3.	Landung im Wald, hohem Korn, auf Wasserflächen o. ä. 258	
5.4.	Landefeld zu kurz 258	
5.5.	Neigung der Landefläche zu groß 259	
5.6.	Nasse Landebahn 259	
5.7.	Überfliegen von Hindernissen 259	
5.8.	Landung in Hindernisse 260	
5.9.	Landung bei starkem Seitenwind 260	
5.10.	Landung mit Rückenwind 260	
5.11.	Versteckte Gefahren 261	
6.	**Unfall**	**261**
6.1.	Häufige Unfallursachen 261	
6.2.	Verhalten nach einem Unfall 261	

LUFTRECHT 263

1.	**Nationale Organisation der Luftfahrt**	**263**
1.1.	Die Länder 263	
1.2.	Bundesanstalt für Flugsicherung 264	
1.3.	Luftfahrtbundesamt 264	
1.4.	Deutscher Wetterdienst 265	

2.	**Internationale Organisation**	265
2.1.	Die ICAO 265	
2.2.	Das ICAO-Maßsystem 265	
2.3.	Das Zeitsystem 266	
3.	**Einteilung des Luftrechts**	266
3.1.	Das Luftverkehrsgesetz 266	
3.2.	Die Luftverkehrsordnung 266	
3.3.	Die Luftverkehrszulassungsordnung 267	
3.4.	Verordnung über Luftfahrtpersonal 267	
3.5.	Die Prüfordnung für Luftfahrtgerät 267	
3.6.	Die Betriebsordnung für Luftfahrtgerät 267	
3.7.	Durchführungsverordnungen 268	
4.	**Regeln, Vorschriften und Bekanntmachungen für den Sportflieger**	268
4.1.	Der Luftfahrer 268	
4.1.1.	Erlaubniserteilung 268	
4.1.2.	Erweiterung der Erlaubnis 270	
4.1.3.	Gültigkeitsdauer einer Erlaubnis 270	
4.1.4.	Verlängerung einer Erlaubnis 271	
4.1.5.	Erneuerung 271	
4.1.6.	Überprüfung durch die Luftfahrtbehörde 272	
4.1.7.	Entzug der Erlaubnis 272	
4.2.	Das Luftfahrzeug 272	
4.2.1.	Arten 272	
4.2.2.	Zulassung 273	
4.2.3.	Verantwortlichkeit für das Luftfahrzeug 273	
4.2.4.	Instandhaltung des Luftfahrzeugs 275	
4.2.5.	Betriebsaufzeichnungen 275	
4.2.6.	Haftung 276	
4.3.	Flugbetrieb 277	
4.3.1.	Sorgfaltspflicht des Luftfahrzeugführers 277	
4.3.2.	Flugvorbereitung 277	
4.3.3.	Mitzuführende Unterlagen 278	
4.3.4.	Flugplätze 278	
4.3.5.	Kontrollierter und unkontrollierter Luftraum 279	
4.3.6.	Fliegen in Kontrollzonen 281	
4.3.7.	Gebiete mit Flugbeschränkungen 283	
4.4.	Wichtige Regeln und Vorschriften 286	
4.4.1.	Sichtflugregeln 286	
4.4.2.	Sicherheitshöhen 287	
4.4.3.	Ausweichregeln 287	
4.4.4.	Halbkreisflughöhen 288	
4.4.5.	Flugplanabgabe 288	
4.4.6.	Flüge ins Ausland 290	
4.4.7.	Erlaubnispflicht für Luftbildaufnahmen 291	
4.4.8.	Wolkenflüge mit Segelflugzeugen 291	

4.4.9.	VFR-Flüge über Wolkendecken 291	
4.4.10.	VFR-Flüge bei Nacht 291	
4.4.11.	Kunstflüge 291	
4.4.12.	Schleppflüge 292	
4.4.13.	Höhenflüge 292	
4.4.14.	Meldungen 292	
4.4.15.	Flugfunkverkehr 292	
4.4.16.	Abwerfen von Gegenständen 292	
4.4.17.	Signale und Zeichen 293	
5.	**Straftaten und Ordnungswidrigkeiten**	**294**
6.	**Amtliche Veröffentlichungen**	**295**
6.1.	Das Luftfahrthandbuch 295	
6.2.	Nachrichten für Luftfahrer 296	
6.3.	NOTAMs 296	
6.4.	Sonderdrucke 296	

Literaturnachweis 297
Stichwortverzeichnis 298

Vorwort

Der Segelflug lebt. – Ständig gewinnt er an sportlicher Qualität und damit an Erlebnisreichtum. – Mitte der Sechziger Jahre flogen die Segelflugzeuge im Deutschen Aero-Club durchschnittlich 18 Minuten pro Start, fünf Jahre später waren es 22 Minuten. Die Streckenkilometer haben sich gegenüber den Startzahlen im gleichen Zeitraum verdoppelt. Der Trend ist unverkennbar: Der Segelflug löst sich vom Flugplatz, wird mehr und mehr echter Luftverkehr, die Platzrunde verliert an Bedeutung.
Diese Erkenntnis findet auch in der Gesetzgebung ihren Niederschlag. In der neuen Luftfahrt-Personal-Verordnung stehen Motor- und Segelflug gleichwertig nebeneinander. Die geforderten fachlichen Voraussetzungen für Motor- und Segelflugzeugführer weisen kaum Unterschiede auf. Vor allem in den Fachgebieten »Luftrecht, Luftverkehrs- und Flugsicherungsbestimmungen«, »Flugnavigation« und »Meteorologie« wird von dem Segelflieger weit mehr an Wissen und Können erwartet als bisher. Diese Forderungen des Gesetzgebers muß der Segelflug durch erhöhte Qualität der Ausbildung erfüllen. Ein gutes Fachbuch hilft, den Unterricht intensiver zu gestalten. Ein solches Fachbuch hat Winfried Kassera mit »Flug ohne Motor« geschaffen. Es bringt schnörkellos, sachlich und klar verständlich all das Fachwissen, das von dem zukünftigen Segelflieger verlangt wird. Wohltuend wirken der übersichtliche Aufbau, die nüchterne und doch lebendige Sprache, die eindringlichen grafischen Darstellungen und die besonders herausgestellten Merksätze. Das umfangreiche Sachwortregister wird dem Flugschüler gute Dienste leisten.
Eine in Umfang und Qualität vereinheitlichte Segelflugausbildung in der Bundesrepublik Deutschland ist eines der vordringlichen Ziele der Deutschen Segelflugkommission. »Flug ohne Motor« kann diese Bestrebung unterstützen. Das Buch wird zum Gebrauch an den Segelflug-Ausbildungsbetrieben des Deutschen Aero-Clubs empfohlen.

Fred Weinholtz

Vorwort des Verfassers

Auch die 9. Auflage dieses Lehrbuches ist auf den neuesten Stand gebracht worden. Mein Dank gilt hier wieder all denen, die mir kritische Anmerkungen und Vorschläge zukommen ließen, insbesondere den Ausbildungsleitern und Fluglehrern aus dem Deutschen Aero-Club sowie meinen Gruppenfluglehrerkollegen.
Ich hoffe, daß auch diese Auflage nicht ohne Kritik bleibt.
Zum Gebrauch des Buches:
Der derzeit aktuelle Stoff für die theoretische Luftfahrerscheinprüfung wurde besonders hervorgehoben. Es ist jedoch nicht zweckmäßig, sich auf diese Teile zu beschränken, da sonst der notwendige Überblick verlorengeht.
Im Idealfall sollte die Theorie parallel zur Praxis vermittelt werden und zwar in der Weise, daß Sachverhalte zunächst durchdacht und anschließend praktisch durchgeführt werden. Die daraus gewonnenen Erkenntnisse zusammen mit einer vertieften theoretischen Durchdringung führen eigentlich erst zu einem befriedigenden Studium des Faches »Segelflug«.
Einige Abschnitte sind vom Inhalt her Lernstoffe. So zum Beispiel das Kapitel Luftrecht. Empfehlenswert ist es, sich die Originaltexte der Luftverkehrsordnung und des Luftfahrthandbuches wenigstens einmal vor der Prüfung durchzulesen. Jeder Ausbildungsbetrieb besitzt diese Unterlagen.
Andere Themen verlangen Übung. So zum Beispiel das Kapitel Navigation. Mit bloßem Lesen oder Auswendiglernen ist es hier nicht getan. Vielmehr sollte an Hand selbstgestellter oder bereits vorhandener Aufgaben in kleinen Gruppen der Umgang mit den Luftfahrtkarten und den Kursberechnungen bis zu einer gewissen Perfektion geübt werden.
Wer sich um ein Verstehen der Zusammenhänge bemüht, braucht keine Bedenken wegen der Prüfung zu haben und muß sich nicht wundern, wenn die Praxis mit der Theorie scheinbar nicht übereinstimmt.
Zu diesem Lehrbuch erscheint die Broschüre »Prüfungsfragen Segelflug«, mit deren Hilfe man seinen Wissensstand überprüfen und ergänzen kann.   *Winfried Kassera*

Technik

Physikalische Grundlagen

1. Der Energiehaushalt des Segelflugzeugs

Da ein Segelflugzeug über keinen eigenen Antrieb verfügt, muß es die Energie, die es zum Fliegen benötigt, von außen beziehen. Beispielsweise hat ein Körper, der auf einer ruhenden Unterlage steht, keinerlei Energie. Verleiht man ihm jedoch eine Geschwindigkeit, so vermag er Arbeit zu leisten. Er kann z. B. einen anderen Gegenstand oder sich selbst zertrümmern oder einen anderen Körper in Bewegung versetzen. Diese Form der Energie, die aus der Geschwindigkeit eines Körpers kommt, nennt man *Bewegungsenergie oder kinetische Energie.* Hebt man dagegen einen Körper von seiner Unterlage hoch, so hat er das Bestreben, zurückzufallen, weil er von der Schwerkraft der Erde beschleunigt wird, sobald man ihn freigibt. Diese Form der Energie nennt man *Energie der Lage oder potentielle Energie.* Beide Energieformen können sich in die andere Form umwandeln. Ein Segelflugzeug wird z. B. mit der Winde hochgezogen. Es erhält also potentielle Energie mit jedem Zentimeter Höhe. Gleichzeitig steht ihm aber auch kinetische Energie mit der Geschwindigkeit zur Verfügung. Nach dem Ausklinken wirkt die Schwerkraft ungehindert auf das Flugzeug ein, und die Energie der Lage wird in Bewegungsenergie umgewandelt. Wäre der Fall nach unten ungebremst, etwa wie bei einem Stein, so nähme die Energie der Lage in dem Maße ab, wie der Körper an Höhe verliert, und die Bewegungsenergie würde in gleichem Maße zunehmen. Ein Segelflugzeug hat bei gleichbleibender Reisegeschwindigkeit jedoch auch ein konstantes Maß an kinetischer Energie.

Die Energie der Lage wird also dazu verwendet, um eine bestimmte Geschwindigkeit aufrechtzuerhalten, die notwendig ist, um Auftrieb erzeugen zu können. Es geschieht eine Energieumwandlung. Das Flugzeug stürzt nicht mehr, es gleitet.

2. Luftkräfte – Definitionen

Bewegt sich ein Körper durch eine Luftmasse, so treten an ihm Luftkräfte auf, die seine weitere Bahn oder seine Lage beeinflussen.

An einem Segelflugzeug müssen die sog. tragenden Teile, also hauptsächlich der Tragflügel, so beschaffen sein, daß insgesamt eine Luftkraft angreift, die statt eines senkrechten Falls eine möglichst flache Gleitbahn erzeugt.

Diese Gesamtluftkraft, im folgenden kurz als die Luftkraft L bezeichnet, läßt sich in zwei Komponenten zerlegen:

A_F sei die Kraft, die senkrecht zur Flugbahn bzw. zur Strömungsrichtung wirkt. Diese Komponente heißt Auftriebskraft oder kurz Auftrieb.

W sei die Widerstandskraft oder kurz der Widerstand. Diese Teilkraft wirkt entgegen der Flugrichtung bzw. in Strömungsrichtung.

Anders ausgedrückt:

L ist die resultierende Luftkraft aus Auftrieb und Widerstand, welche rechtwinklig zueinander wirken.

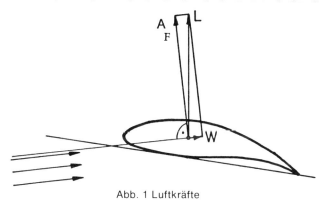

Abb. 1 Luftkräfte

3. Auftriebserzeugung

3.1 Das Profil des Tragflügels

Die zum Fliegen notwendigen Auftriebskräfte werden vorwiegend vom Tragflügel erzeugt. Entscheidende Bedeutung kommt dabei dem Profil zu. Es ist gewölbt und durch folgende Größen gekennzeichnet:

- Die **Profiltiefe** gibt die Breite des Tragflügels an der entsprechenden Stelle an.
- Die **Profilhöhe** wird auch **Profildicke** genannt.
- Als **Profilbezugslinie** wird meist die **Profilsehne** verwendet, die man sich als Gerade zwischen dem vordersten und dem hintersten Punkt des Profils denkt.
- Die **Dickenrücklage** ist der Abstand der größten Profildicke von der Flügelnase und wird in Prozent der Profiltiefe angegeben.
- **Profilwölbung**, Verlauf der **Profilmittellinie**

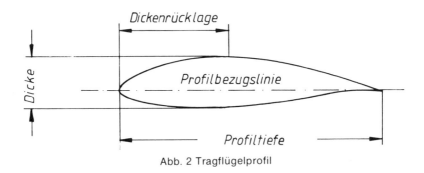

Abb. 2 Tragflügelprofil

3.2. Strömung am Profil

Die eigenartige Formgebung des Flügelprofils hat keine andere Aufgabe, als die Luftströmung in bestimmte Bahnen zu zwingen, so daß Auftrieb entsteht.

Vor dem Profil, im Staupunkt, muß sich die Luftströmung teilen. Aufgrund der stärkeren Krümmung der Oberseite werden die Luftteilchen auf eine höhere Geschwindigkeit als auf der Unterseite beschleunigt.
Nach einem physikalischen Gesetz (Gesetz von Bernoulli) entsteht an Stellen höherer Strömungsgeschwindigkeit Unterdruck.

Es stellt sich in etwa folgende Druckverteilung am Profil ein:

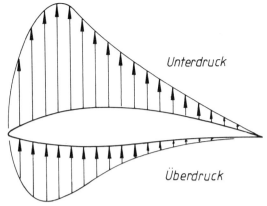

Abb. 3 Druckverteilung am Tragflügelprofil

Sowohl auf der Flügeloberseite als auch auf der Unterseite wirken durch den Unterdruck (Sog) bzw. den Überdruck nach oben gerichtete Kräfte, die sich zum Auftrieb zusammenfassen lassen.

Dabei ist der Sog über dem Profil etwa doppelt so groß wie der Druck auf die Profilunterseite.

Kurz: Sog : Druck = 2 : 1
Sogkraft + Druckkraft = Auftrieb

3.3. Vorgänge in der Grenzschicht

Untersucht man die Strömungsverhältnisse am Profil genauer, so stellt man fest, daß nicht alle Luftteilchen schön gleichmäßig das Profil umfließen.

Da es keine vollkommen glatten Oberflächen gibt, haften auch bei hohen Strömungsgeschwindigkeiten auf dem Material Luftteilchen. Sie haben die Strömungsgeschwindigkeit Null. Infolge der Zähigkeit, die auch Gasen eigen ist, werden auch die darüberfließenden Teilchen verlangsamt.

Diese Schicht, in der die Luftteilchen noch nicht die volle Strömungsgeschwindigkeit v_0 erreichen, heißt *Grenzschicht*.

Bewegen sich die Luftteilchen dabei ungestört auf parallelen Bahnen, dann spricht man von *laminarer Grenzschicht*.

Vollführen sie zusätzlich Querbewegungen, so ist die Grenzschicht *turbulent*. Da die Hauptrichtung aber erhalten bleibt, müssen turbulente Teilchen schneller sein als die entsprechenden laminaren.

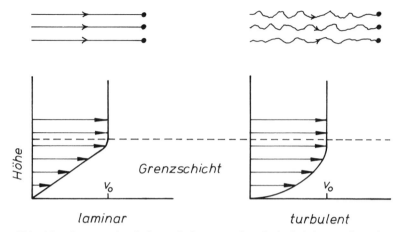

Abb. 4 Laminare und turbulente Strömung – Geschwindigkeitsverteilung in laminarer und turbulenter Grenzschicht

Am Tragflügelprofil ist die Grenzschicht zunächst laminar, solange die Luftteilchen beschleunigt werden. Im *Umschlagpunkt U* wird sie plötzlich turbulent, eine dünne Unterschicht bleibt laminar.

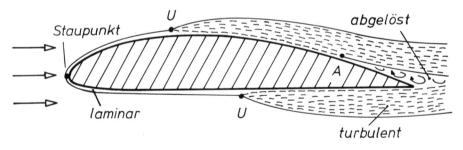

Abb. 5 Grenzschicht am Tragflügelprofil

Im Bereich der Hinterkante nimmt die Strömungsgeschwindigkeit stark ab (Druckanstieg). Dabei kann es im *Ablösungspunkt* A zur sog. *Ablösung der Grenzschicht* kommen, d. h. die Teilchen können in Wirbeln auch entgegen der Strömungsrichtung über das Profil laufen.

3.4. Einfluß des Anstellwinkels

Definition:
Unter *Anstellwinkel* versteht man den Winkel zwischen der Strömungsrichtung der Luftteilchen und der Profilbezugslinie. Die Strömungsrichtung kann man sich auch als Gegenrichtung zur Flugbahn vorstellen.

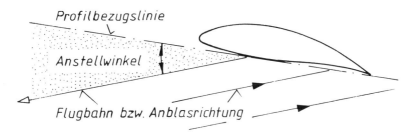

Abb. 6 Definition des Anstellwinkels

Mit der Vergrößerung des Anstellwinkels erhöht sich auch der Auftrieb, da das Profil die Luft in eine stärker gekrümmte Bahn auf der Oberseite zwingt.

Gleichzeitig nimmt aber auch der Widerstand zu, da zum einen der Luftströmung eine größere Angriffsfläche geboten wird, zum andern in den größer gewordenen turbulenten Grenzschicht- und Ablösungszonen mehr Energie verbraucht wird.

Auftriebserhöhung ist demnach immer mit Widerstandserhöhung verbunden.

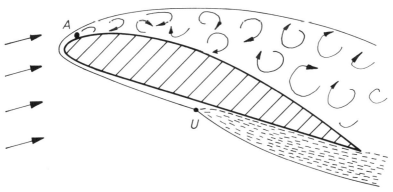

Abb. 7 Strömungsabriß auf der Flügeloberseite bei großem Anstellwinkel

Bei Überschreitung des *kritischen Anstellwinkels* löst sich die Grenzschicht über dem Flügel ab, wodurch praktisch der Auftrieb zusammenbricht, während ein sehr großer Widerstand auftritt. Man spricht von einer *abgerissenen Strömung.*
Im Normalflugbereich liegen die Anstellwinkel je nach Profil etwa zwischen − 10° und + 20°. Sie ändern sich bei Betätigung des Höhenruders. Zieht man zu stark oder zu lange am Knüppel und vergrößert dadurch den Anstellwinkel zu sehr, dann reißt die Strömung ab. Das Flugzeug befindet sich in *überzogenem Flugzustand.* Je nach Fluglage kippt es nach vorn oder zur Seite ab oder geht in den sog. *Sackflug* über, der gekennzeichnet ist durch hohes Sinken bei geringer Fahrt.

Der Pilot kann solche Zustände dadurch erkennen, daß das Flugzeug zu schütteln anfängt, weil die Verwirbelungen der Tragflügelströmung das Leitwerk treffen.

3.5. Einfluß des Staudrucks

Unter dem Staudruck q kann man sich die kinetische Energie eines strömenden Luftkörpers vorstellen. Sie erhöht sich mit seiner Geschwindigkeit und seiner Luftdichte.
Dabei gilt:
− Doppelte Geschwindigkeit liefert vierfachen Staudruck.
− Doppelte Luftdichte liefert doppelten Staudruck.

Der Staudruck q hängt also ab
− vom Quadrat der Geschwindigkeit v
− von der Luftdichte ϱ (rho)

und drückt sich in der Formel $q = \frac{1}{2} \varrho v^2$ aus.

Die Aufgabe des Tragflügels besteht nun darin, die Energie der strömenden Luft aufzunehmen und daraus die Luftkräfte zu entwickeln.
Am Tragflügel werden demnach mit zunehmender Strömungsgeschwindigkeit oder auch größerer Luftdichte die Auftriebs-, aber auch die Widerstandskräfte erhöht.
Um z. B. doppelten Auftrieb zu erzeugen, muß entweder die Luftdichte verdoppelt werden, was während des Flugs nicht möglich ist, oder die Geschwindigkeit muß etwa auf den 1,4fachen Wert (z. B. von 100 km/h auf 140 km/h) gesteigert werden.

3.6. Größe des Auftriebs

Der Auftrieb F_A eines Tragflügels hängt ab
- von seiner Fläche A
- dem Staudruck q und
- dem sog. Auftriebswert c_a, einer Zahl, die sich nur mit dem Anstellwinkel ändert.

Er läßt sich mit der Formel $F_A = c_a \cdot q \cdot A$ erfassen, wobei man in der Regel als Fläche F den Inhalt des Tragflügelgrundrisses wählt.

Mit dem Auftriebsbeiwert c_a werden die Auftriebskräfte ein und desselben Flügels bei verschiedenen Anstellwinkeln verglichen.

4. Widerstand

Bisher haben wir Widerstandskräfte nur im Zusammenhang mit der Auftriebsentstehung betrachtet. Während jedoch die wenigsten umströmten Körper brauchbaren Auftrieb liefern, erzeugen sie alle Widerstand.

Die Größe des Widerstands hängt von den gleichen Faktoren ab wie der Auftrieb. Lediglich der Widerstandsbeiwert c_w ersetzt in der Formel den Auftriebsbeiwert:

$$F_W = c_w \cdot q \cdot A$$

Die Ähnlichkeit der beiden Formeln erklärt sich dadurch, daß – wie in Abschnitt 2 schon gesagt – Auftrieb und Widerstand Luftkräfte sind.

Grundsätzlich entsteht Widerstand durch Reibungsverluste der Luftteilchen untereinander oder gegenüber der umströmten Oberfläche eines Körpers. Dafür lassen sich verschiedene Ursachen unterscheiden.

4.1. Der Druckwiderstand (Formwiderstand)

Jeder Körper läßt sich von Luft in bestimmter Weise umströmen. Dabei entstehen mehr oder weniger ausgedehnte Wirbelfelder. Der dadurch erzeugte Widerstand heißt *Druckwiderstand*.

Vergleicht man verschieden geformte Körper mit gleicher Stirnfläche, so ergeben sich etwa folgende Widerstandsverhältnisse.

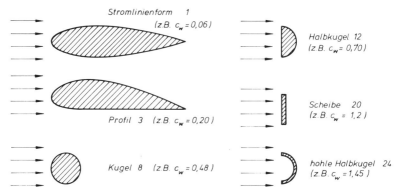

Abb. 8 Druckwiderstände verschiedener Körper in Vergleichszahlen

Nur die Kugel hat in jeder Lage den gleichen Widerstandsbeiwert c_w. Bei allen anderen Formen hängt er von der Anblasrichtung, also vom Anstellwinkel ab.

4.2. Reibungswiderstand (Grenzschichtwiderstand)

In der Grenzschicht treten infolge der unterschiedlichen Geschwindigkeiten Reibungskräfte auf. Dadurch entsteht der *Reibungs- oder Grenzschichtwiderstand*.
In laminarer Grenzschicht ist dieser Widerstand bedeutend geringer als in turbulenter.
Will man den Reibungswiderstand klein halten, so muß die *laminare Anlaufstrecke* möglichst lang gehalten werden, d. h. der Umschlagpunkt muß möglichst weit hinten liegen.

Die Beschaffenheit der Oberfläche spielt dabei eine große Rolle. Rauhigkeiten an der Flügelnase (z. B. Verschmutzung durch Insekten) zerstören die dort sehr dünne Grenzschicht, der Widerstand steigt, die Flugleistungen sinken.

Merke: **Rauhe Oberflächen vergrößern den Reibungswiderstand und verlagern den Umschlagpunkt nach vorn.**

4.3. Profilwiderstand

Der Gesamtwiderstand eines Profils setzt sich aus Druckwiderstand und Reibungswiderstand zusammen.

Merke: **Profilwiderstand = Druckwiderstand + Reibungswiderstand**

4.4. Der induzierte Widerstand

Luft hat das Bestreben, Druckunterschiede auszugleichen. Da sich der Auftrieb aus Überdruck an der Flügelunterseite und Unterdruck an der Oberseite zusammensetzt, findet an den Flügelenden ein mehr oder weniger großer Ausgleich statt. Durch die Vorwärtsbewegung entstehen Wirbelzöpfe, zu deren Bildung Energie verbraucht wird. Man nennt diese Art Randwiderstand oder *induzierten Widerstand*.

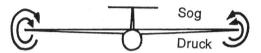

Abb. 9 Druckausgleich an den Flügelenden

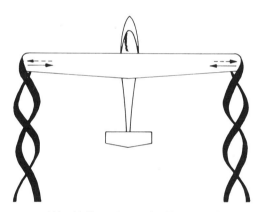

Abb. 10 Entstehung der Wirbelzöpfe

Mit der Größe des Auftriebs ist auch die Größe des induzierten Widerstands vom Anstellwinkel abhängig.
Beim langsamen Kreisen hat demnach ein Segelflugzeug einen großen induzierten Widerstand, während er beim Schnellflug bis auf Null zurückgehen kann.
Auch die Auftriebsverteilung über dem Flügel beeinflußt den induzierten Widerstand. Elliptische Auftriebsverteilung liefert den geringsten induzierten Widerstand.

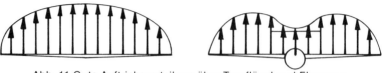

Abb. 11 Gute Auftriebsverteilung über Tragflügel und Flugzeug

Schließlich hängt der induzierte Widerstand noch von der sog. *Flügelstreckung* b²:F (b = Spannweite, F = Flügelfläche) ab. (Das umgekehrte Verhältnis F:b² heißt *Seitenverhältnis*.)
Dabei gilt:
Je größer die Streckung (oder je kleiner das Seitenverhältnis), desto geringer der induzierte Widerstand.

Ein schlanker Flügel ist also günstiger als ein kurzer, breiter.

Streckung:	21,4	5,4
Seitenverhältnis:	0,7 : 15	1,4 : 7,5
mittlere Flügeltiefe:	0,7 m	1,4 m

Abb. 12 Günstiger und ungünstiger Flügelgrundriß bezüglich des induzierten Widerstands – Beispiele

Zusammenfassung:
Am Tragflügel treten Druckwiderstand, Reibungswiderstand und induzierter Widerstand auf.
Es gilt:
Tragflügelwiderstand = Profilwiderstand + induzierter Widerstand

4.5. Der Interferenzwiderstand

Beeinflussen sich nach dem Zusammenbau der Einzelteile auch noch die Verwirbelungen der Bauteile gegenseitig, so entsteht zusätzlicher Widerstand, der *Interferenzwiderstand*. So treffen zum Beispiel die verwirbelten Luftteilchen vom Rumpf her auf das Leitwerk, alle Übergänge erzeugen turbulente Strömungen usw.

Mißt man die Einzelwiderstände der Bauteile, so ist am fertigen Flugzeug der *Gesamtwiderstand* meist größer als die Summe der Einzelwiderstände, weil durch Überlagerungen von Störungen eben zusätzlicher Widerstand entsteht.
Die Differenz zwischen der Summe der Einzelwiderstände und dem Gesamtwiderstand ist der *Interferenzwiderstand*.

4.6. Der Restwiderstand

Als *Restwiderstand* wird der Widerstand bezeichnet, den die nichttragenden Teile des Flugzeugs erzeugen. Auch hier tritt der Grenzschichtwiderstand auf; den größten Anteil bilden jedoch die zahlreichen Verwirbelungen.
Es gilt:
Flügelwiderstand + Restwiderstand = Gesamtwiderstand

5. Zusammenhang zwischen Auftrieb und Widerstand

5.1. Die Profilpolare

Die Leistungen der Flugzeuge und besonders der Segelflugzeuge hängen unter anderem sehr stark ab von der Wahl des Flügelprofils.
Um die Eigenschaften eines Profils zu untersuchen, werden im Windkanal an einem Flügelstück die Auftriebs- und Widerstandskräfte bei verschiedenen Anstellwinkeln gemessen.

Trägt man die ermittelten Auftriebs- und Widerstandswerte in Abhängigkeit vom Anstellwinkel in einem Diagramm ab, erhält man die sog. *Profilpolare*. (Abb. 13)
Diese Art, Widerstand und Auftrieb zu vergleichen, hat Otto Lilienthal eingeführt. Man nennt dieses Diagramm deshalb das *Lilienthalsche Polardiagramm*.

Anschaulich lassen sich nun Fragen beantworten, die in der Praxis entscheidende Bedeutung haben:
— Welcher maximale Auftriebsbeiwert läßt sich mit diesem Profil erzielen? ($c_{a\,max} = 0{,}95$)
— Bei welchem Anstellwinkel wird der Höchstauftrieb erzielt? (bei ca. 15°)
— Bei welchem kritischen Anstellwinkel bricht der Auftrieb zusammen? (ca. 20°)

- Bei welchem Anstellwinkel wird der geringste Widerstandsbeiwert erzielt? (bei 0° ist $c_{w\,min}$ = ca. 0,012)
- Bei welchem Anstellwinkel erzeugt das Profil keinen Auftrieb mehr, sondern nur Widerstand? (bei ca. $-3,5°$) usw.

Die Antworten in den Klammern beziehen sich auf die folgende Abbildung 13.

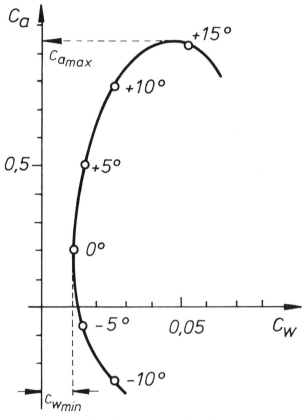

Abb. 13 Profilpolare eines Tragflügelprofils

5.2. Profilarten

Aus den Profilpolaren kann der Konstrukteur entnehmen, für welchen Verwendungszweck ein Profil geeignet ist.

Für langsame Flugzeuge sind *dicke* und *starkgewölbte* Profile geeignet, die bei schon geringen Geschwindigkeiten *hohen Auftrieb* erzeugen.

Für schnelle Flugzeuge braucht man dagegen *dünne, schwachgewölbte* Profile, die *wenig Widerstand* erzeugen. Man kann einem Flugzeug die Geschwindigkeit also buchstäblich ansehen.

Abb. 14 Profil für langsames Flugzeug, Schnellflugprofil

Symmetrische Profile erzeugen bei einem Anstellwinkel von Null Grad keinen Auftrieb, da die Wölbungen von Ober- und Unterseite gleich sind. (Die Bezugslinie ist hier die Profilmittellinie). Sie werden an Leitwerken verwendet.

Einfache tragende Profile sind unsymmetrisch und haben eine gerade Unterseite.

Aerodynamisch wertvoller sind *Profile mit gewölbter Unterseite*. Sie erzeugen bei kleinen Anstellwinkeln mehr Auftrieb.

Leistungssegelflugzeuge erhalten *Laminarprofile.* Hier wird die Stelle der größten Profildicke weit zurückgelegt, um die Grenzschicht möglichst über eine lange Strecke hinweg laminar zu halten.

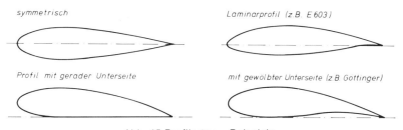

Abb. 15 Profilarten – Beispiele

Während bei den älteren Profilen die größte Dicke etwa bei 15 bis 30 % der Profiltiefe liegt, ist sie bei Laminarprofilen bei etwa 50 % zu finden (Profilmitte). Laminarprofile sind allerdings nur dann sinnvoll, wenn die Oberfläche des Tragflügels glatt und sauber ist.

5.3. Flügelpolare und Gesamtpolare

Erfaßt man nicht nur den Profilwiderstand, sondern den Widerstand des gesamten Tragflügels, so erscheint die daraus resultierende Polare weiter rechts, um den Widerstandsbeiwert des induzierten Widerstands, verschoben. Es ist die *Flügelpolare* entstanden.

Bezieht man auch den schädlichen Widerstand des gesamten Flugzeugs mit ein, so rückt die Polare um den Widerstandsbeiwert des allgemeinen Restwiderstands nach rechts. Man erhält die *Gesamtpolare*. (Abb. 18)

Legt man die Tangente an die Gesamtpolare, so erhält man das kleinste Verhältnis von Widerstand zu Auftrieb. Hier liegt der Anstellwinkel für das *beste Gleiten*.

Mit dem Anstellwinkel bei $C_{a\,max}$ wird die *Landung*, genauer gesagt das Aufsetzen, durchgeführt. Der *Schnellflug erfolgt in der Gegend von* $c_{w\,min}$.

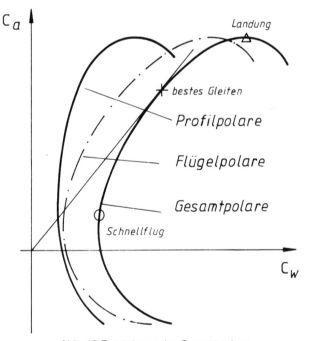

Abb. 16 Entstehung der Gesamtpolare

5.4. Der Einfluß des Einstellwinkels

Unter dem Einstellwinkel versteht man den Winkel, den die Profilbezugslinie mit der Rumpflängsachse bildet. Er ist bei allen Flugzeugen mit starrem Profil eine feste Größe, die im Flug nicht verändert werden kann.

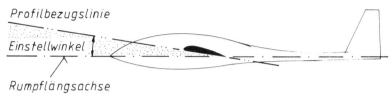

Abb. 17 Der Einstellwinkel

Dieser Einstellwinkel wird vom Konstrukteur so gewählt, daß der Rumpf mit dem Leitwerk möglichst wenig Widerstand im Schnellflug bietet. Dafür muß er in Kauf nehmen, daß bei größeren Anstellwinkeln, also vor allem beim Thermikkreisen, größere Widerstandsbeiwerte auftreten.

Wölbklappensegelflugzeuge haben diesen Nachteil nicht. Sie passen über einen großen Geschwindigkeitsbereich das Profil den jeweiligen Verhältnissen an, während der Rumpf in annähernd gleicher, widerstandsarmer Lage bleibt.

6. Kräfte am Flugzeug

6.1. Luftkraft und Druckpunkt

Unter Druckpunkt versteht man den Angriffspunkt der Luftkraft.

In Wirklichkeit sind die Auftriebs- und Widerstandskräfte über den ganzen Flügel verteilt. Zur Vereinfachung stellt man sich dafür eine Ersatzkraft vor, die die gleiche Wirkung hat. Ebenso ergibt sich der Druckpunkt als gedachter Angriffspunkt dieser Luftkraftresultierenden.

6.2. Druckpunktwanderung

Die Lage des Druckpunkts ist abhängig vom Anstellwinkel. Erhöht sich der Anstellwinkel, so wandert der Druckpunkt nach vorn zur Flügelvorderkante, wird er verkleinert, so wandert der Druckpunkt nach hinten. Im üblichen Flugbereich liegt er im allgemeinen zwischen 25 % und 60 % der Profiltiefe.

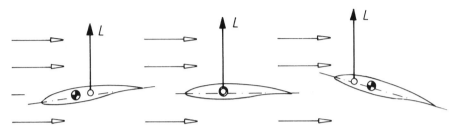

Abb. 18 Druckpunktwanderung

Liegt der Druckpunkt vor dem Schwerpunkt, so hat der Flügel das Bestreben, einen noch größeren Anstellwinkel einzunehmen. Der entgegengesetzte Effekt tritt auf, wenn der Druckpunkt hinter den Schwerpunkt wandert. Es sind daher konstruktive Maßnahmen notwendig, die eine derartige Labilität verhindern (siehe 8.).

6.3. Kräfte im Gleitflug

Im stationären Gleitflug, also bei gleichbleibender Geschwindigkeit, ist die Gesamtluftkraft L so groß wie das Gewicht G. Beide Kräfte wirken lotrecht, aber gegeneinander.
Der Auftrieb des Flügels A_F gleicht dabei nur einen Teil des Gewichts, nämlich die Komponente G_r, aus. Die zweite, allerdings wesentlich kleinere Gewichtskomponente V sorgt dafür, daß eine Vorwärtsbewegung entsteht. Man nennt sie deswegen Vortriebskraft oder kurz Vortrieb V. Ihr wirkt der Widerstand W entgegen.

Je größer die Gleitgeschwindigkeit v ist, desto größer ist auch der Widerstand W. Es muß deshalb auch der Vortrieb V erhöht werden, um die höhere Geschwindigkeit beizubehalten. Die Flugbahn muß also steiler werden.

Ein stationärer Horizontalflug ist nicht möglich. Wird das Flugzeug jedoch vom Aufwind hochgehoben, so kann es die ihm dadurch zugeführte Energie entweder dazu verwenden, die Ge-

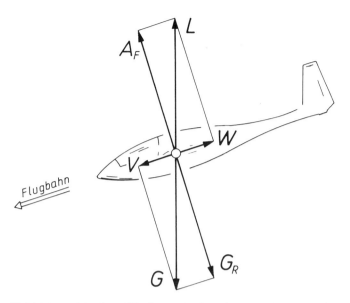

Abb. 19 Gleichgewicht der Kräfte im stationären (unbeschleunigten) Gleitflug

schwindigkeit zu erhöhen oder den Höhenverlust zu kompensieren.

Anmerkung:
Der Gleitwinkel γ läßt sich aus dem Verhältnis Widerstand : Auftrieb errechnen.

Es gilt: $\tan \gamma = \dfrac{W(v)}{A(v)}$

Der Winkel γ selbst wird in der Praxis kaum verwendet. Vielmehr gibt man bei Segelflugzeugen die Gleitzahl

$z = \tan \gamma = \dfrac{W}{A}$ an. (siehe S. 49)

Dadurch kann gleichzeitig anschaulich dargestellt werden, welche Höhe ein Segelflugzeug benötigt, um bei einer bestimmten Geschwindigkeit v eine bestimmte Strecke zurückzulegen. Umgekehrt läßt sich beim Fliegen mit einer Gleitzahl 1:40 sagen, daß hier der Auftrieb 40mal so groß ist wie der Widerstand.

6.4. Flug mit Motorkraft (M)

Beim motorgetriebenen Flugzeug wird durch den Vortrieb des Propellers eine dem Widerstand entgegengerichtete Kraft erzeugt, die bei konstanter Geschwindigkeit und Höhe den gleichen Betrag hat wie der Widerstand W. Es ergibt sich folgende Kräfteverteilung

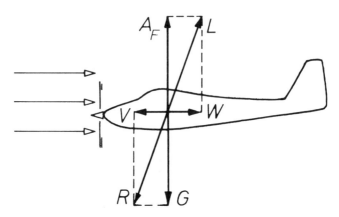

Abb. 20 Horizontaler Flug mit Motorkraft

Die resultierende Luftkraft L wirkt der Resultierenden R aus Vortrieb V und Gewicht G entgegen, d. h., der Körper behält seine Bahn bei, in unserem Fall Geschwindigkeit und Höhe.

6.5. Kräfte im Kurvenflug

Im stationären Kurvenflug wirkt noch eine weitere Kraft auf das Flugzeug ein, die *Zentrifugalkraft* Z. Sie ist horizontal nach außen gerichtet und muß ebenfalls durch eine Komponente der Luftkraft L ausgeglichen werden. Dies ist aber nur möglich, wenn der Tragflügel eine Querneigung hat. Es entsteht die Zentripetalkraft, die der Zentrifugalkraft Z entgegengerichtet ist.

Insgesamt ist das Flugzeug im Kurvenflug einer höheren Belastung ausgesetzt, weil Gewicht G und Zentrifugalkraft Z die Resultierende G_k bilden. Sie heißt auch Kurvengewicht, weil durch den Kurvenflug scheinbar das Gewicht vergrößert wird, und muß der Luftkraft L entgegenwirken.

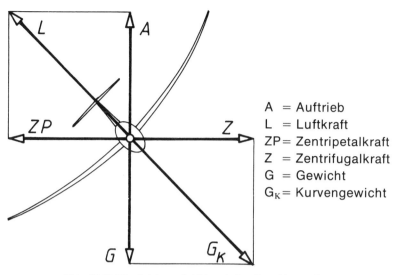

Abb. 21 Kräftegleichgewicht im stationären Kurvenflug

Um die für den Kurvenflug notwendige größere Luftkraft zu erzeugen, ist eine höhere Geschwindigkeit als im Gleitflug erforderlich.
Umgekehrt wird bei gleicher Geschwindigkeit im Kurvenflug weniger Auftrieb erzeugt als im Gleitflug mit horizontalem Flügel.
Im Kurvenflug sind daher Mindestfluggeschwindigkeit und Sinkgeschwindigkeit höher als im Geradeausflug.

6.6. Die Flächenbelastung

Infolge der Lastverteilung (Auftriebsverteilung) über die Tragfläche und der Last des Rumpfes in der Mitte wird jeder Tragflügel auf Biegung beansprucht. Je größer das Gesamtgewicht ist, desto größer ist auch die Belastung des Flügels.

Unter Flächenbelastung versteht man das Verhältnis aus Gewicht G und Flügelfläche F.
Beträgt das Abfluggewicht z. B. 300 daN (300 kg) und nehmen wir eine tragende Fläche von 10 m² an, so ergibt sich eine Flächenbelastung von

$G/F = 30$ daN (30 kg) pro Quadratmeter.

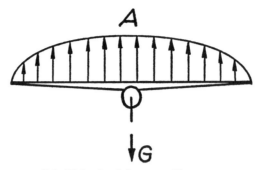

Abb. 22 Lastverteilung am Flugzeug

Die Flächenbelastungen der üblichen Segelflugzeuge liegen etwa zwischen 25 und 35 daN/m² und lassen sich bei einigen Mustern durch Wasserballast auf bis zu 45 daN/m² erhöhen, was bessere Schnellflugleistungen zur Folge hat.

Anmerkung:

1 daN (Dekanewton) = 10 N (das Gewicht von ca. 1 kg Masse)

6.7. Das Lastvielfache

Im Gleitflug ist die Gesamtluftkraft genau so groß wie das Gewicht.

Beim Fliegen einer gekrümmten Bahn, z. B. eines Abfangbogens, wirkt zusätzlich zum Gewicht auch immer eine Zentrifugalkraft ein. Das bedeutet, daß die Luftkraft entsprechend erhöht werden muß, um die gewünschte Bewegung durchführen zu können.

Das Flugzeug ist damit einem Vielfachen der Erdbeschleunigung (g = 9,81 m/s²) ausgesetzt. Das Gewicht erhöht sich scheinbar um ein Vielfaches, eben das *Lastvielfache* n.

Wird die Luftkraft beispielsweise doppelt so groß wie das Gewicht, so ist das Lastvielfache n = 2. Die Biegebeanspruchung des Tragflügels ist dabei doppelt so groß wie im Normalflug.

Das sichere Lastvielfache für Segelflugzeuge liegt im allgemeinen zwischen minus 2,6 und plus 5,3. Das heißt, daß beim Nachdrücken (negative Beschleunigung) der Pilot mit seinem 2,6fachen Gewicht in den Gurten hängen darf und beim Hochziehen aus dem Schnellflug alle mitbewegten Teile 5,3mal so schwer werden dürfen, ohne daß die Konstruktion Schäden davonträgt.

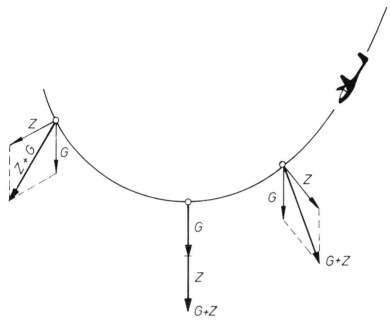
Abb. 23 Kräfte im Abfangbogen

Der Sicherheitsfaktor gegen Bruch beträgt nochmals 1,5. Das sog. **Bruchlastvielfache** liegt demnach im positiven Bereich bei etwa 8. Wird es überschritten, darf die Konstruktion zu Bruch gehen.

Da sich die Luftkräfte mit dem Anstellwinkel ändern, bestimmt der Pilot beim Betätigen des Höhenruders, welche Lasten auf sein Flugzeug und auf ihn einwirken.

Durch brutales Abfangen aus sehr hohen Geschwindigkeiten kann man es durchaus dazu bringen, daß das Segelflugzeug »die Ohren anlegt«.

Auch im Kurvenflug treten diese Lastvielfache auf. Es ist hier das Verhältnis aus Kurvengewicht und Fluggewicht. Siehe dazu 6.5.

Im stationären Kurvenflug ist das Lastvielfache abhängig von der Querneigung:

Querneigung in °	0	10	20	30	40	50	60	70	80	90
Lastvielfaches	1,00	1,02	1,06	1,15	1,31	1,56	2,00	2,92	5,76	∞

7. Beladung und Schwerpunkt

Definition:

Unter Schwerpunkt versteht man den Punkt, in dem man sich die Masse eines Körpers zusammengefaßt denken kann (Massenmittelpunkt). Er ist gleichzeitig Angriffspunkt der Gewichtskraft.

Unterstützt man einen Körper im Schwerpunkt, so bleibt er im Gleichgewicht, das heißt die linksdrehenden *Momente* aus Kraft und Kraftarm sind gleich groß wie die rechtsdrehenden.

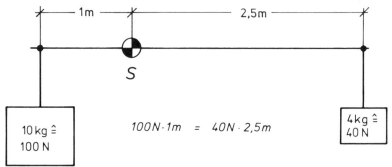

Abb. 24 Drehmomente und Schwerpunkt

7.1. Der Fluggewichtsschwerpunkt

Für die Flugeigenschaften ist die Lage des Fluggewichtsschwerpunkts wesentlich.

Bei zu großer Schwerpunktsvorlage (Kopflastigkeit) erreicht man u. U. die Anstellwinkel für den Höchstauftrieb nicht mehr, weil die Luftkraft am Höhenleitwerk dem kopflastigen Moment nicht mehr gewachsen ist. Schlechtere Kreisflug- und Landeeigenschaften sind die Folge.

Liegt der Fluggewichtsschwerpunkt zu weit hinten, so steigt vor allem die *Trudelneigung* mit zunehmender Schwanzlastigkeit. Außerdem werden aufbäumende Momente z. B. beim Windenstart noch verstärkt.

Um solche gefährlichen Eigenschaften auszuschalten, darf jedes Fluggerät nur innerhalb einer zulässigen Fluggewichtsschwerpunkts-Lage betrieben werden, die im Flug- und Betriebshandbuch des betreffenden Musters einzusehen ist.

Beim ASTIR liegt dieser Bereich z. B. zwischen 250 und 425 mm hinter der Flügelvorderkante der Wurzelrippe. Diese Stelle wird im Segelflugzeugbau als Bezugspunkt (BP) zur Schwerpunktsbestimmung gewählt.

7.2. Der Leergewichtsschwerpunkt

Da Flugzeuge nicht immer mit gleicher Zuladung fliegen, gibt man den zulässigen Leergewichtsschwerpunkt zusammen mit den minimalen und maximalen Zuladungen im Cockpit und im Gepäckraum an.

Die Lage des L.-S. ist für jedes Flugzeug verschieden. Sie wird erstmalig bei der Stückprüfung bestimmt und ebenfalls im Betriebshandbuch festgehalten. Hier findet man auch in einer Grafik oder einer Tabelle die zulässigen Bereiche, die wiederum vom Leergewicht abhängen.

Beispiel (ASTIR)

Leergewicht	240	250	260	270
Bereich des L.-S. mm hinter BP	591–687	577–677	537–667	499–658

Zusammenfassung:
- Leergewichtsschwerpunkt und Beladung bestimmen die Lage des Fluggewichtsschwerpunkts.
- Liegt der L.-S. im zulässigen Bereich und werden Mindest- und Höchstzuladungen eingehalten, dann liegt auch der Fluggewichtsschwerpunkt im sicheren Bereich.

7.3. Der Beladeplan

Um den Fluggewichtsschwerpunkt im zulässigen Bereich zu halten, ist der sog. Beladeplan unbedingt einzuhalten. Im Betriebshandbuch wird er detailliert erläutert, im Cockpit findet man auf einem Hinweisschild eine Kurzfassung.

Beispiel:
Zuladung im Führersitz (Pilot und Fallschirm):
– minimal 70 kg
– maximal 110 kg

Beladung mit Wasserballast:
- maximal 120 kg

Höchstzulässiges Fluggewicht: 460 kg mit Ballast
370 kg ohne Ballast

derzeitiges Leergewicht: 260 kg

Zuladung im Gepäckraum:
- maximal 15 kg

Fehlendes Gewicht im Führersitz ist durch festverzurrten oder -montierten Ballast (Bleiplatten, Bleischrotkissen) auszugleichen.

Bei Überschreitung der angegebenen Massen ist ein Betrieb des Flugzeugs nicht erlaubt!

In unserem Beispiel darf ein Pilot von 95 kg plus Fallschirm (8 kg) noch 7 kg zuladen, dann ist das maximale Fluggewicht erreicht. Zusätzlich könnte er noch 90 Liter Wasser tanken.

7.4. Ermittlung des Leergewichtsschwerpunkts

Spätestens alle 4 Jahre wird die Lage des L.-S. bei einer jährlichen Nachprüfung kontrolliert.

Außerdem muß sie bestimmt werden nach allen Arbeiten, die die Schwerpunktslage verändert haben könnten. Das gilt insbesondere für Grund- und Teilüberholungen, größere Reparaturen, Neulackierungen, Umbau der Ausrüstung usw.

Die L.-S.-Bestimmung erfolgt durch *Wägung*. Kennt man das Leergewicht, so genügt eine Waage, auf die man das Rumpfende stellt. Mit Hilfe einer Wasserwaage wird die angegebene *Bezugslinie* in Horizontallage gebracht.

Das Leergewicht G verteilt sich nun auf Rad (G_1) und z. B. Sporn (G_2). Der Abstand a zwischen Radmitte und Bezugspunkt BP ist eine feste konstruktive Größe, der Abstand b zwischen Radmitte und hinterem Auflagepunkt ist ebenfalls bekannt oder wird gemessen.

Der zu ermittelnde Abstand zwischen Schwerpunkt S und Bezugspunkt BP sei x.

Da der Schwerpunkt S dort liegt, wo links- und rechtsdrehende Momente gleich sind, gilt

$$(x-a) \cdot G_1 = (a + b - x) \cdot G_2.$$

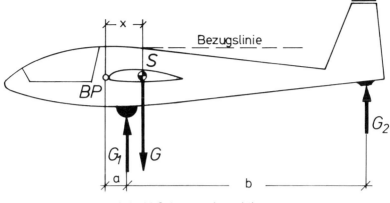

Abb. 25 Schwerpunktermittlung

Durch algebraische Umformung ergibt sich mit $G_1 + G_2 = G$

$$x = \frac{G_2 \cdot b}{G} + a$$

Ermittelt man z. B. für $x = 670$ mm und entnimmt dem *Kennblatt* des Musters bei einem Leergewicht von $G = 260$ kg einen Bereich von 537 bis 667 mm, so bedeutet das, daß trotz Mindestzuladung im Führersitz das Flugzeug zu schwanzlastig bleibt. Es kann also in diesem Zustand nicht zugelassen werden (unzulässige Schwerpunktsrücklage).

Man behilft sich in diesem Fall damit, entweder Bleiplatten in der Rumpfspitze (langer Hebelarm!) unterzubringen oder eine größere Mindestzuladung vorzuschreiben.

Änderung der Ausrüstung
Der Hersteller liefert mit den Flugzeugpapieren auch die Gewichtsübersicht mit, die u. a. die Lage des L.-S. enthält.
Baut man nachträglich z. B. zusätzliche Instrumente ein, so ist nachzurechnen, ob der L.-S. im zulässigen Bereich bleibt.

Beispiel 1:
In unser Segelflugzeug mit $G = 260$ kg und $x = 670$ mm bauen wir $m = 10$ kg Instrumente ein, die einen Abstand von $d = 800$ mm vor BP haben. Das neue Leergewicht beträgt also $G_N = 270$ kg.
In welchem Abstand x_N liegt der neue Schwerpunkt S_N?

Aus der Überlegungsfigur Abb. 26 läßt sich die Formel gewinnen

$$x_N = \frac{x \cdot G - d \cdot m}{G_N}$$

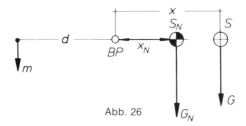

Abb. 26

In unserem Fall errechnen wir (alles in kg bzw. mm)

$$x_N = \frac{670 \cdot 260 - 800 \cdot 10}{270} = 616$$

Der Leergewichtsschwerpunkt liegt jetzt im zulässigen Bereich von 499 bis 658 mm. Eventuelle Bleiplatten (siehe 6.6.2.) können nun entfernt werden.

Beispiel 2:
Leergewicht 270 kg, L.-S. bei 630 mm, zulässiger Bereich wie oben.
Beim Start wird vergessen, das 3 kg schwere Hecktransportrad abzunehmen.
Der neue L.-S. liegt nun bei

$$x_n = \frac{630\,mm \cdot 270\,kg + 4000\,mm \cdot 3\,kg}{273\,kg} = 667\ mm.$$

Das ist deutlich hinter der zulässigen L.-S.-Lage und kann dann gefährlich werden, wenn im Cockpit die Mindestzuladung nicht wesentlich überschritten wird.

Zusammenfassung:
Im Führersitz ist die *Mindestzuladung* unbedingt einzuhalten, um den Schwerpunkt im zulässigen und damit sicheren Bereich zu halten. Fehlendes Gewicht läßt sich nicht durch Rudertrimmung ausgleichen! Außerdem entsteht durch ein fehlendes Sitzkissen oder einen fehlenden Fallschirm eine Verlagerung des Schwerpunktes nach hinten, die eine erhöhte Trudelneigung mit sich bringt.

8. Steuerung des Flugzeugs

8.1. Achsen und Ruder

Das Flugzeug bewegt sich im dreidimensionalen Raum und läßt sich mit den zugehörigen Rudern um drei Achsen drehen:

Achse	zugeordnetes Ruder	Bewegung
Hochachse	Seitenruder	Gieren
Längsachse	Querruder	Rollen
Querachse	Höhenruder	Nicken

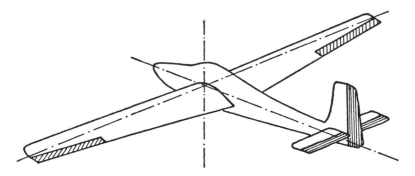

Abb. 27 Achsen des Flugzeugs und Steuerflächen

8.2. Wirkung der Ruder

Jeder Steuerausschlag bewirkt eine *Profiländerung* und damit eine Änderung der Strömungsverhältnisse, so daß Unter- und Überdruckgebiete entstehen wie bei der Erzeugung des Auftriebs.

a) Wirkung des Höhenruders
Zieht man am Steuerknüppel, so bewegt sich das Höhenruder nach oben und bildet ein nach oben gekrümmtes Profil, das auf der Oberseite Druck und auf der Unterseite Sog erzeugt. Die Gesamtkraft am Höhenleitwerk ist nach unten gerichtet. Das

Flugzeug dreht um die Querachse, die Nase hebt sich in diesem Fall.

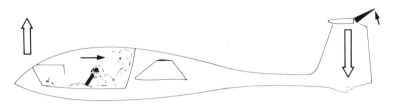

Abb. 28 Wirkung des Höhenruders

b) Wirkung des Seitenruders
Das Prinzip ist auch hier dasselbe wie beim Höhenleitwerk. Allerdings wirken die Druckkräfte seitwärts.

Abb. 29 Wirkung des Seitenruders

Wird das rechte Pedal getreten, schlägt das Ruder nach rechts aus, Sog und Druck wirken am Rumpfende nach links. Das Flugzeug *dreht* (giert) um die Hochachse, die Nase wandert nach rechts.

c) Wirkung der Querruder
Beim Querruderausschlag links (Knüppel nach links) schlägt das rechte Querruder nach unten, das linke nach oben aus. Dabei wird auf der rechten Fläche der Auftrieb erhöht, auf der linken vermindert. Das Flugzeug dreht um die Längsachse nach links in Flugrichtung gesehen. Man nennt diese Bewegung *Rollen*.

Als zweite (an sich unerwünschte) Erscheinung dreht das Flugzeug aber auch um die Hochachse, und zwar in entgegengesetzter Richtung zum Querruderausschlag. Dieser *Querruder-Sekundär-Effekt* (auch Querruder-Gier-Moment oder negatives Wendemoment) rührt daher, daß am Flügel mit erhöhtem Auftrieb auch erhöhter Widerstand auftritt (siehe auch Technik des Fliegens 3.)

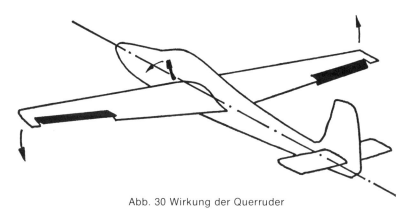

Abb. 30 Wirkung der Querruder

9. Konstruktive Flughilfen

9.1. Stabilität um die drei Achsen

Ein Flugzeug sollte um jede Achse ein gewisses Maß an Eigenstabilität aufweisen, d. h., es darf nicht bei jeder kleinen Störung aus seiner Fluglage wesentlich abweichen.

Man unterscheidet zwischen *statischer* und *dynamischer Stabilität*. Ein Flugzeug ist statisch stabil, wenn es nach einem Steuerausschlag den neuen Gleichgewichtszustand beibehält und auch nach geringen Störungen in diesen wieder zurückfindet. Vergrößert es von sich aus die Störung noch weiter, so ist es labil.

statisch stabil   statisch indifferent   statisch labil

Abb. 31 Veranschaulichung von statischer Stabilität

Ein Flugzeug verhält sich dynamisch stabil, wenn es bei Störungen in seine ursprüngliche Lage ohne Steuerausschlag zurückkehrt.

Abb. 32 Veranschaulichung von dynamischer Stabilität

a) Die Stabilität um die Querachse wird auch Längsstabilität genannt.
Durch die Druckpunktwanderung (siehe 5.2.) hat der Flügel die Neigung, den Anstellwinkel weiter zu vergrößern oder zu verkleinern. Er ist also statisch labil.

Um aber auch bei losgelassenem Steuerknüppel Stabilität zu erzielen, wird der Flügel durch einen Teil des Leitwerks, nämlich die Höhenflosse, ergänzt. Sie ist so angebracht, daß sie bei normaler Fluglage keinen Auftrieb erzeugt oder nur so viel, um das Flugzeug in Horizontallage zu halten.

Vergrößert sich nun der Anstellwinkel, so vergrößert sich auch der Anstellwinkel der Höhenflosse. Sie erhält Auftrieb und hebt das Rumpfende nach oben. Diese Kraft wirkt der Labilität um die Querachse entgegen. Ist sie genügend groß, so wird das Flugzeug auch nach einer Nickschwingung wieder seine Normallage erreichen. Es ist dann längsstabil.

Entsprechendes gilt, wenn sich der Anstellwinkel verkleinern will.

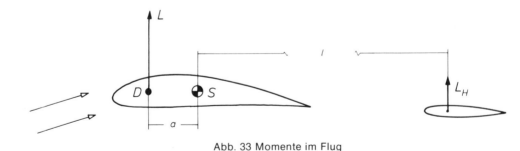

Abb. 33 Momente im Flug

b) Die Stabilität um die Längsachse oder die Querstabilität
Sie wird durch die *V-Stellung* der beiden Tragflügelhälften erzielt.
Senkt sich z. B. der linke Flügel, so wird sein lotrecht nach oben wirkender Anteil (A) aus der Luftkraft (L) größer, während er am rechten Flügel abnimmt.
Das Flugzeug kehrt in die Normallage zurück. Je stärker die V-Stellung ist, desto stabiler ist das Flugzeug um die Längsachse. Flugmodelle, die nicht gesteuert werden, weisen deshalb immer deutliche V-Stellung auf.

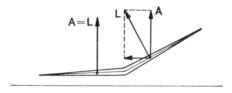

Abb. 34 Stabilität durch V-Stellung des Tragflügels

c) Die Stabilität um die Hochachse oder Kursstabilität
Die Tragflächen erhalten eine *Pfeilung* nach hinten (positive Pfeilung). Weicht das Flugzeug um die Hochachse aus, so bietet der vorgeschobene Flügel mehr Widerstand als der nachgezogene. Das Flugzeug wird in die Ausgangslage zurückgedreht.

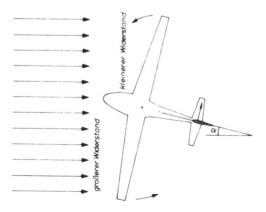

Abb. 35 Stabilität durch Pfeilung und Seitenruderflosse

Außerdem wirkt die Seitenruderflosse genauso stabilisierend wie die Höhenruderflosse, nur eben um die Hochachse. Das ist besonders für Flugzeuge mit negativer Pfeilung wesentlich. Sie brauchen eine besonders große Seitenflosse.

9.2. Ruderausgleich

Beim Betätigen der Ruder können im oberen Geschwindigkeitsbereich erhebliche Steuerdrücke auftreten, die die Manövrierfähigkeit beeinträchtigen und den Piloten beanspruchen. Ein Ruderausgleich schafft hier Abhilfe. Man unterscheidet *aerodynamischen* und *statischen Ruderausgleich.*

Beim aerodynamischen Ausgleich wird ein Teil der Ruderfläche so angeblasen, daß ein zum Ruderdruck entgegengesetztes Moment entsteht. Der wirksamste Ausgleich dieser Art findet sich im sog. *Pendelruder,* das sowohl als Seiten- als auch als Höhenleitwerk verwendet werden kann. Bei guter Wirkung weist es relativ geringen Widerstand auf.

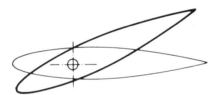

Abb. 36 Beispiel für aerodyn. Ruderausgleich – Pendelruder

Der statische Ausgleich ist ein reiner Gewichtsausgleich, der verhindert, daß die Ruder im zulässigen Geschwindigkeitsbereich zu flattern beginnen.

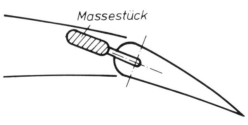

Abb. 37 Statischer Ausgleich

9.3. Die Schränkung

Wird über den ganzen Flügel ein einziges Profil mit demselben Anstellwinkel verwendet, so bricht der Auftrieb schlagartig und vollständig zusammen, wenn ein bestimmter Anstellwinkel (der kritische Anstellwinkel) überschritten wird. Um diese gefährliche Flugeigenschaft zu beseitigen, verwendet man die Profile in der Weise, daß die Strömung zunächst in Rumpfnähe und erst bei weiterer Vergrößerung des Anstellwinkels an den Flügelenden abreißt. Dadurch bleiben auch die Querruder lange wirksam.

9.3.1. Die geometrische Schränkung

Bei der *geometrischen Schränkung* verwendet man über den ganzen Flügel dasselbe Profil. Allerdings wird die Profilbezugslinie zu den Flügelenden hin nach unten geneigt, so daß außen die kleinsten Einstellwinkel entstehen. Damit bleibt auch der Anstellwinkel an den Flügelenden immer kleiner als in Rumpfnähe.

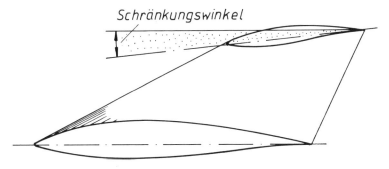

Abb. 38 Die geometrische Schränkung

9.3.2. Die aerodynamische Schränkung

Hier werden die Flächen mit verschiedenen Profilen aufgebaut. Die Profile an den Flügelenden vertragen dabei größere Anstellwinkel als die in Rumpfnähe. Bei der *reinen aerodynamischen Schränkung* bleibt der Einstellwinkel überall der gleiche. In der Regel werden aerodynamische und geometrische Schränkung kombiniert. Man erreicht dadurch harmlosere Flugeigenschaften und außerdem eine Verringerung des indu-

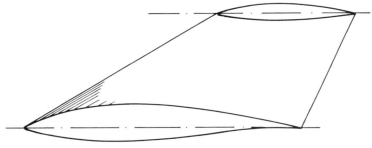

Abb. 39 Die aerodynamische Schränkung

zierten Widerstandes, da an den Flügelenden weniger Auftrieb erzeugt wird und deshalb auch weniger Ausgleich von der Unterseite zur Oberseite erfolgen kann.

9.4. Start- und Landehilfen

Beim Start, beim Thermikkreisen und bei der Landung sind möglichst geringe Geschwindigkeiten erwünscht.
Dagegen muß bei einer steilen Landung viel Auftrieb zerstört und/oder viel Widerstand erzeugt werden. Je nach Flugzeugmuster und Verwendungszweck stehen dem Piloten verschiedene Hilfen zur Verfügung.

a) Wölbklappen

Wölbklappen verändern Anstellwinkel und Profil des Tragflügels und erzeugen beim Ausfahren mehr Auftrieb aber auch mehr Widerstand.

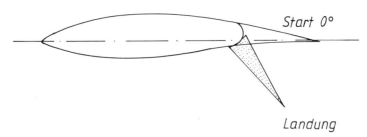

Abb. 40 Wölbklappe in Start- bzw. Landestellung

Für den Start werden sie auf eine Stellung gebracht, die viel Auftrieb erzeugt, aber relativ wenig Widerstandserhöhung mit sich bringt.
Zur Landung werden sie weiter ausgefahren. Dadurch wird der Widerstand stark erhöht. Das Sinken kann beschleunigt werden. Außerdem ist eine geringere Landegeschwindigkeit möglich. Das verkürzt die *Rollstrecke.*
Für den *Schnellflug* werden die Wölbklappen eingefahren und können für hohe Geschwindigkeiten auf negative Stellungen gebracht werden.

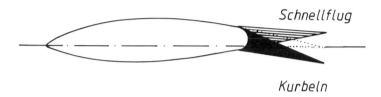

Abb. 41 Wölbklappe in Schnellflug- bzw. Kurbelstellung

b) Die Spreizklappe
Sie ist eine abgeänderte Form der Wölbklappe. Die Profilveränderung erfolgt nur an der Unterseite.

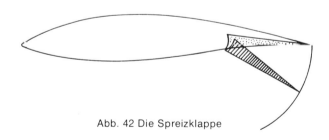

Abb. 42 Die Spreizklappe

Bei beiden bisher genannten Klappenarten ist zu beachten, daß sie in Bodennähe nicht plötzlich eingefahren werden dürfen, da die sofort einsetzende Auftriebsverminderung ein unkontrollierbares Durchsacken zur Folge haben würde.

c) *Störklappen, Bremsklappen, Sturzflugbremsen*
haben die Aufgabe, die auftriebserzeugende Strömung an der Tragfläche zu verwirbeln und damit mehr Widerstand zu erzeugen. Je größer die ausgefahrene Fläche, desto größer ist der zusätzliche Widerstand, desto größer ist die *Sinkgeschwindigkeit*.

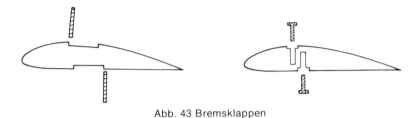

Abb. 43 Bremsklappen

Bremsklappen, die auch bis zum 45°-Sturzflug nur eine begrenzte *Endgeschwindigkeit* zulassen, heißen *Sturzflugbremsen*. Störklappen und Sturzflugbremsen haben den Nachteil, daß sie zwar den Luftwiderstand vergrößern, den Höchstauftrieb jedoch vermindern, da ein Teil des Flügels zur Auftriebserzeugung ausfällt. Höhere Landegeschwindigkeiten sind die Folge.

e) *Flügelhinterkanten – Drehklappen*
Sie verändern den Auftrieb des Flügels praktisch nicht. Es treten damit auch kaum Lastigkeitsänderungen auf. Drehklappen sind allerdings nur bei Profilen geringer Profildicke ausreichend wirksam. Bei dicken Profilen müßte die Klappenhöhe entsprechend vergrößert werden, was wiederum Festigkeitsprobleme mit sich bringt.

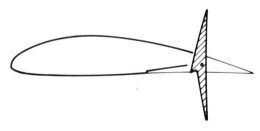

Abb. 44 Flügelhinterkanten – Drehklappen

f) Der Bremsschirm
Er ist die wirkungsvollste Landehilfe, hat jedoch den Nachteil, daß man ihn (meistens) nicht mehr einziehen kann, sondern abwerfen muß, wenn man das Landefeld nicht mehr erreicht. Mit ihm können sehr steile Landeflüge mit sehr kurzen Ausrollstrecken durchgeführt werden, da er einen enormen Widerstand hervorruft.

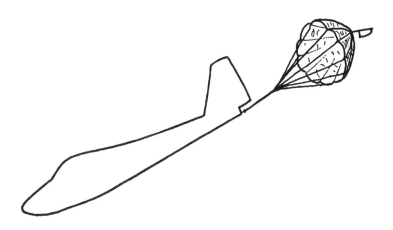

Abb. 45 Der Bremsschirm

10. Flugleistungen des Segelflugzeugs

10.1. Bestes Sinken und beste Gleitzahl

Beim Segelflugzeug kommt es darauf an, möglichst langsam zu sinken und dabei eine möglichst große Strecke zurückzulegen. Die Flugleistungen drücken sich deshalb im *besten Sinken* und der *besten Gleitzahl* aus, die beide bei bestimmten Fluggeschwindigkeiten erreicht werden.

Das *beste Sinken* soll bei nicht zu hohen Geschwindigkeiten erzielt werden, damit beim Kreisen in Aufwindfeldern der Kurvenradius klein gehalten werden kann.

Die *beste Gleitzahl* dagegen soll bei einer möglichst hohen Geschwindigkeit auftreten, um ein Ziel möglichst schnell zu erreichen; außerdem um auch bei Gegenwind größere Strecken zurücklegen zu können. Das bedeutet aber, daß Segelflugzeuge mit einer guten Gleitzahl sehr widerstandsarm sein müssen, und das kostet Geld (siehe 3.).

Übungs- und Schulflugzeuge haben etwa Gleitzahlen von 1:25 bis 1:35, während Hochleistungssegelflugzeuge die Traumgleitzahl 1:50 bereits weit überschritten haben. Das bedeutet, ein Flugzeug könnte aus 1 km Höhe bei Windstille und ohne Einflüsse weder helfender noch hindernder Art eine Strecke von 50 km zurücklegen.

10.2 Die Geschwindigkeitspolare (Leistungspolare)

Um die Flugleistungen graphisch zu erfassen, legt man für jedes Muster eine Geschwindigkeitspolare an, die angibt, bei welcher Geschwindigkeit welches Sinken und welche Gleitzahl zu erwarten sind. Die Werte hängen natürlich auch von der Flächenbelastung ab, die durch die unterschiedliche Zuladung einen gewissen Spielraum hat.

Merke: **Geringere Flächenbelastung hat besseres Sinken zur Folge. Höhere Flächenbelastung hat zur Folge, daß die beste Gleitzahl bei höherer Geschwindigkeit liegt.**

Deswegen werden bei Leistungssegelflugzeugen Wassertanks eingebaut, die dann gefüllt werden, wenn mehr Wert auf hohe Geschwindigkeit als auf günstiges Sinken gelegt wird.
Erhöht man z. B. die Flächenbelastung eines Segelflugzeugs von 30daN/m^2 auf 36daN/m^2 (bzw. 30 kg/m^2 auf 36 kg/m^2), also um 20 %, so liegen die Werte in der Polare um ca. 10 % tiefer. Vergleiche dazu Abb. 51:

geringstes Sinken ca. 0,72 statt 0,65 m/s,
Mindestgeschwindigkeit ca. 74 statt 68 km/h,
beste Gleitzahl bei 100 statt 91 km/h usw.

Faustregel: Die prozentualen Erhöhungen von Mindest- und Sinkgeschwindigkeit sind halb so groß wie die prozentuale Erhöhung der Flächenbelastung.

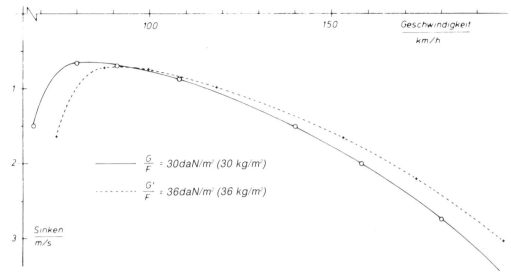

Abb. 46 Leistungspolare eines Segelflugzeugs bei zwei verschiedenen Flächenbelastungen

Die Leistungspolaren, die von den Herstellern gezeichnet werden, sind immer unter Annahme optimaler Bedingungen entstanden.

Bei Flügen im Regen oder bei Verschmutzung durch Insekten, Staub usw. verschlechtern sich die Flugleistungen je nach Anfälligkeit des Profils recht erheblich, so daß man sich nicht mehr auf die angegebenen Daten verlassen darf.

Flugzeugkunde

1. Einteilung der Luftfahrzeuge

1.1 Man unterscheidet zunächst Luftfahrzeuge leichter als Luft und Luftfahrzeuge schwerer als Luft. Segelflugzeuge gehören der zweiten Gruppe an und erzeugen ihren Auftrieb durch Bewegung *(dynamischer Auftrieb),* während Luftfahrzeuge, die leichter als Luft sind, mit *statischem Auftrieb* arbeiten, d. h. durch ihr geringes spezifisches Gewicht den nötigen Auftrieb erhalten.

1.2. Nach der *Anzahl der Tragflügel* zum Rumpf unterscheidet man Eindecker, Eineinhalbdecker, Doppeldecker, Dreidecker usw. Segelflugzeuge sind heute grundsätzlich Eindecker.

1.3. Nach der *Anordnung der Tragflügel* zum Rumpf unterscheidet man

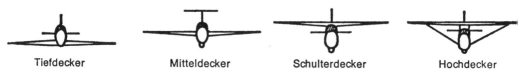

Tiefdecker   Mitteldecker   Schulterdecker   Hochdecker

Abb. 47 Segelflugzeuge sind meist Mittel- oder Schulterdecker

1.4. Nach der *Bauart* unterscheidet man freitragende, verstrebte und verspannte Flugzeuge. Moderne Segelflugzeuge sind durchweg freitragend.

1.5. Nach der *Bauweise* unterscheidet man Flugzeuge in Holzbauweise (z. B. Ka 6), Gemischtbauweise (z. B. ASK 13), Metallbauweise (z. B. Blanik) und Kunststoffbauweise (z. B. Astir).

1.6. Nach den *Flugleistungen* unterscheidet man Übungs- und Leistungsflugzeuge.

1.7. Nach Wettbewerbsklassen unterscheidet man
- Offene Klasse ohne Beschränkungen
- FAI-15 m-Klasse mit 15 m Spannweite (Rennklasse)
- Standard-Klasse mit gewissen Beschränkungen (max. Spannweite 15 m, keine profilverändernden Klappen)
- Clubklasse
- Motorsegler

2. Aufteilung des Flugzeuges

Man unterscheidet zwischen den Konstruktionsgruppen Flugwerk, Triebwerk (M) und Ausrüstung

Zum Flugwerk gehören:
  Rumpfwerk
  Tragwerk
  Leitwerk
  Steuerwerk
  Fahrwerk

Zum Triebwerk gehören:
  Triebwerk (Motor)
  Triebwerkanlage
  Triebwerkbehälter

Zur Ausrüstung gehören:
  a) Mindestausrüstung:
     Höhenmesser und Fahrtmesser
     Anschnallgurte
     Rückenkissen oder Fallschirm
     Betriebshandbuch
  b) Sonderausrüstung
     über Mindestausrüstung hinausgehende Instrumentierung
     Funkgerät
     Sauerstoffanlage
     usw.

3. Gewichte

Unter dem *Leergewicht* versteht man das Flugwerk mit der ständigen Ausrüstung.

Das Rüstgewicht umfaßt Leergewicht plus zusätzliche Ausrüstung wie zusätzliche Instrumentierung, Batterien usw.

Das *Fluggewicht* ergibt sich aus Rüstgewicht plus Zuladung wie Pilot plus Fallschirm plus Kartenmaterial, Verpflegung usw.

Das *maximale* Fluggewicht hängt von der Konstruktion ab und darf nicht überschritten werden.

Alle Teile des Flugzeugs, die nicht zum Tragwerk gehören, bilden das *Gewicht der nichttragenden Teile.* Hierfür gibt es je nach Flugzeugmuster eine zulässige Obergrenze. Es gilt: Höchstzulässiges Gewicht der nichttragenden Teile minus tatsächliches Gewicht der nichttragenden Teile ist *höchstzulässige Zuladung.* Eventueller Wasserballast wird im Tragwerk untergebracht und fällt daher nicht unter die nichttragenden Teile. Jedoch ist auch die Ballastobergrenze durch das maximale Fluggewicht gegeben.

4. Aufbau des Flugzeugs

4.1. Der Rumpf

Rümpfe aus Holz, Metall oder Kunststoff bestehen aus Spanten, Längsgurten und der Beplankung bzw. der Schale, so daß sie verdrehsteife Rohre bilden.

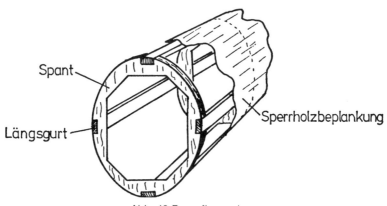

Abb. 48 Rumpfbauweise

Stahlrohrrümpfe werden aus Längsrohren, Streben und Diagonalen zu einem verdrehsteifen Fachwerk zusammengeschweißt und sind mit Stoff bespannt.

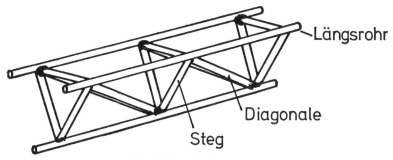
Abb. 49 Der Stahlrohrrumpf

Rümpfe aus Kunststoff werden in Halbschalen gebaut.
Dazu benötigt man sog. Negativ-Formen, die zunächst mit einem Trennmittel (Spezialwachs) behandelt werden, damit das fertige Teil nicht mit der Form verkleben kann.
Als erste Lage wird eine weiß eingefärbte Kunstharzschicht, der sog. Schwabbellack, eingespritzt. Er bildet später die schleif- und polierfähige Oberfläche.
Nach dem Trocknen wird kunstharzgetränktes Glasgewebe in mehreren Schichten eingelegt. Es entsteht ein sog. *Laminat*.
Dieser Verbundwerkstoff Glasfaser-Kunststoff (GFK) erhält seine hohe Festigkeit durch die Eigenschaften der Glasfasern, die bei einem Durchmesser von ca. 0,009 mm eine hohe Oberflächenspannung und eine enorme Zugfestigkeit besitzen. Das ausgehärtete Harz, der Kunststoff, dient praktisch nur dazu, die Fasern in der richtigen Lage zu halten und die Form zu geben. Glas- und Harzanteil verhalten sich dabei etwa wie 60:40. (Noch bessere Eigenschaften weisen Kohlefasern auf. Die sog. KFK-Bauweise ist zwar erheblich teurer, dafür läßt sich Gewicht einsparen.)
In die so entstandenen Rumpf-Halbschalen werden eventuelle Spanten und die Lagerungen für die Bedienungsorgane eingesetzt. Nach dem Aushärtungsprozeß, dessen Dauer von der Temperatur abhängig ist, klebt man beide Halbschalen zusammen.
Jetzt können Haubenrahmen und Haube angepaßt werden.
Um das vollständige Aushärten zu beschleunigen, kommen die GFK-Teile in Wärmekammern (z. T. noch vor der Ausformung). Hier werden sie getempert.

Es folgt der Einbau der restlichen Bedien- und Steuerorgane und das Schleifen und Polieren der Oberfläche.
Die meisten Kunststoff-Rümpfe werden als reine Schalen, d. h. ohne Stützstoffe gebaut, da eine ca. 3 mm starke GFK-Röhre mit etwa 5 Lagen Gewebe eine genügend große Steifheit besitzt.

4.2. Das Tragwerk

Das Tragwerk dient zur Auftriebserzeugung und muß die Luftkräfte aufnehmen.

Der Tragflügel kann ein- oder mehrteilig sein und einen oder mehrere Holme besitzen. Die gebräuchlichen Muster haben einen zweiteiligen, einholmigen Tragflügel.

In der kaum noch üblichen Holzbauweise kann der Holm je nach Anforderung als

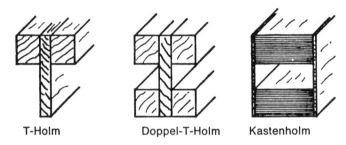

T-Holm   Doppel-T-Holm   Kastenholm

o. ä. ausgebildet sein.

Bei hochwertigen Holmen sind die Holmgurte lamelliert, d. h. sie bestehen aus vielen dünnen miteinander verleimten Lamellen (Schichten). Vorn an den Holm werden die Nasenrippen, hinter den Holm die *Endrippen* geleimt und durch die Nasen- bzw. Endleiste ausgerichtet. Die Flügelnase wird mit Sperrholz beplankt, dessen Faserrichtung diagonal zu den Rippen gelegt wird. So kann sie die Verdrehkräfte (Torsionskräfte) aufnehmen. Man spricht deshalb von einer *Torsionsnase*. Außerdem gibt sie dem Flügel die Form.

Die *Randbögen bilden* die Flügelspitzen.

Die Holme und die erste Rippe, die Wurzelrippe, erhalten die Beschläge, mit denen die beiden Flügelhälften zusammengehalten und am Rumpf befestigt werden.

Nachdem alle Teile mit einem Konservierungslack behandelt

worden sind, wird der Flügel über den nicht beplankten Teilen bespannt. Man verwendet dazu Leinen, das u. U. an den Rippen vernäht wird. Auf den Stoff wird mehrmals Spannlack aufgetragen, Unebenheiten werden verspachtelt. Den Abschluß bildet die Lackierung aus Kunstharzlacken.

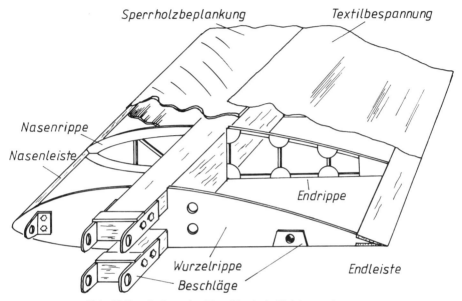

Abb. 50 Der Aufbau des Tragflügels in Holzbauweise

Kunststoff-Flügel werden ähnlich wie Kunststoffrümpfe in Schalen hergestellt. Auch hier baut man von außen nach innen. Allerdings wird der Flügel als »Sandwich« gebaut: Zwischen den Glasmatten liegt eine Schicht PVC-Hartschaum, Balsaholz, Sty-

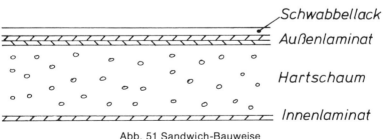

Abb. 51 Sandwich-Bauweise

ropor o. ä. Der Flügel erhält durch diese sog. Stützstoffe seine Beul- und Torsionsfestigkeit.

Der Holm besteht aus kunstharzgetränkten Glasfastersträngen, sog. Rowings, die um die Wurzelbeschläge herumgeführt sind.

Nach dem Einbringen der Klappen- und Querrudergestänge sowie des Bremsklappenkastens werden obere und untere Halbschale mit eingedicktem Harz (Harz + Baumwollflocken) verklebt.

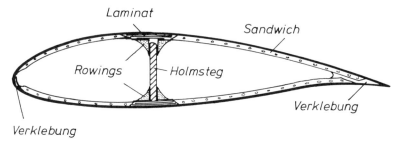

Abb. 52 Schnitt durch einen Kunststoff-Flügel

Besondere Sorgfalt wird auf die Behandlung der Oberfläche verwendet. Durch mehrmaliges Nachlackieren und Schleifen erreicht man optimale Genauigkeit und Glätte.

Unabhängig von der Bauweise gilt:
Der Flügel erhält seine Festigkeit überwiegend durch die verdrehsteife Flügelnase (Torsionsnase). Beschädigungen in diesem Bereich müssen fachmännisch repariert werden, sonst ist die Lufttüchtigkeit nicht mehr garantiert.

4.3. Das Leitwerk

besteht aus:
Höhenleitwerk = Höhenflosse + Höhenruder
evtl. + Trimmklappe
Seitenleitwerk = Seitenflosse + Seitenruder
Flügelleitwerk = Querruder links und rechts,
Klappen

Das Seiten- und Höhenleitwerk ist ähnlich dem Flügel aufgebaut. Die Querruder und die Brems- oder Landeklappen sind in das Flügelprofil einbezogen.

Bei GFK-Leitwerken werden die Ruder meist aus reinem Laminat hergestellt, während die Flossen mit Stützstoffen gebaut werden.

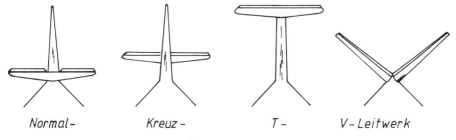

Normal-   Kreuz-   T-   V-Leitwerk

Abb. 53 Übliche Leitwerksformen

4.4. Das Steuerwerk

Mit dem Knüppel werden Quer- und Höhenruder bedient. Er muß deshalb um zwei Achsen drehbar gelagert sein. Das Seitenruder wird über Pedale gesteuert.
Bei fast allen Segelflugzeugen wird das Höhenruder über eine Stange bewegt.

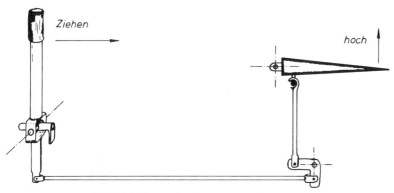

Abb. 54 Höhenruder-Steuerung — Schema

Das Seitenruder wird entweder nur über Seile oder über eine Kombination aus Seilen und Stangen zum Ausschlag gebracht. Können die Seile nicht geradlinig verlegt werden, so müssen sie durch Führungsrohre und Seilrollen in die gewünschte Richtung gebracht werden.

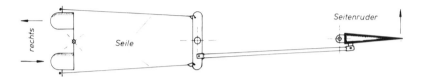

Abb. 55 Steuerung des Seitenruders – Beispiel

Die Querruder sind ebenfalls über Steuerstangen (seltener über Seile) mit dem Knüppel verbunden.

Die Steuerung wird dabei so ausgelegt, daß der Ausschlag nach oben größer ist als der nach unten. Man bezeichnet dies als *differenzierte Querruder*. Dadurch erreicht man eine Verringerung des Querruder-Sekundär-Effekts (siehe Technik des Fliegens).

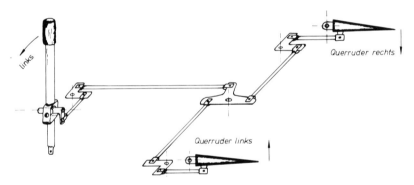

Abb. 56 Steuerung der Querruder – Beispiel

Die Länge der Steuerseile und -stangen muß zur Einstellung der Ruderausschläge verstellbar sein. Dazu verwendet man Spannschlösser bzw. Verstellköpfe.

Die *Trimmung* hat die Aufgabe, die Handkräfte am Steuerknüppel zu verringern. Mit der *Gewichtstrimmung* durch Zuladung von Bleistücken läßt sich nur grob austrimmen.

Im Segelflug ist nur die Höhenrudertrimmung üblich.
Die sog. *Flettnertrimmung,* bei der am Höhenruder eine zusätzliche Trimmklappe verstellbar angebracht ist, weicht in zunehmendem Maß der *Federtrimmung.* Hier wird der Steuerknüppel bzw. das Steuergestänge durch eine verstellbare Spiralfeder in der gewünschten Stellung gehalten.

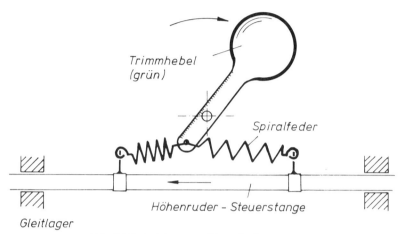

Abb. 57 Federtrimmung über die Steuerstange

ACHTUNG: Fehlendes Gewicht im Führersitz läßt sich nicht durch Flossen-, Flettner- oder Federtrimmung ausgleichen.

4.5. Das Fahrwerk

1) Die *Kufe* soll Stöße aufnehmen und Beschädigungen am Rumpf bei Start oder Landung verhindern. Sie ist aus Eschenholz und meist gefedert eingebaut.
2) Das *Rad* kann fest eingebaut oder einziehbar sein und sollte beim Unterschreiten einer Mindestreifengröße gefedert sein. Die Arten der Radbremsen reichen von der Bandbremse (Ka 6) bis zur hydraulischen Scheibenbremse (Twin-Astir).
3) Der *Sporn* ist als Spornrad oder Schleifsporn ausgeführt und schützt das Rumpfende vor Beschädigung.
4) Um eine möglichst sichere Lenkung beim Rollen zu gewährleisten, ist bei motorbetriebenen Flugzeugen entweder

- das *Bugrad* drehbar gelagert und mit den Seitenruderpedalen gekoppelt (oder auch frei geschleppt)
- oder aber das *Spornrad* läßt sich mit dem Seitenruder steuern (Heckradsteuerung).

5) Schwerere Flugzeuge haben anspruchsvollere Fahrwerke. **M** Die Fahrwerksbeine sind grundsätzlich gefedert, um die Aufhängung am Rumpf bzw. an den Flügeln nicht zu überlasten. Als Dämpfungselemente werden Blattfedern, Gummielemente, Schraubenfedern, Ölfederbeine, Luftfederbeine oder Öl-Luftfederbeine verwendet.

6) Bei Motorflugzeugen werden die Räder einzeln gebremst, **M** wodurch eine erhebliche Wendigkeit beim Rollen erzielt wird. Wie beim Kraftfahrzeug finden auch hier *Trommel- oder Scheibenbremsen* Verwendung, die über Seilzüge oder ein Hydrauliksystem betätigt werden.

7) Da die *Bereifung* für Flugzeuge erheblichen Stoßbelastungen **M** ausgesetzt ist, muß sie einen anderen Aufbau aufweisen als z. B. die Autobereifung. Es dürfen daher nur luftfahrtgeprüfte Fabrikate aufgezogen werden.

4.6. Bedienhebel

Zur Vereinheitlichung und zur Verhinderung von Fehlbetätigungen müssen die wichtigsten Bedienhebel folgendermaßen farbig gekennzeichnet sein:

gelb: Ausklinkvorrichtung
rot: Haubennotabwurfbetätigung
blau: Luftbremsen (Bremsklappenhebel)
grün: Trimmung

Dadurch wird gleichzeitig das Zurechtfinden auf einem neuen Muster erleichtert.

4.7. Motor und Luftschraube   (M) (M)

Triebwerke für Motorsegler sind fest eingebaut oder können zur Verringerung des Widerstands während des Segelflugs eingeklappt werden.

Je nach Anordnung des Triebwerks ist der Propeller als Zug- oder Druckschraube ausgebildet.

Die *Motoraufhängung* erfolgt meist an vier Punkten am Rumpf über einen sog. Motorträger, der aus einem Stahlrohrgerüst besteht.

Zur *Kühlung* des Triebwerks liegen die Zylinderköpfe entweder im freien Luftstrom oder sie werden bei vollständigem Einbau in die Rumpfkontur über Luftleitbleche mit Kühlluft versorgt.
Um möglichst wenig Widerstand zu erzeugen, werden vorstehende Motorteile mit aerodynamisch günstigen *Verkleidungen* versehen.
Je nach Arbeitsweise unterscheidet man Kolben-, Kreiskolben- (Wankel-) und Turbinenmotoren.
Die am meisten verwendeten Motoren sind luftgekühlte Viertakt-Kolbenmotoren.

4.7.1. Arbeitsweise des Viertakters
Im Gegensatz zum Zweitakter weist der Viertakter Ein- und Auslaßventile auf, die über eine Nockenwelle vom Motor selbst gesteuert werden.

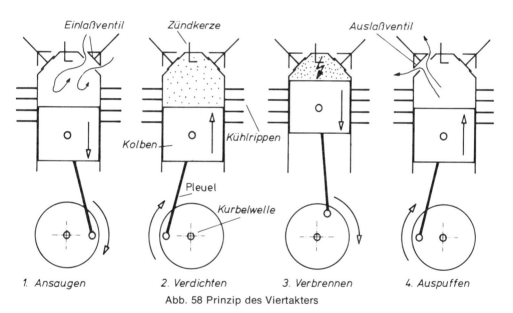

1. Ansaugen   2. Verdichten   3. Verbrennen   4. Auspuffen
Abb. 58 Prinzip des Viertakters

1. Takt:
Das Einlaßventil öffnet sich, der Kolben läuft nach unten und saugt das Benzin-Luft-Gemisch an.
2. Takt:
Das Einlaßventil schließt, der Kolben verdichtet das Gemisch bei der Aufwärtsbewegung.

3. Takt:
Das Gemisch wird bei geschlossenen Ventilen gezündet. Der Kolben folgt dem Druck nach unten.
4. Takt:
Das Auslaßventil öffnet, der Kolben pufft bei der Aufwärtsbewegung die verbrannten Gase aus.

Die Schmierung erfolgt beim Viertakter über ein gesondertes *Ölsystem,* das aus *Ölwanne, Ölpumpe, Ölfilter* und entsprechenden Zuleitungen und Kanälen besteht. Dabei wird das Öl unter Druck in einem Kreislauf an alle beweglichen Teile geführt. Sinkt der *Öldruck* ab, so ist das System defekt. Die Schmierung ist dann nicht mehr sichergestellt. Lager können heißlaufen und fressen.

Merke: **Der Viertakter zündet bei jeder zweiten Umdrehung der Kurbelwelle. Die Schmierung erfolgt über ein eigenes System.**

4.7.2. Schmierstoffe

Für die Motorschmierung werden Öle verwendet, die entweder dem Benzin zugesetzt werden (Zweitakter) oder in einem eigenen Vorratsbehälter mitgeführt werden (Viertakter). Man unterscheidet legierte und unlegierte Öle.

Unlegierte Öle werden bei neuen Motoren verwendet, um die Einlaufzeit zu verkürzen, da sie den Abrieb nicht so stark verhindern.

Legiertes Öl (HD-Öl) dagegen hat eine reinigende Wirkung und erzielt geringeren Abrieb. Ein Motor darf daher nicht mit HD-Öl betrieben werden, wenn er längere Zeit mit unlegiertem Öl gelaufen ist. Rückstände könnten sich sonst ablösen und das Schmiersystem verstopfen.

Die *Viskosität,* d. h. die »Zähflüssigkeit« von Öl, wird in SAE-Klassen angegeben. Sie hängt von der Temperatur ab. Je nach Betriebsvorschrift verwendet man im Sommer zähflüssigere Öle (z. B. HD-100), im Winter dünnflüssigere (z. B. HD-60). Wichtig ist, daß der *Schmierfilm* bei allen Betriebstemperaturen nicht abreißt. Wird der Motor *überhitzt,* kann der Film eines zu dünnflüssigen Öls vorzeitig abreißen. Die Folgen sind wie beim Ölmangel Lager- und Kolbenfresser.

Ebenso schädlich wäre es, den Motor in kaltem Zustand sofort auf hohe Drehzahlen zu bringen. Das Öl erreicht in kaltem Zu-

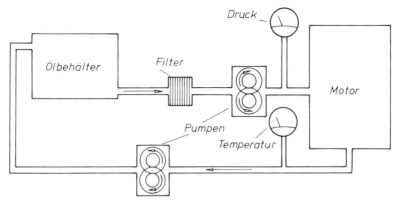

Abb. 59 Schmiersystem

stand (große Viskosität) nicht die erforderlichen Schmiereigenschaften. Der Motor kann somit auch nicht die volle Leistung bringen. Ein sorgfältiges *Warmlaufenlassen* nach Betriebsvorschrift ist unerläßlich für einen sicheren Start.

Ein beträchtlicher Teil der Wärme, die im Motor entsteht, wird über den Ölbehälter, der oft mit Kühlrippen versehen ist, abgeführt.

Motoren höherer Leistung haben einen *Ölkühler,* der im Luftstrom liegt und so ausgelegt ist, daß die *Öltemperatur* im Kurbelgehäuse unter allen Betriebsbedingungen normale Werte (40° C bis 95° C) behält.

4.7.3. *Treibstoff*

Für Motorseglermotoren verwendet man je nach Betriebsvorschrift *Flugbenzin* oder Kraftfahrzeugbenzin.

Diese beiden Treibstoffarten unterscheiden sich beträchtlich (z. B. in Siedepunkt und Dampfdruck) und dürfen daher nicht beliebig verwendet werden.

Die sog. *Oktanzahl* sagt etwas über die Klopffestigkeit des Benzins aus. *Klopfen* entsteht durch ungleichmäßige Verbrennung und führt zu ernsten Beschädigungen des Motors.

Da der Treibstoff Oktan relativ klopffest ist, werden die Benzinsorten mit ihm verglichen.

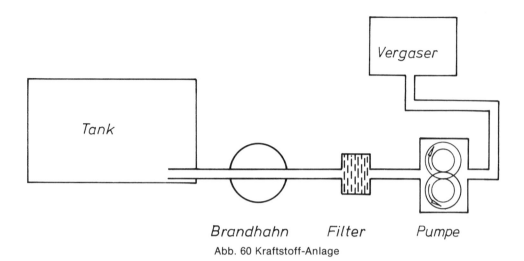

Abb. 60 Kraftstoff-Anlage

Flugbenzin stellt oft noch höhere Anforderungen. Es wird daher verbleit. Man gibt die Treibstoffart dann in Leistungszahlen an (z. B. 100/130). In der Sportfliegerei verwendet man z. Z. das Flugbenzin L 100. Mit der Zahl 100 wird ausgedrückt, daß der Treibstoff in allen Bereichen (Start, Steigflug und Reiseflug) die Klopffestigkeit von Oktan hat.

Merke: **Es darf kein Benzin von geringerer als der vorgeschriebenen Oktan- bzw. Leistungszahl verwendet werden. Ein Treibstoff höherer Zahl schadet nicht.**

4.7.4. *Der Vergaser*
Der Kraftstoff gelangt über *Brandhahn* und Filter in den *Vergaser*. Liegt der Kraftstoffbehälter nicht wesentlich höher als der Vergaser, so ist eine Förderpumpe notwendig. Elektrische Zusatzpumpen haben die Aufgabe, auch bei ungünstigen Bedingungen (Start, Steigflug, Kunstflug) immer den notwendigen Kraftstoffdruck aufrechtzuerhalten.
Um ein explosives *Benzin-Luft-Gemisch* zu erhalten, muß die Mischung in einem bestimmten Verhältnis (etwa 1:15) erfolgen. Diese Gemischaufbereitung erfolgt im Vergaser nach folgendem Prinzip.
Die vom Kolben angesaugte Luft wird durch einen sich verengenden Kanal geleitet, in dessen engstem Querschnitt sich eine *Düse* befindet.

Durch den Unterdruck (Bernoullisches Gesetz!) tritt aus dieser sog. *Hauptdüse* Benzin aus und zerstäubt.

Mit einer *Drosselklappe,* die über den Gashebel betätigt wird, läßt sich die Gemischmenge regeln.

Für gleichmäßige Benzinzufuhr sorgt ein Schwimmersystem, das so viel Treibstoff nachfließen läßt, daß die Schwimmerkammer immer gefüllt ist.

Um auch bei niedrigen Drehzahlen (unter 1000 RPM) ausreichende Benzinzufuhr zu gewährleisten, holt sich der Motor den Treibstoff aus einer sog. Leerlaufdüse, die in der Nähe des Luftspalts sitzt, den die Drosselklappe auch in geschlossener Stellung immer freiläßt.

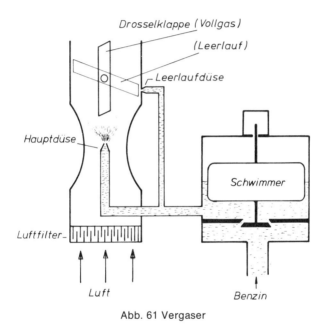

Abb. 61 Vergaser

Besondere Vergasereinrichtungen
■ *Höhengas*
Mit zunehmender Höhe nimmt vor allem auch der Sauerstoffanteil der Luft ab. Das Mischungsverhältnis im Vergaser verschiebt sich zugunsten des Benzinanteils. Man sagt, das Gemisch wird

fetter. Die Motorleistung sinkt dadurch ab. Flugmotoren haben eine sog. Höhenkorrektur (auch Höhengas genannt), durch die sich das Gemisch wieder verarmen läßt, d. h. der Benzinanteil wird verringert. Zieht man diese Höhenkorrektur in Bodennähe, so bleibt der Motor stehen, weil ein zu *armes* Gemisch nicht mehr zündfähig ist. Auf diese Art läßt sich der Motor abstellen, ohne daß die Gefahr eines Zurückschlagens durch Selbstentzündung besteht.

Eine aufwendigere Möglichkeit besteht darin, die Luft vorzuverdichten, um den Sauerstoffgehalt zu erhöhen. Das geschieht mit einem sog. *Lader,* der mit Hilfe eines Schaufelrads die benötigte Luftmasse ansaugt und komprimiert.

■ *Vergaservorwärmung*
Bei bestimmten Wetterverhältnissen, nämlich hoher Luftfeuchte und Temperaturen zwischen einigen Graden unter 0° C und ca. 20° C (!) kann sich im Ansaugkanal Eis ansetzen. Das kommt daher, daß zum »Vergasen« des Benzins Wärme benötigt wird, die der Umgebung entzogen wird. Der in der Luft enthaltene Wasserdampf setzt sich als Eis an. Dadurch wird der Ansaugquerschnitt verengt, die Folge sind Leistungsabfall oder gar Triebwerksausfall. Um dies zu verhindern, kann bei Bedarf vom Motor vorgewärmte Luft in den Ansaugkanal geführt werden. Die Drehzahl sinkt dabei zwar etwas ab (bis ca. 200 RPM), ein ungestörter Lauf ist jedoch gewährleistet.

■ Um das Anlassen aus dem kalten Zustand zu erleichtern, haben viele Flugmotoren eine *Hand-Einspritzpumpe,* mit der eine kleine Menge Kraftstoff direkt in die Ansaugleitung gespritzt werden kann. Dadurch wird erreicht, daß auch im noch kalten Verbrennungsraum die notwendige Benzinmenge verdampft ist.

4.7.5. Die Zündung
Die Zündung des Gemischs erfolgt kurz vor Erreichen des oberen Totpunkts durch einen elektrischen Funken.
Dieser entsteht zwischen den Elektroden der Zündkerze, wenn eine bestimmte Mindestspannung angelegt wird. Um mit Sicherheit einen Zündfunken zu erzielen, werden Spannungen zwischen 16 000 und 20 000 Volt erzeugt.
Bei den üblichen *Magnetzündanlagen* erzeugt ein rotierender

Magnet in einer Primärspule Wechselspannung (Dynamoprinzip), die in einer Sekundärspule hohe Spannung induziert (Transformatorprinzip). Da der Stromkreis durch den Abstand der Elektroden nicht geschlossen ist, fließt im Sekundärkreis noch kein Strom.

Erst wenn im Primärkreis der Strom durch einen Unterbrecher plötzlich abgeschaltet wird, entsteht eine sehr hohe Spannung im Sekundärkreis, in dem auch die Zündkerze liegt. Der Funke springt über.

Die Steuerung des *Zündzeitpunkts* wird vom Motor selbst besorgt, der eine Nockenwelle dreht, welche wiederum die Unterbrecherkontakte trennt. Um die Funkenbildung zwischen den Unterbrecherkontakten zu vermeiden, wird parallel zu ihnen ein Kondensator geschaltet. Damit ist gleichzeitig eine Störquelle für die Funkgeräte beseitigt.

Bei mehreren Zylindern wird der Zündstrom über einen Verteiler den einzelnen Kerzen zugeführt.

Der Motor erzielt nur bei einem bestimmten Zündzeitpunkt seine beste Leistung. Da das Gemisch einige Zeit zum Verbrennen benötigt, muß die Zündung bereits vor dem oberen Umkehrpunkt des Kolbens einsetzen. Dreht der Motor nun schneller, muß deshalb auch die Zündung noch weiter vor dem oberen Totpunkt er-

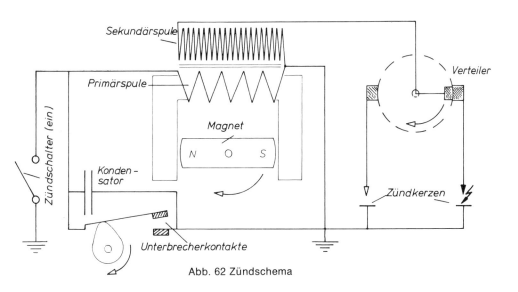

Abb. 62 Zündschema

folgen. Dies kann durch einen drehzahlabhängigen Fliehkraftregler gesteuert werden, so daß bei jeder Drehzahl der beste Zündzeitpunkt erzielt wird.

Merke: Spät- oder Frühzündung haben Leistungsabfall zur Folge.

4.7.6. Die Luftschraube
1) Aufbau
Die Luftschraubenblätter sind gewöhnlich aus Holz oder Leichtmetall und weisen Profile (ähnlich den Tragflügelprofilen) auf, deren Einstellwinkel ε (Blattwinkel ε) nach außen hin kleiner werden (Schränkung).
Sie gehen nach der Mitte hin in eine Nabe über, die bei Motorseglern direkt auf der Kurbelwelle des Motors angeflanscht wird.
Man unterscheidet *starre* und *verstellbare* Luftschrauben. Bei verstellbaren können die Blätter in der Nabe verdreht werden.
2) Wirkungsweise
Bei der Rotation der Luftschraube bildet das Profil der Blätter mit der Luftströmung einen bestimmten Anstellwinkel α. Vor dem Propeller entsteht Unterdruck, hinter ihm Überdruck. Dadurch erfährt die durch den Propellerkreis strömende Luft eine

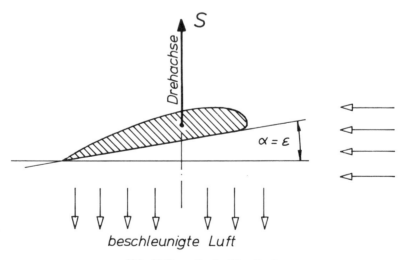

Abb. 63 Propeller im Standlauf

Beschleunigung. Der *Propellerschub* erfolgt in entgegengesetzter Richtung als Reaktion auf die Beschleunigung der Luft.
Im Standlauf ist der Anstellwinkel α gleich dem Einstellwinkel.
3) Die starre Luftschraube
Bewegt sich die Drehebene des Propellers vorwärts, so nimmt der Anstellwinkel α ab. Dadurch wird auch die Schubkraft geringer.

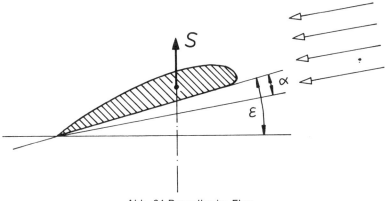

Abb. 64 Propeller im Flug

Bei einer starren Luftschraube wirkt sich das so aus:
Bei Vollgas erreicht die Luftschraube im Stand eine bestimmte Drehzahl (z. B. 3000 RPM). Je schneller das Flugzeug gegenüber der Luft wird, desto geringer wird der Anstellwinkel, um so mehr erhöht sich die Drehzahl des Motors. Eine Starrluftschraube muß also so ausgelegt und auf den Motor abgestimmt sein, daß sie
a) ausreichenden Standschub erzeugt
b) genügend Steigleistung zuläßt
c) möglichst hohe Reisegeschwindigkeit erlaubt.

Merke: **Eine starre Luftschraube kann nicht gleichzeitig maximale Steigleistung und maximale Reiseleistung bieten.**

4) Die Verstell-Luftschraube
Bei der Verstell-Luftschraube lassen sich die Propellerblätter in der Nabe mechanisch oder hydraulisch drehen, so daß die Einstellwinkel veränderlich werden.

Für den Motorsegler sind meist mehrere feste Stellungen möglich, während bei größeren Reiseflugzeugen die Verstellung stufenlos möglich ist.
a) *Startstellung:*
Kleine Steigung, so daß der Motor auf die Drehzahl maximaler Leistung (Startleistung) kommt.
b) *Reisestellung:*
Große Steigung, damit auch bei hoher Geschwindigkeit ein günstiger Anstellwinkel erreicht wird. Die Motorleistung liegt dabei meist bei 50 % bis 80 % der Startleistung.
c) *Segelstellung:*
Stellung des geringsten Widerstands.

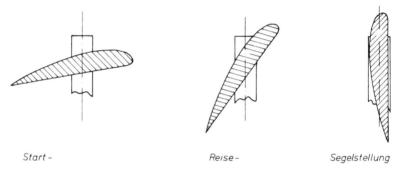

Start- *Reise-* *Segelstellung*

Abb. 65 Propellerstellungen

Anmerkung:
Die Stellung eines Propellers wird normalerweise mit dem Blattwinkel angegeben, der an der Stelle $^3/_4$ Radius liegt.
Unter der Steigung versteht man das Verhältnis aus dem in Achsenrichtung (in einem festen Stoff) zurückgelegten Weg h (Profilganghöhe) und dem Umfang an der Stelle $^3/_4$ Radius. Je größer also der Winkel, desto größer die Steigung des Propellers. (Vergleichbar mit dem Gewinde einer Metallschraube.)
Der Propellerdurchmesser wird dadurch begrenzt, daß die Blattspitzen bei hoher Fluggeschwindigkeit noch im Unterschallbereich liegen müssen, da andernfalls erstens die Schubleistung abnimmt und zweitens Festigkeitsprobleme auftauchen. Das bedeutet: Höhertourige Motoren benötigen Luftschrauben mit kleinerem Durchmesser als niedertourige.

Merke: **Motor und Luftschraube müssen aufeinander abgestimmt sein. Die Art der Abstimmung ist vom Verwendungszweck abhängig.**

Bei bestimmten Drehzahlen und bestimmten Motorleistungen können Schwingungen an Motor und Luftschraube auftreten, die zu Materialermüdungen führen können. Diese *kritischen Drehzahlen* sind im Betriebshandbuch aufgeführt und müssen vermieden werden, d. h. man wird im Reiseflug die Drehzahl höher als die kritische wählen, im Sinkflug dagegen niedriger.

4.7.7. Flugleistungen im Motorflug

Die Flugleistungen hängen von der Motorleistung, aber auch von der aerodynamischen Güte der Zelle ab.

■ Die *Motorleistung* wiederum hängt ab von der Drehzahl, dem Ladedruck, der Luftdichte und der Luftfeuchtigkeit.
Bei Motoren ohne Lader (siehe 4.6.4) wird der *Ladedruck* im Vergaser gemessen. Mit zunehmender Ansauggeschwindigkeit fällt er. Er kann höchstens so groß sein wie der atmosphärische Luftdruck. Das heißt, je höher die Luftdichte, desto höher auch der Ladedruck.
Es gilt:
Je höher die Drehzahl und der Ladedruck, desto größer die Motorleistung, desto größer aber auch der Kraftstoffverbrauch pro Zeiteinheit.

■ Die *Startstrecke* des Flugzeugs hängt von der Motorleistung und vom Fluggewicht ab. Je höher ein Flugplatz über dem Meer liegt, desto länger wird die Startstrecke. Als Faustregel gilt:
Zunahme der Startstrecke um 2,5 % je 100 m Höhenzunahme.
Je höher die Lufttemperatur, desto geringer wird die Luftdichte, desto geringer ist die maximale Motorleistung.
Als Faustregel gilt:
Über 15° C nimmt die Startstrecke pro 1° C um 1 % zu.
Steigt die Startbahn an, so verlängert sich ebenfalls die Startstrecke. Faustregel: Pro 1 Grad Steigung 10 % Verlängerung.
Beispiel: Die Startstrecke (Strecke bis zum Erreichen einer Höhe von 15 m Höhe) sei laut Handbuch 400 m, die Lufttemperatur betrage 25° C, der Startflugplatz liege auf 500 m über NN und steige in Startrichtung um 1,5° an.

Berechnung der Startstrecke:
a) Einfluß der Platzhöhe 5 mal 2,5 % = 12,5 % entspricht 50 m Verlängerung
b) Einfluß der Temperatur (10 %) entspricht 10 % von 450 m = ca. 50 m
c) Einfluß der Startbahnsteigung 15 %
15 % von 500 m = 75 m
Es ist also mit einer Startstrecke von rund 600 m zu rechnen.
d) Je nach Beschaffenheit der Startbahn kann sich die *Startrollstrecke* allerdings noch bis zu 60 % vergrößern, z. B. bei aufgeweichter, unebener Grasbahn.

■ Die Reichweite eines Flugzeuges ist begrenzt durch Kraftstoffvorrat und verbrauchsgünstigste Motorleistung. Für jedes Muster gibt es eine günstigste Reiseflughöhe bei günstigster Motorleistung, wobei zu berücksichtigen ist, ob auf der Strecke Rücken- oder Gegenwind herrscht.

■ Unter *Gipfelhöhe* versteht man die größte Flughöhe, in der das Flugzeug noch im Horizontalflug fliegen kann. Mit *Dienstgipfelhöhe* ist die Höhe gemeint, bei der noch ein Steigen von 0,5 m/s möglich ist.

Zusammenfassung:
Die Flugleistungen sind nicht konstant, sondern hängen von meteorologischen und technischen Bedingungen ab. Das Betriebshandbuch gibt für das jeweilige Muster die Flugleistungen an.

5. Betrieb des Segelflugzeugs

5.1. Das Flug- und Betriebshandbuch

Zu jedem Flugzeug gehört ein sog. Flug- und Betriebshandbuch, das vom Luftfahrtbundesamt anerkannt ist. Es ist stets an Bord mitzuführen.

Es enthält abhängig vom Muster verbindliche Daten, Betriebs- und Leistungsgrenzen, Verfahrensweisen sowie Hinweise für Luftfahrzeugführer und Prüfer. Änderungen der Eintragungen sind nur über das Luftfahrtbundesamt möglich. Ein eingehendes Studium des Flug- und Betriebshandbuchs vor Inbetriebnahme eines neuen Musters muß eine Selbstverständlichkeit sein.

5.2. Der Kontrollgang (Vorflugkontrolle)

Vor Inbetriebnahme eines Segelflugzeuges ist ein *gründlicher Kontrollgang* durchzuführen:
1) Gesamtüberblick aus einigen Metern Entfernung von vorn: Veränderungen des Aufbaus?
2) Anschlüsse und Verbindungen: angeschlossen, gängig, gesichert, unbeschädigt?
3) Besondere Prüfung der Ruder und Klappen auf Beweglichkeit.
4) Ruder sinngemäß angeschlossen?
5) Fremdkörper im Flugzeug? Schüttelprobe!
6) Kontrolle der Instrumentenanschlüsse.
7) Falten in der Beplankung oder Bespannung? Lackrisse?
8) Sonstige Veränderungen oder Beschädigungen?

Am besten beginnt man im Führersitz und geht dann um das Flugzeug herum, bis man wieder am Bug ankommt.

Nach jedem Aufrüsten hat zunächst ein erfahrener Pilot oder ein Fluglehrer diesen Kontrollgang an Hand einer Klarliste (Checkliste) durchzuführen und das Flugzeug auf seine Flugklarheit zu prüfen.

Bei Motorseglern kommt zum Kontrollgang noch die Überprüfung von **(M)**

Motor (Verkleidung, Aufhängung, Auspuffanlage, Zündgeschirr, Kraftstoff- und Ölsystem)
Luftschraube (Sitz, Beschädigungen, Risse)
Fahrgestell (Luftdruck, Federung, Bremsen).

Besonderheiten und Einzelheiten der Überprüfung sind der **Checkliste** des betreffenden Musters zu entnehmen.

Außer diesem Standard-Check können weitere Überprüfungen vorgeschrieben sein. Das *Betriebshandbuch* des jeweiligen Musters gibt dazu Auskünfte, die als verbindlich anzusehen sind!

5.3. Der Startcheck

Während der Kontrollgang vor jedem Flugbetrieb notwendig ist, muß der Startcheck vor jedem Flug durchgeführt werden:

1) Fallschirm richtig angelegt bzw. eingeklinkt?
2) Richtig und fest angeschnallt?
3) Höhenmesser auf Null bzw. QNH?

4) Ballast und Trimmung geprüft?
5) Luftbremsenprobe. Eingefahren und verriegelt?
6) Funkgerät und Barograph betriebsbereit?
7) Alle Ruder freigängig?
8) Windverhältnisse geprüft?
9) Haube verschlossen und verriegelt?
10) Notabwurfvorrichtung und Notausstieg bekannt?
11) Einklingen an der richtigen Kupplung!
12) Mit Seilriß rechnen!

5.4. Kontrolle nach einer harten Landung

1) Flügelanschlüsse prüfen; Risse, Stauchungen?
2) Endleiste, Beplankungen und Torsionsnase auf Veränderungen prüfen.
3) Flügelschwingungszahl nachprüfen laut letztem Prüfbericht.
4) Rumpf auf Verdrehung prüfen.
5) Falten in Bespannung oder Beplankung bzw. Lackrisse oder -absplitterungen bei Kunststoffbauweise?
6) Fahrwerksverkleidungen abmontieren: Fahrwerk, Kufe und Rumpfbereich auf Stauchungen kontrollieren!
7) Propeller beschädigt?   (M)
8) Risse oder abspringender Lack an der Motoraufhängung?   (M)

5.5. Störungen

Sind am Flugzeug Beschädigungen aufgetreten, durch die die Flugklarheit nicht mehr gegeben ist, so spricht man von einer *Störung*.

Wer eine Störung erkennt, muß sie unverzüglich dem Halter mitteilen, der darüber entscheidet, ob eine Störungsmeldung an das Luftfahrtbundesamt erforderlich ist.

Die *Reparatur* muß unter Aufsicht eines Technischen Leiters oder einer anerkannten Firma ausgeführt werden und von einem anerkannten Prüfer abgenommen werden. Erst dann darf das Flugzeug wieder in Betrieb genommen werden.

Kleinere Reparaturen können auch ohne Störungsmeldung durchgeführt werden. Die Entscheidung und Verantwortung trägt immer der Halter des Luftfahrzeugs. Im Zweifelsfall sollte ein Fachmann zugezogen werden (siehe Kap. Luftrecht).

Instrumentenkunde

1. Instrumentierung

1.1. Sollinstrumentierung für Segelflugzeuge

Um einen ausreichend sicheren Flug gewährleisten zu können, sind bei Segelflugzeugen Höhenmeser und Fahrtmesser zwingend vorgeschrieben. Das bedeutet, daß ohne diese zwei Instrumente (funktionstüchtige!) ein Segelflugzeug nicht betrieben werden darf.

1.2. Sollinstrumentierung für Motorsegler (M)

Beim Motorsegler kommen als Mindestausrüstung dazu: Kompaß, Drehzahlmesser, Kraftstoffvorratsanzeige, Öldruckmesser* und Öltemperaturmesser* (*entfällt bei Zweitaktmotoren).

1.3. Man unterscheidet nach dem Verwendungszweck

- *Flugüberwachungsgeräte*
  (Fahrtmesser, Höhenmesser, Variometer, Wendezeiger, Horizont, Neigungsmesser)
- *Navigationsgeräte*
  (Kompaß, Uhr, Funkgeräte, Kurskreisel)
- *Triebwerküberwachungsinstrumente* (M)
  (Drehzahlmesser, Öldruckmesser, Ölthermometer, Kraftstoffvorratsanzeige)
- *Flugwerküberwachungsgeräte*
  (Anzeigen für Klappenstellungen, Trimmung, Fahrwerkstellung; Beschleunigungsmesser)

1.4. Nachprüfung

Die gesamte Instrumentierung eines Luftfahrzeugs wird im sog. Ausrüstungsverzeichnis erfaßt, das bei der jährlichen Nachprüfung ebenfalls ergänzt oder berichtigt wird. Bei Segelflugzeugen erfolgt die Überprüfung der Instrumente im

Rahmen dieser periodischen Nachprüfung durch einen anerkannten Prüfer.

Segelflugzeuge müssen 12 Monate nach der letzten Prüfung, nach einer Grundüberholung, nach einer größeren Reparatur oder vor dem Export auf ihre Lufttüchtigkeit überprüft werden.

1.5. Zusätzliche Instrumentierung für Segelflugzeuge

Außer Höhen- und Fahrtmesser sind für den Segelflug die *Variometer* wichtig, die Steigen oder Sinken anzeigen.

Funksprechgeräte werden für Überlandflüge, Wolkenflüge und Kunstflüge verlangt.

Der *Einbau eines Funkgeräts* muß von einem Prüfer abgenommen werden. Dazu ist die *Genehmigungsurkunde* der Deutschen Bundespost vorzulegen.

Für *Wolkenflüge* sind außerdem Kompaß, Uhr und Wendezeiger mit Scheinlot (Kugel) oder ein künstlicher Horizont vorgeschrieben.

Um Leistungsflüge zu beurkunden, wird ein *Barograph* mitgeführt.

2. Flugüberwachungsgeräte

2.1. Fahrtmesser

Die Geschwindigkeit eines Flugzeugs gegenüber der umgebenden Luft heißt Fahrt. Fahrtmesser zeigen nur diese relative Geschwindigkeit an. Sie ist nur dann gleichzeitig Geschwindigkeit über Grund, wenn Windstille herrscht.

In Segelflugzeugen wird heute fast ausschließlich der Staudruckfahrtmesser verwendet.

2.1.1 Der Staudruckfahrtmesser

Im Rumpfbug oder in der Seitenflosse ist ein sog. *Pitotrohr* so angebracht, daß es gegen die freie Luftströmung gerichtet ist. Über eine Schlauchleitung ist es mit einer Membrandose, dem Kernstück des Fahrtmessers, verbunden. Im luftdichten Gehäuse des Instruments herrscht der sog. *statische Druck,* d. h. der Luftdruck, den man mit einem Barometer auch ohne Fahrt messen würde.

Bewegt sich nun das Flugzeug gegenüber der Luftmasse, so baut sich im Pitotrohr ein Gesamtdruck p_o auf, der aus statischem Druck p_{at} und Staudruck q besteht.
Der Staudruckanteil q dehnt die Membrandose, die über eine Mechanik mit dem Zeiger verbunden ist. Auf der in km/h oder Knoten geeichten Skala läßt sich direkt die Fahrt ablesen.

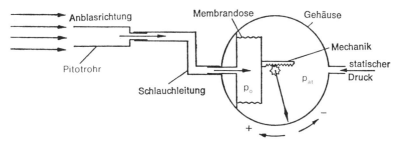

Abb. 66 Prinzip des Staudruckfahrtmessers

Der Staudruckfahrtmesser benötigt also zwei Zuleitungen:
- Gesamtdruckleitung vom Pitotrohr,
- statische Druckleitung von Stellen, die nicht von der Luftströmung beeinflußt sind.

Der statische Druck wird meist an den Rumpfseiten abgenommen. Mit dem Prandtlschen Staurohr lassen sich Gesamtdruck und statischer Druck fast an der gleichen Stelle messen.

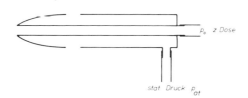

Abb. 67 Messung mit dem Prandtlschen Staurohr

2.1.2. Meßgenauigkeit
- Die Fahrtanzeigen sind nur genau, wenn das Flugzeug schiebefrei geflogen wird. Beim Slippen (Seitengleitflug) kann man z. B. beobachten, daß die Fahrtanzeige weit unter Null sinkt,

weil das Meßrohr schräg angeblasen und damit ausgesaugt wird.
- Außerdem weist jedes Borddrucksystem mehr oder weniger große Abweichungen von den Sollwerten auf, so daß man unterscheiden muß zwischen angezeigter Fahrt (IAS = indicated air speed) und tatsächlicher Fahrt (TAS = true air speed). Die Unterschiede sind meist in einer Eichkurve dargestellt, die im Betriebshandbuch zu finden ist.
- Je größer die Höhe, desto geringer wird die Luftdichte, d. h., desto geringer wird auch der Staudruck bzw. der Sog an den Meßrohren. Die Fahrtmesseranzeige wird also mit der Höhe verfälscht und zwar zeigt der Fahrtmesser zu wenig an.

Auf manchen Fahrtmessern findet man deswegen sog. Korrekturskalen. Nach Einstellen der beflogenen Höhe läßt sich dann wieder die relative Geschwindigkeit ablesen.

Die Unterschiede machen sich vor allem bei Höhenflügen gravierend bemerkbar, so daß bei Unwissenheit oder Nichtbeachten dieser Tatsache schnell die höchstzulässige Geschwindigkeit überschritten werden kann. Nehmen wir zum Beispiel eine maximale Geschwindigkeit von 265 km/h an, so wird diese z. B. bei der ASW 20 laut Handbuch bei folgenden Anzeigen erreicht:

265 km/h	in 0 bis ca. 3000 m
250 km/h	5 000 m
215 km/h	7 000 m
195 km/h	9 000 m
170 km/h	11 000 m

2.1.3. Geschwindigkeitsbereiche

Die Fahrtmesser sind dem Flugzeugmuster angepaßt und farbig gekennzeichnet.

Grün: sichere Geschwindigkeit (auch Reisegeschwindigkeit), voll manövrierfähig ohne Beschränkung, auch bei Böigkeit – Manövergeschwindigkeit

Gelb: in böiger Luft ist Vorsicht geboten
hartes Abfangen und harte Steuerbewegungen vermeiden – keine vollen Ruderausschläge mehr

Weiß: in diesem Bereich dürfen die Klappen ausgefahren werden

unterhalb Grün: nicht flugfähig, Unterschreiten der sicheren Mindestgeschwindigkeit
rote Marke: zulässige Höchstgeschwindigkeit

2.2. Der Höhenmesser

2.2.1. Funktion

Das Prinzip des Höhenmessers beruht auf der Luftdruckabnahme mit der Höhe.

Eine geschlossene *Aneroiddose* (Membrandose mit verringertem Innendruck) wird unter erhöhtem Luftdruck zusammengedrückt; bei Druckverringerung dehnt sie sich aus. Diese Bewegungen der Dose werden von einer Mechanik auf einen Zeiger übertragen. Die Skala ist in *Fuß* oder Meter geeicht.

Der Höhenmesser besitzt also nur eine Zuleitung:
– statische Druckleitung

Mit einer Nachstellschraube läßt sich der Höhenmesser auf Platzhöhe einstellen (QNH-Einstellung, siehe Wetterkunde) und zeigt im Schaufenster den QNH-Wert an.

Stellt man dagegen den Höhenmesser am Boden auf Null Meter Höhe ein, so wird der tatsächliche barometrische Druck im Schaufenster sichtbar (QFE-Einstellung).

Die im Schaufenster abzulesenden Luftdruckwerte verändern sich im Flug nicht, so daß man beim Einstellen des aktuellen QNH-Wertes die Höhe über NN, beim Einstellen des Platzluftdrucks die Höhe über dem Platz ablesen kann.

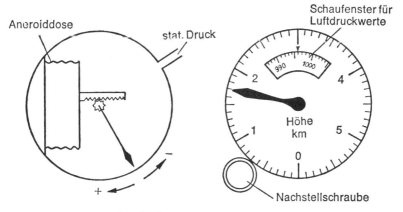

Abb. 68 Prinzip des Höhenmessers

2.2.2. Höhenmesserarten
Man unterscheidet
Feinhöhenmesser: Bereich bis 1 km Höhe und Skaleneinheit 10 m.
Grobhöhenmesser: Bereich von Null bis 6 oder 10 km, Skaleneinheit 100 m.
Grob-Fein-Höhenmesser: Meßbereich von Null bis 5 oder 10 km, 1 Umlauf des großen Zeigers ist 500 oder 1000 m mit Skaleneinheit 10 m, ein kleinerer Zeiger gibt die Höhe in km an mit Skaleneinheit 100 m.

2.2.3. Hysteresis
Steigt man auf große Höhen, so dehnt sich die Dose des Höhenmessers relativ weit aus. Beim Abstieg nimmt sie zunächst nicht mehr ganz ihre ursprüngliche Form an, sondern bleibt sozusagen in etwas überdehntem Zustand, von dem sie sich erst nach einiger Zeit »erholt«. Diesen Effekt nennt man *Hysteresis.* Er ist um so stärker, je schneller man die Höhe wechselt. Erfolgt zum Beispiel ein rascher Abstieg aus einer Höhe von 1500 m, so muß man damit rechnen, daß die Höhenmesseranzeige »nachhinkt«. Es kann durchaus sein, daß unmittelbar vor dem Aufsetzen noch eine Höhe von 50 m angezeigt wird. Für ungeübte Piloten bildet daher der Hysteresis-Effekt eine ernstzunehmende Gefahr.

2.3. Der Höhenschreiber oder Barograph

Er beruht auf demselben Prinzip wie der Höhenmesser. Anstelle eines Zeigers wird jedoch eine Tintenfeder oder eine Nadel be-

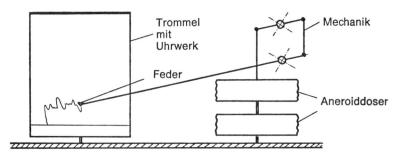

Abb. 69 Prinzip des Barographen

wegt, die auf einem Barogrammblatt bzw. einer berußten Folie die Höhe abträgt.
Das Schreibblatt wird auf eine Trommel aufgezogen, die von einem Uhrwerk angetrieben wird. Ein Umlauf der Trommel beträgt wahlweise 2, 4, 10 oder 12 Stunden. Damit hält der Barograph gleichzeitig auch die Zeit fest.
Aus dem Barogramm lassen sich sowohl Höhen wie Zeiten und Steig- und Sinkgeschwindigkeiten auswerten.

2.4. Variometer

Variometer zeigen Vertikalgeschwindigkeiten gegenüber Grund, also Steigen oder Sinken an. Sie funktionieren ebenfalls nach dem Prinzip der Luftdruckabnahme mit der Höhe, lassen aber einen Ausgleich auf Nullstellung zu, wenn die Vertikalbewegung aufhört.

2.4.1. Das Dosenvariometer

Auf eine Membrandose wirkt der barometrische Druck ein. Die Dose dehnt sich mit zunehmender Höhe. Gleichzeitig kann aber durch eine *Kapillaröffnung* (haarfeine Öffnung) sich der statische Druck mit dem Dosendruck ausgleichen, so daß die Dose und damit der Zeiger wieder in ihre Ausgangsstellung zurückkehren kann, wenn das Steigen aufhört.
Je schneller die Vertikalbewegung, desto größer der Ausschlag. Um das Volumen der Dose zu vergrößern, wird sie mit einem Ausgleichsgefäß verbunden, das als Thermosflasche ausgebildet ist (zur Vermeidung von größeren Temperaturschwankungen).

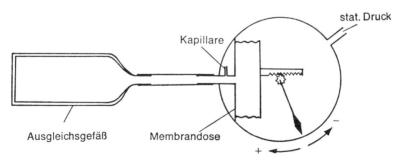

Abb. 70 Prinzip des Dosenvariometers

Vorteile: relativ billig, robust.
Nachteile: stark verzögerte Anzeige, nur als Grobvariometer geeignet.

2.4.2. Das Stauscheibenvariometer
Es besitzt an Stelle der Dose eine bewegliche Platte, die direkt mit dem Zeiger gekoppelt ist, auf die der veränderte Luftdruck (Sog oder Druck) einwirken kann. Der Ausgleich erfolgt über einen Kapillarspalt.
Vorteile: Schnelle, kaum verzögerte Anzeige, billig, verwendbar als Fein-, Grob- und Fein-Grob-Variometer.

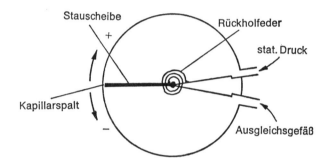

Abb. 71 Prinzip des Stauscheibenvariometers

2.4.3. Elektrische Variometer
Hier wird die Eigenschaft von NTC-Widerständen ausgenützt, auf Anströmen durch Luft mit verändertem Widerstand zu reagieren. Das eigentliche Anzeigegerät ist ein Strommeßgerät, dessen Skala in m/sec geeicht ist.
Vorteile: umschaltbar auf verschiedene Bereiche, schnelle Anzeige, leicht zu koppeln mit einer akustischen Anzeige, die einen um so höheren Pfeifton abgibt, je stärker das Steigen ist. Dadurch entfällt beim Thermikkurbeln der dauernde Blick auf das Instrument, der Luftraum kann besser beobachtet werden, was sehr wesentlich ist, wenn mehrere Flugzeuge in einem »Bart« hängen.
Nachteile: sehr teuer (4- bis 6facher Preis eines Stauscheibenvarios).
Einfache akustische Anzeigen lassen sich in die Zuleitungen

von Stauscheibenvariometern einbauen. Sie zeigen durch veränderte Tonsignale Steigen (z. B. abgehackt) und Sinken (z. B. Dauerton). Wie beim elektrischen Variometer ist die Tonhöhe ein Maß für die Stärke der vertikalen Bewegung.

2.4.4. Kompensation von Variometern

Zieht man aus hoher Geschwindigkeit einen Teil der Fahrt weg, so kann man auch in sinkender Luftmasse eine Zeitlang Höhe gewinnen. Das unkompensierte *Höhenvariometer* zeigt auch richtig Steigen an.

Für den Streckenflieger ist dies eine unerwünschte Erscheinung, weil er dabei nicht mehr feststellen kann, ob bei Fahrtänderungen das Steigen seine Ursache in Aufwinden oder in »Knüppelthermik« hat.

a) TE-Variometer (Brutto-Variometer)

Mit Hilfe einer Kompensierdüse (z. B. Cosim-, Althaus-, Nick-, »Russische« Düse) läßt sich das durch Fahrtänderungen hervorgerufene Steigen oder Sinken herausfiltern.

Dabei wird das Variometer nicht an den statischen Druck, sondern an die Zuleitung zur Düse angeschlossen. Sie liegt im freien Luftstrom und ist so konstruiert, daß ein Unterdruck entsteht, der genau so groß ist wie der Staudruck (Beiwert 1). Das ist über einen großen Geschwindigkeitsbereich mit guter Genauigkeit möglich.

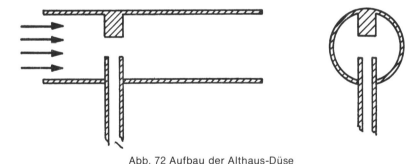

Abb. 72 Aufbau der Althaus-Düse

Als Meßdruck ergibt sich die Differenz aus statischem Druck und Staudruck (p_{at}-p_{stau}).

Bei konstanter Fahrt wirkt dieses Variometer wie ein unkompensiertes Höhenvariometer – es reagiert auf die Änderung des statischen Drucks bei Höhenänderungen.
Gewinnt man aber z. B. Höhe durch rasches Wegziehen der Fahrt (z. B. von 200 km/h auf 100 km/h), dann sinkt zwar der statische Druck wegen des Höhengewinns, gleichzeitig vermindert sich aber der Staudruck. Die Meßdruckänderung an der Düse fällt damit kleiner aus als die Änderung des statischen Drucks. Die Folge: Das Variometer zeigt weniger an. Bei exakter Kompensation wird das Steigen, das durch die Fahrtverminderung erzeugt wird, aus der Anzeige »herausgefiltert«.

Merke:
- **Dieses sog. Totalenergie-Variometer reagiert nur auf die Veränderung der Gesamtenergie (= Lageenergie + Bewegungsenergie) des Flugzeugs.**
- **TE-Varios zeigen Luftmassenbewegung + Eigensinken (polares Sinken) an. Man spricht auch von Brutto-Variometern.**

Mit Hilfe eines McCready-Rings läßt sich somit bei jeder Fahrtanzeige feststellen, ob sich das durchflogene Gebiet als Aufwindfeld lohnt. Siehe dazu NAV 6.

b) TEP-Variometer (Netto-Variometer)

Kompensiert man außer der »Knüppelthermik« auch das polare Eigensinken aus der Varioanzeige heraus, so erhält man ein *Nettovariometer* (TEP-Vario). Es zeigt nur die Luftmassenbewegung an, ist allerdings nur im Geradeausflug brauchbar, weil sich für den Kreisflug andere Polaren ergeben.

Merke: Nettovariometer zeigen nur die Luftmassenbewegung an.

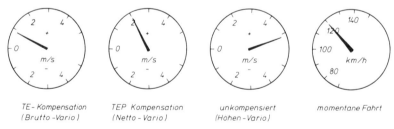

TE-Kompensation (Brutto-Vario)   TEP Kompensation (Netto-Vario)   unkompensiert (Höhen-Vario)   momentane Fahrt

Abb. 73 Anzeigen während des Hochziehens in einer Luftmasse, die mit 2 m/s steigt (nach Polare Abb. 49).

Außer mit Düsen läßt sich die Kompensation auch mit Membrandosen, elektrisch oder elektronisch, durchführen. Allen gemeinsam ist, daß die Änderung des Staudrucks ausgewertet wird und daß keine »Knüppelthermik« mehr angezeigt wird.

Zusammenfassung:
Kompensierte Variometer zeigen keine Höhenänderungen, sondern Energieänderungen an.

2.5. Kreiselinstrumente

Sie dienen zur Feststellung und Überwachung der Fluglage, vorwiegend beim Blindflug.

Ihr Prinzip beruht auf dem Gesetz, daß eine schnell rotierende Masse, eben ein Kreisel, seine Drehachse beizubehalten versucht. Je schneller die Drehbewegung und je größer die Schwungmasse ist, desto größer ist auch das Beharrungsvermögen. Versucht man nun, die Kreiselachse zu kippen, so weicht sie rechtwinklig zu dieser Kraft in Richtung des Drehsinns aus. Diese Bewegung nennt man *Präzession*.

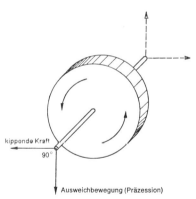

Abb. 74 Die Präzessionsbewegung

2.5.1. Der Wendezeiger

Er hat die Aufgabe, Drehbewegungen um die Hochachse anzuzeigen. Dazu wird ein Kreisel (elektrisch oder pneumatisch angetrieben mit 20 000 bis 25 000 Umdrehungen/Min.) quer zur Flugrichtung in einem drehbaren Rahmen aufgehängt, der über

eine Mechanik und einen Dämpfungs- und Rückholmechanismus mit dem Zeiger verbunden ist.
Bei Querlageänderungen ohne Drehung um die Hochachse kann die Kreiselachse nicht präzedieren, da sie durch den Rahmen festgehalten wird. Sie macht die Rollbewegung mit, der Zeiger schlägt nicht aus.
Die Anzeige ist für Segelflugzeuge so ausgelegt, daß eine Pinselbreite (Zeigerbreite) einer Drehbewegung von 6° pro Sekunde entspricht. Fliegt man zum Beispiel eine Kurve mit 1 Pinselbreite, so ist ein Vollkreis nach 60 Sekunden beendet.

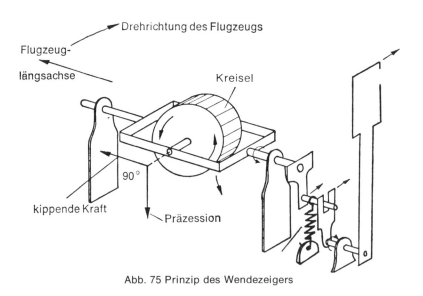

Abb. 75 Prinzip des Wendezeigers

2.5.2. Der künstliche Horizont
Sein Herzstück ist ebenfalls ein Kreisel, jedoch steht dessen Achse senkrecht. Außerdem ist er vollkardanisch aufgehängt, so daß er Drehbewegungen um Quer- und Längsachse anzeigen kann.
Oft enthält das Instrument auch noch den Wendezeiger.
Die Anzeige erfolgt durch ein Horizontbild, das die Lage zu einem symbolisierten Flugzeug anzeigt.

Steigflug   *Linkskurve*   *Sinkflug*
ohne Querneigung   *30° Querneigung*   *60° Qung. rechts*

Abb. 76 Anzeigen des künstlichen Horizonts – Beispiele

2.5.3. Der Kurskreisel

Hier wird das Beharrungsvermögen des kardanisch aufgehängten Kreisels ausgenützt. Beim Kurven behält er seine Lage im Raum bei. Die Drehung gegenüber dem Flugzeug wird über eine Mechanik direkt auf eine drehbare Kompaßrose übertragen, die sofort die Abweichung vom Kurs in Grad abzulesen gestattet. Allerdings muß der Kurskreisel zuvor im Geradeausflug mit der Magnetkompaßanzeige in Übereinstimmung gebracht und von Zeit zu Zeit nachgestellt werden.

Gegenüber dem Magnetkompaß besteht der Vorteil, daß die Anzeige ohne Vor- oder Nachlaufen sofort erfolgt. Außerdem haben weder Inklination noch Beschleunigungen Einfluß auf die Anzeige. Im Kurvenflug dreht der Kurskreisel je nach Drehgeschwindigkeit entsprechend mit und kann daher im Blindflug den Wendezeiger bis zu einem gewissen Grad ersetzen.

2.6. Die Libelle

Mit dem Wendezeiger wird meist ein weiteres Instrument kombiniert, die sog. Libelle. Sie besteht aus einem gebogenen Glasröhrchen, in dem eine Kugel in einer Dämpfungsflüssigkeit rollen kann.

Das Flugzeug fliegt dann schiebefrei, wenn die Kugel zwischen den Markierungsstrichen, im »Käfig«, liegt.

Hängt z. B. im Geradeausflug der Tragflügel rechts, so wandert auch die Kugel nach rechts. Sie zeigt also an, in welche Richtung das Flugzeug schiebt.

In der Blindflugkurve erfolgt die Korrektur als Querneigungsänderung entgegen der ausgewanderten Kugel.

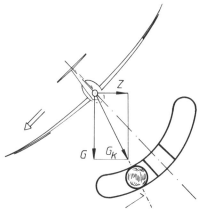

Abb. 77 Beispiel: In der Linkskurve liegt die Kugel links vom Käfig. Das Flugzeug schiebt also nach innen.
Korrektur: Verringerung der Querneigung und/oder Erhöhung der Drehgeschwindigkeit (Seitenruder links)

3. Navigationsgerät Kompaß

3.1. Funktion

Im Segelflug werden ausschließlich Magnetkompasse verwendet. Ein Magnetnadelsystem ist in Edelsteinlagern drehbar aufgehängt und richtet sich immer mit seinen Polen in Nord-Südrichtung (magnet.) aus. Das Magnetsystem ist mit einer Steuerrose verbunden, die mit Skalenstrichen im 5°-Abstand versehen ist. Das Gehäuse des Kompasses ist mit einer Dämpfungsflüssigkeit gefüllt.

Praktisch dreht sich das Flugzeug um die Kompaßnadel, während diese ihre Richtung beizubehalten versucht.

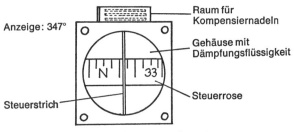

Abb. 78 Die Kompaßanzeige

3.2. Inklination

Magnetnadeln versuchen sich immer in Richtung der sog. magnetischen Feldlinien einzustellen. In unseren Breiten verlaufen aber diese Magnetfeldlinien nicht parallel zur Erdoberfläche, sondern sind in einem Winkel von mehr als 60° nach unten geneigt. Diese Abweichung aus der Horizontalen nennt man *Inklination*.

Auch die Magnetnadeln des Kompasses unterliegen der Inklination und würden sich ohne Gegenmaßnahme unerwünschterweise steil nach unten einstellen.

Um das Magnetsystem im Kompaß in horizontaler Lage zu halten, ist ein Massenausgleich erforderlich, der allerdings bewirkt, daß der Schwerpunkt der Magnete nicht mehr in der Mitte liegt.

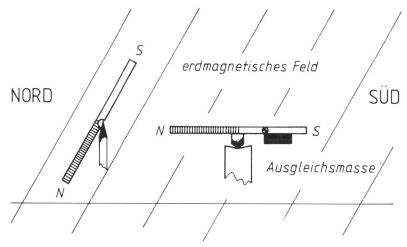

Abb. 79 Kompaßnadel ohne und mit Massenausgleich

3.3. Kompaßfehler

Aufgrund der Inklination und der dadurch bedingten Verlagerung des Schwerpunkts der Magnete treten zum Teil erhebliche Anzeigefehler auf.

- *Querneigungsfehler*
  kommen bei hängendem Flügel vor, weil sich das Magnetsystem nun teilweise längs der nach unten verlaufenden Feldlinien ausrichten kann.
  Es gilt:

Kurs	Anzeige bei Querneigung re	Querneigung li
Nord	zu wenig (z. B. 340°)	zu viel (z. B. 20°)
Süd	zu viel (z. B. 200°)	zu wenig (z. B. 170°)
Ost	richtig	richtig
West	richtig	richtig

  Die Größe des Querneigungsfehlers hängt ab von der Querneigung und vom Kurs.
- *Längsneigungsfehler kommen beim Steig- oder Sinkflug vor.*
  Sie treten bei östlichen und westlichen Kursen auf. Beim Steigflug weicht die Anzeige nach Süden ab, beim Sinkflug nach Norden.
- *Beschleunigungsfehler*
  Beschleunigende Kräfte, die beim Nachdrücken, Hochziehen oder im Kurvenflug auftreten, greifen im Schwerpunkt des Magnetsystems an und bewirken weitere Abweichungen.
- *Kompaßdrehfehler*
  treten beim Kurvenflug auf und kommen sowohl durch die Querneigung als auch durch die Fliehkraft zustande.

Um eine Kurve auf einem gewünschten Kurs zu beenden, sind folgende Regeln zu beachten, die allerdings für nicht allzu große Querneigungen (bis ca. 30°) gelten:

gewünschter Kurs	zu beenden bei Anzeige
Nord (0° = 360°)	330° aus Rechtskurve
	030° aus Linkskurve
Ost (090°)	nicht definiert, da labile Lage in Rechtskurve
	090° aus Linkskurve
Süd (180°)	210° aus Rechtskurve
	150° aus Linkskurve
West (270°)	270° aus Rechtskurve
	in Linkskurve labile Lage

Der Kompaß dreht also auf *Nord*kurs *nach*, auf *Süd*kurs *vor!*

Zusammenfassung:
Die Anzeige des Magnetkompasses stimmt nur im unbeschleunigten Geradeausflug bei horizontaler Lage des Flügels.

3.4. Kompensierung

Eisenteile und elektromagnetische Felder lenken die Magnetnadel aus ihrer Nord-Südrichtung ab. Diese Fehlanzeige nennt man *Deviation*. Um sie möglichst klein zu halten, haben die in der Luftfahrt verwendeten Magnetkompasse sog. Kompensiereinrichtungen. Mit zusätzlichen kleinen Magnetnadeln oder verdrehbar eingebauten Kompensiernadeln versucht man, die Anzeige in allen Bereichen möglichst nahe an den Sollwert zu bringen. Bei einer Nordanzeige sollte z. B. die Längsachse des Flugzeugs in die Richtung des magnetischen Nordpols zeigen. Die nicht zu vermeidenden Restfehler nach der Kompensierung werden in einer *Deviationstabelle* erfaßt, die in der Nähe des Kompasses angebracht wird.

Beispiel:

für	steure	für	steure	für	steure
000	003	120	118	240	239
030	031	150	147	270	270
060	060	180	177	300	302
090	089	210	208	330	333

4. Triebwerküberwachungsinstrumente (M)

4.1. Drehzahlmesser

4.1.1. Mechanischer (Fliehpendel-)Drehzahlmesser

Vom Motor her führt eine biegsame Welle zum Anzeigegerät. Auf einer Achse sind Massestücke so angebracht, daß sie sich durch die bei der Rotation entstehende Fliehkraft nach außen bewegen können. Sie sind mit einem Mitnehmer verbunden, der über eine Mechanik den Zeiger zum Ausschlag bringt. Je höher die Drehzahl, desto weiter wandern die Massestücke aus. Sinkt die Drehzahl, so wird durch eine Rückholfeder die Anzeige wieder zurückgenommen.

Die Angabe erfolgt in Umdrehungen pro Minute (RPM = rotations per minute), wobei die angezeigte Zahl mit 100 multipliziert werden muß. Beispiel: Anzeige 25 entspricht 2500 RPM.

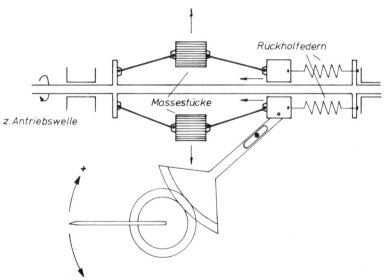

Abb. 80 Prinzip des mechanischen Drehzahlmessers

4.1.2. Elektrische Drehzahlmesser

Wird durch den Motor ein kleiner Generator angetrieben, so hängt dessen Spannung von der Drehzahl ab. Man kann daher ein Spannungsmeßgerät verwenden, dessen Skala in Drehzahleinheiten geeicht ist. (Keine Energieversorgung aus dem Bordnetz notwendig.)

4.2. Öldruckmesser

Wie bereits erwähnt, ist eine einwandfreie Schmierung Voraussetzung für einen zuverlässigen Motorlauf.
Der Öldruckmesser zeigt an, ob der Schmierstoff mit ausreichendem Druck in Umlauf ist. Zusammen mit der Öltemperatur gibt er Auskunft über den Zustand des Schmiersystems.
Funktionsweise:
Der Flüssigkeitsdruck wird entweder über eine Mechanik auf ein Zeigerwerk übertragen oder aber auf ein Potentiometer, das je nach Druck einen bestimmten elektrischen Widerstand annimmt. Die Anzeige erfolgt in diesem Fall mit einem Strommeßgerät, dessen Skala in Druckeinheiten (kp/cm² oder psi) geeicht ist. Die erforderliche Spannung wird dem Bordnetz entnommen.

4.3. Ölthermometer

- Kernstück des *elektrischen Thermometers* ist ein Widerstand, der sich mit der Temperatur ändert. Als Anzeigegerät dient wieder ein Strommeßgerät, dessen Skala in Celsiusgraden geeicht ist. (Spannung aus dem Bordnetz.)
- Bei der Verwendung von *Thermo-Elementen* dagegen erfolgt die Anzeige mit Hilfe eines Spannungsmeßgeräts. Die temperaturabhängige Spannung entsteht, wenn die Kontaktstelle zweier verschiedener Metalle erwärmt wird. (Keine Energieversorgung aus dem Bordnetz.)

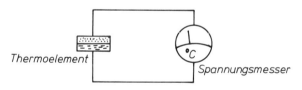

Abb. 81 Ölthermometer

4.4. Kraftstoffvorratsmesser

- Eine einfache Methode zur Kontrolle des Benzinvorrats ist die Verwendung eines *Peilstabs,* der auf einem Schwimmer sitzt. Er wird vom Flüssigkeitsspiegel mitgenommen.

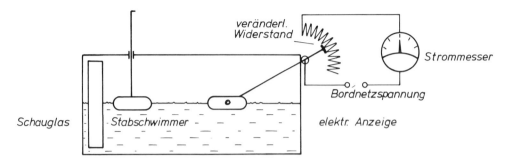

Abb. 82 Vorratsanzeigen

■ Das Prinzip der verbundenen Röhren wird bei der Verwendung von *Schaugläsern* angewandt.
Beide Arten haben den Nachteil, daß die Anzeige direkt am Tank erfolgt und damit nur sinnvoll ist, wenn sie im Sichtfeld des Piloten liegt.
■ Eine *Fernanzeige* ist mit elektrischen Vorratsmessern möglich. Hier wird durch die Bewegung eines Schwimmers ein Widerstand verändert, der im Stromkreis mit einem Strommeßgerät liegt. Die Skala gibt relativ grobe Werte der Tankfüllung an. (Spannung aus dem Bordnetz.)

Merke: **Die Anzeigen der Vorratsmesser sind fluglageabhängig. Sie geben nur die Höhe des Kraftstoffspiegels an einer bestimmten Stelle des Tanks an.**
Vor Antritt eines Fluges vergewissert sich der gewissenhafte Pilot durch direkten Blick in den Tank über die Kraftstoffmenge.

Technik des Fliegens

1. Die Platzrunde

Die Ausbildung des Segelfliegers erfolgt heute ausschließlich nach der Doppelsteuermethode, wobei der Flugschüler vom ersten Start an auf dem Führerplatz sitzt.
Im ersten Ausbildungsabschnitt lernt der Anfänger zunächst einmal eine Platzrunde sauber zu fliegen und sich in die dreidimensionale Bewegung hineinzudenken.
Die *Platzrunde* ist meist als Rechteck ausgelegt und besteht aus den Teilen

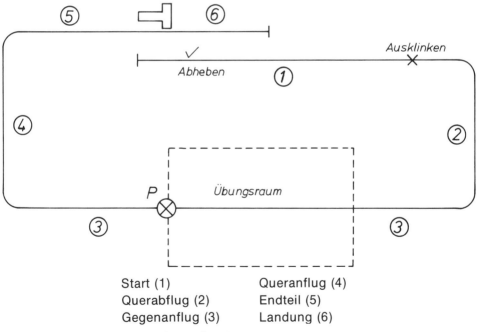

Start (1)   Queranflug (4)
Querabflug (2)   Endteil (5)
Gegenanflug (3) Landung (6)

Abb. 83 Grundriß einer Standard-Platzrunde (Windenstart)

Neben Start und Landung werden eine Reihe von Flugfiguren mit steigendem Schwierigkeitsgrad gelehrt. Sie werden im Raum vor der sog. Position (P) geübt.
Je nach Geländebeschaffenheit oder anderen örtlichen Gegebenheiten kann die Platzrunde von der Form aus Abb. 83 mehr oder weniger stark abweichen. Ihre exakte Lage ist in der *Segelflug-Geländeordnung* festgelegt und auf dem dazugehörigen Plan eingezeichnet. Beide hängen auf jedem zugelassenen Fluggelände aus. Fliegt man einen fremden Flugplatz zur Landung an, so hat man sich im Gegenanflug in die Platzrunde einzuordnen. Die *Anflugverfahren* für die einzelnen Landeplätze sind im Luftfahrthandbuch (AIP) veröffentlicht.

2. Der Start

Der Start kann an der Seilwinde, im Flugzeugschlepp, am Gummiseil, im Autoschlepp oder mit Motorhilfe als Eigenstart erfolgen.
In jedem Fall muß das Flugzeug von der Geschwindigkeit Null bis auf eine Geschwindigkeit v_o beschleunigt werden, bei der so viel Auftrieb erzeugt wird, daß ein sicherer Flug möglich ist. (Überschüssige Geschwindigkeit wird dabei umgesetzt in Höhe. Das Flugzeug erhält damit eine Energiereserve.)
Deshalb gehört der Start zur ersten kritischen Phase des Fluges. Und der Zeitraum bis zum Erreichen einer sicheren Fluggeschwindigkeit bzw. einer sicheren Höhenreserve ist unfallträchtig, wenn man sich nicht an die Spielregeln der Naturgesetze hält.
Schauen wir uns die gebräuchlichen Startarten deshalb etwas näher an.

2.1. Der Windenstart

ist relativ billig, läßt eine rasche Startfolge zu und wird deshalb in der reinen Segelflugschulung bevorzugt.
Die Kupplung zum Einklinken des Windenseils sitzt z. T. links unten im Rumpfvorderteil und wird Schwerpunktkupplung genannt. Die linksseitige Anordnung hat zur Folge, daß beim Anrollen ein Drehmoment auftritt, welches das Flugzeug nach rechts dreht. Solange die Geschwindigkeit noch gering ist, wir-

ken die Ruder schlecht. Man rollt deswegen mit einer linksseitigen Kupplung mit voll nach links ausgeschlagenem Seitenruder an, um einem Ausbrechen nach rechts entgegenzuwirken. Nach Erreichen der Mindestfluggeschwindigkeit hebt der Segler ab. Ein Ziehen am Knüppel ist dazu nicht erforderlich und sogar gefährlich, weil es das aufbäumende Moment noch verstärkt, was daraus resultiert, daß der Schwerpunkt noch nicht in Verlängerung der Zugkraftrichtung liegt.

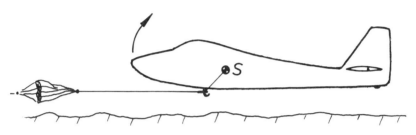

Abb. 84 Aufbäumen beim Windenstart

Der Anfangssteigflug erfolgt flach und wird mit zunehmender Höhe steiler. Erst ab einer Sicherheitshöhe von ca. 50 m darf die volle Steigfluglage eingenommen werden. Damit wird gewährleistet, daß bei einem Seilriß ausreichend Zeit ist, das Flugzeug in die Normallage zu bringen. Ein Seilriß in 20 m Höhe bei voller Steigfluglage (Kavalierstart) hat in der Regel katastrophale Folgen!
Der weitere Steigflug ist problemlos. Um sauber am Seil zu hängen, läßt man bei linksseitiger Kupplung etwas Seitenruder links stehen, um dem rechtsdrehenden Moment zu begegnen.

2.2. Der Flugzeugschleppstart

Während im Windenstart eine relativ große Beschleunigung bis zur Fluggeschwindigkeit auftritt, dauert dieser Vorgang beim F-Schlepp besonders mit schwachen Motorflugzeugen erheblich länger. Während des Anrollens werden daher Richtung und Querneigung mit großen Steuerausschlägen gehalten, die um so kleiner werden, je mehr die Fahrt zunimmt. Das Segelflugzeug hebt meist zuerst ab und »wartet« in Bodennähe auf das Steigen des Motorflugzeugs.

Der verhängnisvollste Fehler ist es, das Segelflugzeug mit zunehmender Fahrt über das Motorflugzeug steigen zu lassen und ihm damit den Schwanz hochzuziehen. Der Motorpilot kann nicht abheben oder wird sogar in den Boden gesteuert.
Beide Piloten müssen deswegen stets die Hand am Ausklinkknopf haben, um sofort reagieren zu können. Im weiteren Verlauf fliegt das Segelflugzeug dicht über (oder auch unter) den Propellerböen und macht bis zum Ausklinkzeichen (Wackeln mit den Flügeln) des Motorpiloten alle Bewegungen mit.

Die Flugrichtung ist bei Verwendung von Bugkupplungen einfach zu halten, während beim Schleppen über die Bodenkupplung mit einem labileren Flugverhalten gerechnet werden muß.

2.3. Technische Sicherheitsmaßnahmen

— Um Überlastungen des Segelflugzeugs während des Startvorgangs zu verhindern, ist im Seilanfang je nach Startart eine Sollbruchstelle entsprechender Bruchlast eingesetzt. Sie reißt beim Überschreiten einer bestimmten Zugkraft, die für Einsitzer im Windenstart bei etwa 600 daN (kp) liegt.

Diese Sollbruchstellen sind vor dem Start auf Unversehrtheit zu kontrollieren, da eine Beschädigung oder auch schon eine starke Verformung ein vorzeitiges Reißen zur Folge haben kann.

— Die Bodenkupplungen (Schwerpunktkupplungen) sind so konstruiert, daß bei Überschreiten eines bestimmten Seilwinkels eine Auslösung des eingehängten Rings erfolgt. Ein Überfliegen der Winde mit angehängtem Seil wird dadurch verhindert. Es klinkt automatisch nach hinten aus.

Startet man mit dieser Schleppkupplung im Flugzeugschlepp, darf man allerdings das Seil nicht zu stark durchhängen lassen oder gar überfliegen, weil dann ebenfalls ein automatisches Ausklinken erfolgt.

2.4. Eigenstart   (M)

Fast alle Motorseglermuster sind für den Eigenstart ausgelegt. Sie brauchen dazu eine Startbahn von oft erheblicher Länge. Nach dem Abheben muß darauf geachtet werden, daß die sichere Mindestfahrt nie unterschritten wird. Die oft beobachtete

(von Laien leider oft bewunderte) Unsitte, bereits nach wenigen Metern Höhengewinn eine »schneidige« steile Kurve zu fliegen, hat schon oft genug tödliche Folgen gehabt.
Bedenkt man, daß bei zunehmender Querneigung der Auftrieb der Tragflügel abnimmt (siehe 4.), so wird einem klar, daß eine aus Normalfahrt eingeleitete Steilkurve unweigerlich Höhenverlust mit sich bringt. Versucht man nun auch noch zu steigen, nimmt die Fahrt schnell ab ...

Merke: **Bei allen Startarten ist erhöhte Aufmerksamkeit erforderlich. Die Zeit bis zum Erreichen von ca. 100 m Höhe ist eine kritische Phase des Fluges.**

3. Der Geradeausflug und der Querruder-Sekundär-Effekt

Vom Rad- oder Autofahren her ist man es gewöhnt, die Richtung mit den Händen zu steuern.
Der Flugschüler, der diese Erfahrung automatisch auf den Segelflug übertragen will, wird bald merken, daß er umlernen muß. Wandert z. B. beim Geradeausflug auf einen bestimmten Punkt (Blickpunkt) zu die Schnauze nach rechts weg, so versucht der Anfänger dies mit Querruderausschlag links zu korrigieren. Und aus dem Geradeausflug wird sehr rasch eine unkontrollierte Schlingerbewegung.
Woher kommt das?
Beim Betätigen der Querruder tritt bei den meisten Flugzeugmustern außer dem gewünschten Rollen um die Längsachse auch noch eine Drehbewegung entgegen dem Ausschlag auf. Gibt man z. B. Querruder rechts, so rollt das Flugzeug auch sinngemäß nach rechts, gleichzeitig wandert aber die Schnauze nach links aus.
Dieser Querruder-Sekundär-Effekt kommt dadurch zustande, daß das Querruder, das nach unten ausgeschlagen wird und den Auftrieb erhöht, auch mehr Widerstand erzeugt. Der Tragflügel wird deshalb auf dieser Seite zurückgehalten. Das Flugzeug dreht um die Hochachse (in unserem Beispiel nach links), obwohl es nur eine Rollbewegung nach rechts ausführen sollte. Dieser unerwünschten Bewegung ist mit dem Seitenruder in Rollrichtung entgegenzuwirken.

Beim Einleiten einer Kurve und bei allen anderen Bewegungen um die Längsachse müssen deshalb Quer- und Seitenruder gleichzeitig und gleichsinnig betätigt werden. Ein Pilot kann nicht sauber fliegen, solange er den Querruder-Sekundär-Effekt nicht beherrscht.

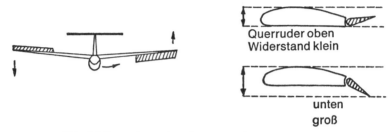

Abb. 85 Entstehung des Querruder-Sekundär-Effekts (negatives Wendemoment).

Merke: **Der Querruder-Sekundär-Effekt tritt unabhängig von der Fluglage immer beim Betätigen der Querruder auf.**

4. Kurven und Kreisen

Der Kurvenflug gliedert sich in drei Phasen: Einleiten, stationärer Kurvenflug, Beenden.

Zum Einleiten werden Seiten- und Querruder in Richtung der gewünschten Kurve betätigt. Gibt man zuviel Seitenruder, so reicht die Querneigung nicht aus, um das Flugzeug in einer sauberen Kurve zu halten, es schiebt nach außen. Ist dagegen die Querneigung für die Drehgeschwindigkeit zu groß, so rutscht oder schmiert das Flugzeug nach innen. Quer- und Seitenruder müssen deshalb so abgestimmt werden, daß ein ausgewogener Zustand eintritt. Hat der Pilot das Gefühl, richtig zu sitzen, ohne nach innen oder außen gedrückt zu werden, dann ist die Kurve richtig eingeleitet.

Sowohl der Faden (siehe 6.) als auch die Kugel der Libelle (siehe 2.6.) bleiben dabei in der Mitte.

■ Mit der Querneigung beginnt das Flugzeug auch zu drehen, es kurvt. Nach Erreichen der gewünschten Querneigung werden beide Ruder wieder in Normalstellung gebracht. Es erfolgen nur noch Korrekturen gegen das Schieben.

■ Das Beenden des Kurvenflugs erfolgt mit Seitenruder- und Querruderausschlag entgegen der Kurvenrichtung so lange, bis die Normallage wieder hergestellt ist. Auch hier ist wieder darauf zu achten, daß ein Schieben vermieden wird. Um ein Überkurven zu vermeiden, beginnt man etwa bereits 20 Grad vor der angestrebten Richtung die Kurve auszuleiten.

5. Steilkurven

■ Auftriebserhöhung im Kurvenflug

Je steiler eine Kurve geflogen wird, um so größer wird der Anteil aus dem Gesamtauftrieb (ZP), der zur Überwindung der Fliehkraft benötigt wird. Von der Tragfläche muß deshalb mehr Gesamtauftrieb (L) erzeugt werden. Das geschieht durch entsprechende Fahrterhöhung (s. Abb. 21).

Beim Kreisen mit 55 Grad Querneigung muß die Fahrt um etwa 30 % erhöht werden. Geht man von einer Normalgeschwindigkeit von 80 km/h aus, so ist um etwa 25 km/h auf 105 km/h zu erhöhen.

Auch die Überziehgeschwindigkeit liegt entsprechend höher, d. h., die Strömung reißt bei einer höheren als der Mindestgeschwindigkeit im Normalflug ab.

Querneigung in °	0	25	35	45	55	60	70
Fahrterhöhung in %	0	5	10	20	30	40	70
bei Normalfahrt 80 km/h zu fliegen in km/h	80	84	88	95	105	114	137

Merke: **Bei Vergrößerung der Querneigung ist eine Erhöhung der Fluggeschwindigkeit erforderlich (siehe Tabelle).**

■ Einsatz des Höhenruders

Beim Steilkurven will das Flugzeug die Nase weiter senken (Auftriebsverlust durch Querneigung). Das wird durch Ziehen des Höhenruders verhindert. Tut man das nicht, so geht das Flugzeug in einen Spiralsturz über, der zur Überbeanspruchung führen kann. Beim Aufrichten aus dem Steilkurven ist darauf zu achten, daß das gezogene Höhenruder wieder nachgelassen wird, da sich sonst das Flugzeug aufbäumt.

■ Unterschiedliche Auftriebserhöhung
Der äußere Tragflügel wird beim Steilkurven mehr Auftrieb erzeugen als der innere, weil er eine höhere Geschwindigkeit hat. Deswegen ist je nach Flugzeugmuster das Querruder mehr oder weniger entgegen der Kurvenrichtung auszuschlagen (Abstützstellung). Da der äußere Flügel schneller ist, wird er auch mehr Widerstand erzeugen und zurückbleiben wollen. Zur Korrektur kann Seitenruder in Kurvenrichtung notwendig werden.
Die richtige Kurvenflugstellung von Seiten- und Querruder hängt sowohl vom Flugzeugmuster als auch von der Querneigung ab.

6. Der Faden

Ein einfaches, aber feines Instrument zum sauberen Fliegen ist ein dünner Wollfaden, der vor der Kabine im freien Luftstrom angebracht ist. Zeigt er in Richtung Rumpflängsachse nach hinten, so fliegt man sauber, weicht er nach links oder rechts aus, wird das Flugzeug seitlich angeblasen und schiebt. Beim Korrigieren muß man wissen:

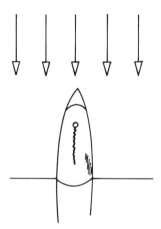
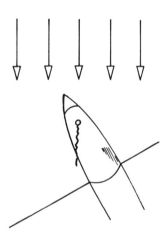

Faden in der Mitte:
geringster Widerstand

Faden links:
Korrektur mit
Seitenruder rechts /
Querruder links

Abb. 86 Fliegen nach dem Faden

Der Faden gehorcht dem Seitenruder und dem Querruder, d. h., soll der Faden weiter nach rechts, ist Seitenruder rechts notwendig.
Die gleiche Wirkung erzielt man mit dem entgegengesetzten Querruder.
Braucht man beim Kurvenfliegen gleich viel Querruder und Seitenruder (gemessen an den Ausschlägen von Knüppel und Pedalen), so sagt man, das Flugzeug ist in den Rudern gut abgestimmt. Zum sauberen Kreisen und Kurven gehört sehr viel Übung. Jedes Flugzeugmuster reagiert anders und muß erflogen werden. Beim Thermikfliegen wird immer der am schnellsten steigen, der den Kurvenflug mit wechselnden Querneigungen und entsprechenden Fahrtvariationen am besten beherrscht.

7. Der Seitengleitflug (Slip)

Beim Seitengleitflug wird das Flugzeug nicht von vorn, sondern mehr oder weniger von der Seite angeströmt. Die Nase zeigt nicht in Flugrichtung, sondern nach rechts (Linksslip) oder nach links (Rechtsslip). Durch den erhöhten Widerstand wird das Sinken vergrößert.

Dieser Flugzustand wird dadurch hervorgerufen, daß man nur mit dem Querruder einleitet. Dadurch tritt der Querruder-Sekundär-Effekt auf, die Schnauze dreht in die entgegengesetzte Richtung. Mit Gegenseitenruder verhindert man das Zurückdrehen bzw. den Übergang in eine Kurve.

Das Flugzeug hat damit eine Stellung schräg zur Flugrichtung eingenommen. Der Rumpf wirkt nun als zusätzliche Widerstandsfläche. Außerdem verschlechtern sich die Strömungsverhältnisse an den Tragflügeln. Ein Teil davon liegt sogar im Rumpfschatten. Da die Nase die Tendenz hat, sich zu senken, muß das Höhenruder etwas gezogen werden.

Beispiel für den Linksslip:
a) Ausgangssituation Geradeausflug (Landeanflug)
Einleiten mit Querruder links!

Folgen: linker Flügel senkt sich
         Schnauze wandert nach rechts
Seitenruder rechts geben!

Folgen: linke Fläche bleibt unten
Schnauze bleibt rechts
Flugbahn wird steiler
der Blickpunkt (Landekreuz) liegt links von der Nase
Fahrtmesser zeigt nur sehr wenig an
Nase durch Ziehen am Horizont halten!
Beenden durch Nachlassen des Höhenruders!
Querruder rechts!
Seitenruder erst kurz vor der gewünschten Richtung herausnehmen!

b) Ausgangssituation Kurvenflug (Landekurve)
In der Linkskurve etwa 30 Grad vor gewünschter Richtung Seitenruder rechts geben!
Folgen: Schnauze dreht nicht weiter
Mit Höhen- und Querruder den Seitengleitflug halten
ansonsten wie oben
Selbstverständlich kann man auch eine Kurve im Seitengleitflug fliegen. Dabei wird das Querruder in Kurvenrichtung und das Seitenruder dagegen ausgeschlagen. Korrekturen erfolgen wie im Kurvenflug auch aus der Seitengleitfluglage heraus mit Quer- und Seitenruder in die gewünschte Richtung.
Jede unsauber geflogene Kurve ist ein leichter Slip, der erhöhten Widerstand zur Folge hat. Der Faden zeigt das an, indem er nach rechts oder links auswandert.
An sich ist der Seitengleitflug ein harmloser Flugzustand. Jedoch darf man durch plötzliches oder vorzeitiges Ziehen den Anstellwinkel nicht zu stark vergrößern, da sonst die Gefahr besteht, ins Trudeln zu geraten.

8. Fliegen am Hang

Im Hangaufwind wird nicht gekreist, sondern der sog. Hangflugstrecke entlanggeflogen.
Dabei zeigt die Schnauze des Flugzeugs vom Hang weg. Gegenüber der Hangkante schiebt man, gegenüber der Luft nicht; der Faden (siehe 6.) darf nicht auswandern.
Fallzonen durchquert man mit etwas überhöhter Fahrt und Abwendung vom Hang.

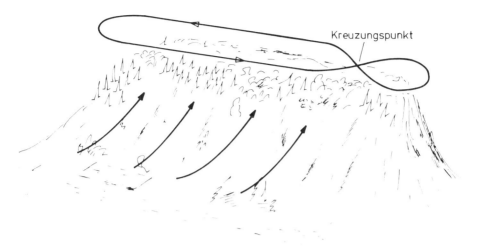

Abb. 87 Hangflugschema

Erreicht man die Wendemarke, so kurvt man in einer 180°-Kurve vom Hang weg und nähert sich wieder der besten Steigzone, die vor bzw. über der Hangkante zu finden ist.
Kreisen ist nur in ausreichendem Abstand vom Hang erlaubt, wenn eine Gefährdung anderer Flugzeuge ausgeschlossen ist (siehe SBO)!
Sind mehrere Flugzeuge am Hang, so hat im Gegenflug derjenige auszuweichen, der auch unter der Hangkante nach rechts ausweichen kann. Anders ausgedrückt: Wer mit dem linken Flügel zum Hang fliegt, muß ausweichen.
Andrücken und Unter- oder Überfliegen sind streng verboten, weil unfallprovozierend.
Im übrigen gelten für jeden Hang im Flugplatzbereich die Bestimmungen der örtlichen Hangflugordnung.

9. Die Landung

Voraussetzung für eine sichere Landung ist eine gute Landeeinteilung. Sie beginnt damit, daß sich der Pilot mit abnehmender Höhe immer näher an die sog. Position (siehe Platzrunde) begibt und sich den Rest seiner Höhe so einteilt, daß er sich in ca. 150 m über Platz im Gegenanflug an der Position befindet. Die Fluggeschwindigkeit wird ab hier um etwa 10 % erhöht.
Die Queranflugkurve wird etwa dann eingeleitet, wenn man unter einem 30°-Winkel zum Aufsetzpunkt blicken kann. Die richtige Plazierung dieser Kurve erfordert einige Übung und stellt bereits erhebliche Anforderungen an das Raumvorstellungsvermögen, zumal sie von Windrichtung, Windstärke und den Flugleistungen des Segelflugzeugs abhängig ist.
Grundsätzlich gilt:
Bei starkem Wind näher am Landefeld bleiben, bei schwachem Wind weiter ausholen!
Der Queranflug kann so gewählt werden, daß ein Fehler beim Anlegen der Queranflugkurve wieder ausgeglichen werden kann.
Merkt man, daß man zu niedrig ist, schneidet man den Weg etwas ab. Ist man zu hoch, wählt man für die Landekurve eine weiter außen gelegene Stelle.
Die maximale Entfernung der Landekurve vom Aufsetzpunkt kann höchstens so groß sein, daß man unter Berücksichtigung von Wind und Hindernissen bei bestem Gleitwinkel gerade noch das Landefeld erreicht (1). Sie darf aber nur so nahe am Landefeld liegen, daß man nicht trotz aller Landehilfen (Klappen, Slippen, Bremsschirm) über die Landebahn hinausschießt (3). Der

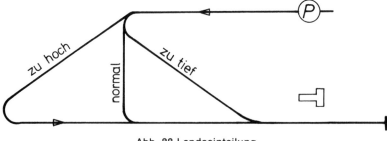

Abb. 88 Landeeinteilung

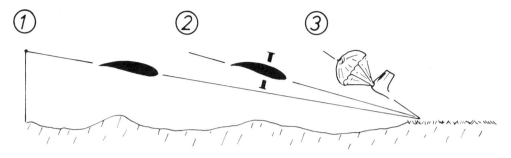

Abb. 89 Landeanflüge

ideale Punkt liegt in der Mitte, so daß man nach beiden Seiten Reserven hat (2).

Die Landekurve sollte in ca. 100 m Höhe beendet sein. Sie ist so sauber wie möglich zu fliegen. Hier passiert wieder ein Großteil der Unfälle durch Überziehen oder falsche Betätigung der Ruder.

Nach der Landekurve sollte die Landebahn genau in Flugrichtung liegen, so daß in Bodennähe keine Kurven mehr geflogen werden müssen. Mit Benützung der Landehilfen behält man bis kurz vor dem Aufsetzen eine gleichmäßig steile Bahn bei.

Im Abfangbogen wird die Bahn flacher, die Geschwindigkeit nimmt ab. In der letzten Phase hält man durch vorsichtiges Ziehen am Knüppel das Flugzeug vom Boden weg, ohne es steigen zu lassen und wartet, bis es den Boden berührt. Mit voll gezogenem Höhenruder rollt man aus und hält Richtung und Querneigung mit immer größer werdenden Ausschlägen.

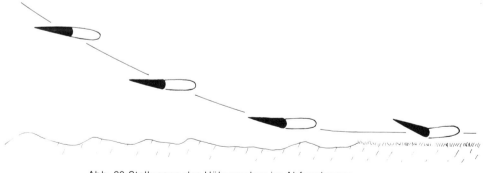

Abb. 90 Stellungen des Höhenruders im Abfangbogen

10. Langsamflug

Um langsam zu fliegen, muß der Anstellwinkel vergrößert werden. Dies geschieht durch vorsichtiges Betätigen des Höhenruders. Die Flugzeugnase hebt sich, der Horizont sinkt ab.

Eine Fahrtverringerung ist nur bis zur Mindestgleitfluggeschwindigkeit möglich. Wird sie unterschritten, so bricht der **Auftrieb über dem Flügel zusammen, das Flugzeug geht in den Sackflug über oder kippt nach vorn oder seitlich ab, um wieder Fahrt aufzuholen.**

Es ist wichtig, die Mindestfluggeschwindigkeit des Musters zu kennen, das man gerade fliegt, um mit einer sicheren Fahrtreserve die kritischen Phasen des Starts und der Landung zu bewältigen. Für Start und Landeanflug gilt: Die Fahrt darf das 1,3fache der Mindestfluggeschwindigkeit (Überziehgeschwindigkeit) nicht unterschreiten.

Erhöht sich die Flächenbelastung oder auch das Lastvielfache, so nimmt auch die Mindestfluggeschwindigkeit zu.

Liegt z. B. bei einem einsitzig geflogenen Doppelsitzer die Überziehgeschwindigkeit bei etwa 70 km/h, so darf der Landeanflug nicht unter 91 km/h erfolgen. Fliegt man dasselbe Flugzeug doppelsitzig, kann man von einer Mindestfluggeschwindigkeit von ca. 75 km/h und einer sicheren Anflugfahrt von knapp 100 km/h ausgehen. Siehe auch Kapitel »Flugleistungen«.

11. Trudeln

Das Trudeln ist für die meisten Flieger eine gefürchtete Flugfigur. Früher wurde es den Kunstflugfiguren zugeordnet und nur zögernd wurde es von amtlicher Seite in das normale Ausbildungsprogramm einbezogen. Doch auch heute noch wird es viel zu wenig geübt und gelehrt.

Das Trudeln kommt dadurch zustande, daß im geschobenen, also ungleichmäßig angeblasenen Zustand, der Anstellwinkel vergrößert wird. Am langsameren Flügel wird der Auftrieb zuerst zusammenbrechen. Da am anderen Flügel noch Auftrieb erzeugt wird, dreht das Flugzeug zunächst um die Längsachse und geht dann mit der Schnauze nach unten in eine drehende Bewegung über, die der eines fallenden Ahornsamens ähnelt. Der Fahrtmesser zeigt trotz steilem Winkel normale Werte an, und das Fahrtgeräusch ist gering und verändert. Die Erde dreht sich rasch und kommt schnell näher. Gefährlich daran ist, daß ein ungeübter Pilot diesen Flugzustand für eine steile Kurve nach unten halten kann und sie mit den entsprechenden Methoden zu beenden versucht. Deshalb ist zu wissen, daß man weder die Abwärtsbewegung durch Ziehen des Höhenruders noch die Drehbewegung durch Querruderausschlag beenden kann.

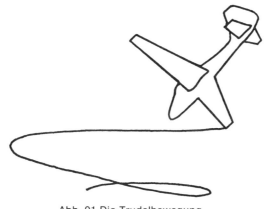

Abb. 91 Die Trudelbewegung

Aus den Strömungsverhältnissen ergeben sich die Maßnahmen, die zum Beenden des Trudelns führen:
Durch die starke Abwärtsbewegung ist der Anstellwinkel so groß, daß die Strömung über den Flügel nicht anliegen kann und somit auch kein Auftrieb im üblichen Sinn entsteht. Ein Querruderausschlag bleibt deshalb sinnlos. Bei Flugzeugmustern mit starkem Querruder-Sekundär-Effekt kann das Drehen sogar noch stärker werden, wenn entgegen der Drehrichtung Querruder gegeben wird (siehe 3.).
Auch durch das Höhenruder kann das Drehen nicht beendet werden, da ähnliche Strömungsverhältnisse herrschen wie an den Flügeln.
Nur das Seitenruder liegt in etwa in Richtung der Luftströmung.

Mit seiner Hilfe kann das Drehen des Flugzeugs beendet werden, indem man das Seitenruder entgegen der Drehrichtung ausschlägt. Das Höhenruder sollte dabei in Normalstellung oder etwas gedrückt sein; denn ein gezogenes Höhenruder kann durch seine Verwirbelungen die Strömung am Seitenruder unter Umständen so stören, daß es wirkungslos wird. Bei gedrücktem Höhenruder dagegen bietet sich ein größerer Anteil der Seitenruderfläche unverwirbelt an. (Flugzeuge mit T- oder V-Leitwerk reagieren wieder anders. Das Prinzip des Trudelns ist jedoch auch hier dasselbe.)
Hört die Drehbewegung wieder auf, so geht das Flugzeug in eine Sturzflugbahn über, die Strömung liegt an den Flächen an. Es kann abgefangen werden.
Man unterscheidet zwischen Flachtrudeln und Steiltrudeln. Beim *Flachtrudeln* beträgt der Winkel zwischen Flugzeuglängsachse und Horizontale weniger als 45 Grad. Dadurch wird das Seitenruder nur ungenügend angeblasen. Das Trudeln kann mit Steuerausschlägen nicht mehr beendet werden.

Das *Steiltrudeln* ist der Normalfall. Es ist um so steiler, je kopflastiger das Flugzeug ist, d. h., je weiter vorn der Schwerpunkt liegt. Bei großer Schwerpunktsvorlage werden die meisten Segelflugzeugmuster trudelunwillig und gehen in einen Spiralsturz über, der mit gewohnter Ruderbetätigung beendet werden muß, bevor die zulässige Höchstgeschwindigkeit überschritten wird.

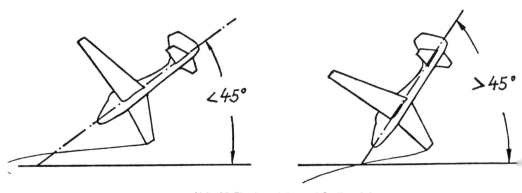

Abb. 92 Flachtrudeln und Steiltrudeln

Trudelwinkel und Trudelneigung hängen also von der Lage des Schwerpunkts ab. Deshalb ist es unbedingt erforderlich, die Mindestzuladung im Führersitz einzuhalten und mit Rückenkissen oder Fallschirm zu fliegen, damit der Schwerpunkt nicht nach hinten verschoben wird.

Heute werden nur Flugzeuge zugelassen, bei denen sich das Trudeln ohne Schwierigkeiten schnell beenden läßt. Oft genügt es schon, wenn man alle Ruder in Normalstellung bringt. Voraussetzung ist allerdings, daß der Fluggewichtsschwerpunkt im zulässigen Bereich liegt. Siehe dazu auch Kapitel »Beladung und Schwerpunkt«!

Merke: **Einleiten des Trudelns durch Schiebeflug, Seitenruder in Drehrichtung ausschlagen, Anstellwinkel durch rasches Ziehen stark vergrößern. Beste Geschwindigkeit zum Einleiten etwa 10 % über Mindestgeschwindigkeit.**
Beenden des Trudelns durch Nachlassen des Höhenruders, vollen, zügigen Ausschlag des Seitenruders entgegen der Drehrichtung (und dem Steuerdruck). Warten, bis die Drehung aufhört, Seitenruder normal, weiches Abfangen.

Meteorologie

1. Der Aufbau der Atmosphäre

1.1. Die Luft, ein Gasgemisch

Die relativ dünne Lufthülle unserer Erde wird *Atmosphäre* genannt. Sie ist ein Gasgemisch aus Stickstoff, Sauerstoff, Wasserstoff und Edelgasen. Die schweren Gase wie Stickstoff und Sauerstoff sind auf Grund der Schwerkraft vorwiegend in den unteren Schichten zu finden, während die leichten Gase, vor allem der Wasserstoff, nur in größeren Höhen (ab ca. 50 km) den Hauptanteil ausmachen.

In Bodennähe setzt sich die trockene Luft aus 78 % Stickstoff, 21 % Sauerstoff und 1 % Edelgasen zusammen.

Bis etwa 80 km Höhe nimmt man eine gleichförmige Luftmasse an, deren Zusammensetzung in etwa konstant ist (Homosphäre). Darüber überwiegen die leichteren Gase wie z. B. Wasserstoff.

1.2. Die Aufteilung der Atmosphäre

Die Lufthülle gliedert sich auf Grund ihrer unterschiedlichen Eigenschaften in mehrere Schichten (eigentliche Schalen).

a) Die Troposphäre (Sphäre; griech. = Schale) ist die Luftschicht, in der sich das Wettergeschehen abspielt. Sie reicht an den Polen bis etwa 8 km Höhe, am Äquator bis etwa 16 km Höhe. In unseren Breiten schwankt die Troposphäre je nach Jahreszeit zwischen 10 und 12 km über Meereshöhe.

Die Temperatur in der Troposphäre unterliegt tages- und jahreszeitlichen Schwankungen, nimmt aber bis zur Obergrenze der Schicht mehr oder weniger regelmäßig ab.

Die *Tropopause* ist die Grenzfläche der Troposphäre. Von hier ab ändern sich die Eigenschaften der Lufthülle.

b) Die Stratosphäre liegt über der Tropopause und erstreckt sich bis zu einer Höhe von etwa 50 km.

Die Lufttemperatur bleibt zunächst gleich, erhöht sich aber bis zur Obergrenze der Stratosphäre (der *Stratopause)* und erreicht Werte wie an der Erdoberfläche.
Weitere Kennzeichen sind hoher Ozongehalt (Ozon ist eine Sauerstoffart, bei deren Bildung ultraviolette Strahlung verbraucht wird. Auf diese Weise wird die Erdoberfläche von der an sich lebensfeindlichen UV-Strahlung geschützt.), gleichmäßige Luftströmungen und sehr seltene Wolkenbildung.

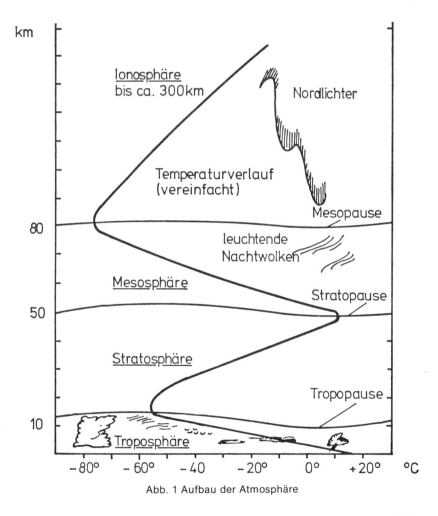

Abb. 1 Aufbau der Atmosphäre

c) Die Mesosphäre reicht von der Obergrenze der Stratosphäre bis etwa 80 km.
Sie zeichnet sich durch erneute Temperaturabnahme mit der Höhe aus. An ihrer Obergrenze, der *Mesopause,* werden manchmal die leuchtenden Nachtwolken beobachtet, die vermutlich aus kosmischem Staub bestehen.

d) Die Ionosphäre befindet sich über der Mesopause.
Hier nimmt die Temperatur wieder zu. Allerdings sind die Luftteilchen zum größten Teil schon ionisiert, d. h., es fehlen ihnen Elektronen oder sie haben zu viele. Von solchen ionisierten Schichten werden Radiowellen reflektiert. Hier treten auch die Nordlichter auf. Die Luftteilchen sind außerordentlich dünn verteilt, und ihre Anzahl nimmt mit der Höhe schnell ab. Ab ca. 800 km kann man bereits von luftleerem Raum sprechen. Hier beginnt dann die *Exosphäre.* Aber bereits ab 100 km Höhe können künstliche Satelliten um die Erde kreisen, ohne wesentlich von der Luft gebremst zu werden.

Zusammenfassung: Grundsätzlich gilt, daß die Grenzen der Sphären der Atmosphäre nicht an feste Höhen gebunden sind, sondern daß die veränderten Eigenschaften den Beginn einer neuen Schicht anzeigen.

1.3. Die Eigenschaften der Luft

1.3.1. Die Luft als Gas
Der Zustand eines Stoffes hängt von seiner Temperatur ab. Während im festen Zustand die kleinsten Teilchen eines Stoffes (Atome bzw. Moleküle) relativ unbeweglich verharren, geraten sie mit zunehmender Temperatur immer mehr in Bewegung, bis der Stoff seine starre Form aufgibt, d. h. flüssig wird. Bei weiterer Temperaturerhöhung wird die Bindung der Teilchen untereinander ganz aufgelöst. Sie schwirren mit hoher Geschwindigkeit frei im Raum umher. Der Stoff ist nun gasförmig.
Dieser gasförmige Körper hat das Bestreben, sich so weit wie möglich auszudehnen. Je höher seine Temperatur ist, desto schneller fliegen die einzelnen Teilchen, desto größer ist das Bestreben, sich auszudehnen.
Da unsere atmosphärische Luft ein Gasgemisch ist, gelten auch für sie diese Gesetze.

1.3.2. Luftdruck und Luftdichte

Ein Gas wird sich unendlich weit ausdehnen, wenn es nicht durch andere Einflüsse daran gehindert wird.

Die Anziehungskraft der Erde verhindert, daß unsere Atmosphäre sich in den Weltraum verteilt. Die Luftteilchen werden an die Erdoberfläche gezogen und üben durch ihr Gewicht auf sie einen bestimmten Druck aus, eben den *Luftdruck*.

Die tiefsten Luftteilchen sind in ihrer Bewegungsfreiheit allerdings beschränkt, da auf ihnen ja der Druck der darüberliegenden Luft lastet. Sie werden daher enger zusammengedrängt.

Die *Luftdichte* ist somit in Bodennähe am größten und nimmt mit der Höhe rasch ab.

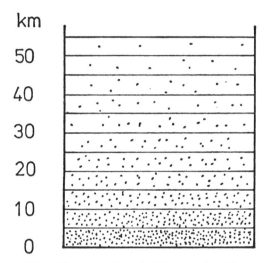

Abb. 2 Abnahme der Luftdichte mit der Höhe

1.3.3. Die Erwärmung der Luft

Die Luftteilchen lassen die infraroten Strahlen der Sonne auf Grund ihrer großen Abstände fast ungehindert durch. Dadurch wird auch die Luft nur wenig erwärmt. Die Erdoberfläche dagegen wird je nach ihrer Beschaffenheit wesentlich stärker erhitzt. Die Luft erwärmt sich erst dann stark, wenn sie mit warmen Körpern in Berührung kommt. Da Luft wie alle Gase ein schlechter Wärmeleiter ist, müßte die über dem Erdboden erwärmte Luftschicht eigentlich sehr dünn bleiben. Warme Luft ist jedoch spezifisch leichter als kalte und steigt auf. Andere kalte Luftteilchen können nachfließen und werden ebenfalls erwärmt. Diese Luftströmung nennt man *Konvektionsströmung*. Sie kommt erst dann zum Stillstand, wenn die Erdoberfläche und die darüberliegende Luft dieselben Temperaturen haben. Das ist so gut wie nie der Fall, deswegen bestehen Konvektionsströmungen praktisch immer.

Auch die vom Erdboden ausgehende langwellige Wärmestrahlung sorgt für die Erwärmung der höheren Luftschichten.

Außerdem wird beim Aufsteigen feuchter Luftmassen die im Wasserdampf gespeicherte Wärme nach oben transportiert, wo sie beim Kondensieren wieder freigesetzt wird.

Diese dauernde Vermischung der Luft verhindert auch, daß sich die Gase entsprechend ihres spezifischen Gewichts in Schichten über der Erde ablagern. Der Anteil der schweren Gase Sauerstoff und Stickstoff ist in Bodennähe trotzdem höher, während in Höhen ab 60 km die leichten Gase Wasserstoff und Helium überwiegen.

1.3.4. Die Volumenänderung der Luft
a) Abhängigkeit vom Druck
Lastet ein bestimmter Druck auf einem Gas, so nimmt dieses Gas ein bestimmtes Volumen ein. Da Gase komprimierbar sind, ist der Rauminhalt einer Luftmenge abhängig vom Druck, der auf sie einwirkt.

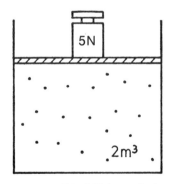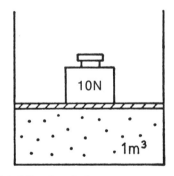

Abb. 3 Volumenänderung der Luft bei Druckveränderung

Es gilt die Regel: Doppelter Druck ergibt halbes Volumen, halber Druck ergibt doppeltes Volumen.

Die absolute Luftmenge bleibt natürlich gleich, nur der Raum, den sie einnimmt, verändert sich.

b) *Abhängigkeit von der Temperatur*
Da die Molekularbewegung der Luft mit steigender Temperatur zunimmt, erhöht sich auch der Drang der Luftteilchen, mehr Raum einzunehmen.
Hat die Luft die Möglichkeit, sich auszudehnen, so nimmt sie pro Grad Celsius Temperaturerhöhung 1/273 an Volumen zu, wenn der Druck von außen konstant bleibt.

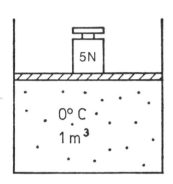 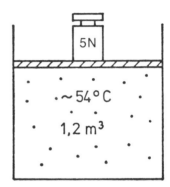

Abb. 4 Zusammenhang von Volumen und Temperatur

Umgekehrt tritt bei gewaltsamer Volumenänderung auch eine Temperaturabnahme bzw. -zunahme ein. Wird der Rauminhalt z. B. verkleinert, haben die Luftteilchen weniger Bewegungsfreiheit, sie werden gebremst und geben ihre Energie in Form von Wärme ab. Dieses Phänomen tritt bei der Luftpumpe in Erscheinung.
Die Abkühlung bei Volumenvergrößerung findet in der Technik bei Kühlschränken oder bei der Herstellung flüssiger Luft ihre Anwendung.

Zusammenfassung: Volumen, Druck und Temperatur sind voneinander direkt abhängig.

2. Die Wetterfaktoren

Alle Erscheinungen des Wetters lassen sich letztlich auf drei Wetterfaktoren zurückführen, die aus den unter 1.3. genannten Eigenschaften der Luft resultieren: Luftdruck, Lufttemperatur und Luftfeuchtigkeit.

2.1. Der Luftdruck

2.1.1. Luftdruckmessung

Das Gewicht der Luft über der Erdoberfläche ist so groß, daß es einer Quecksilbersäule von 76 cm Höhe (auf Meeresniveau) das Gleichgewicht halten kann.
Der Physiker Torricelli hat als erster diesen Luftdruck demonstriert, indem er ein mit Quecksilber gefülltes Rohr in eine Wanne mit gleichem Inhalt tauchte.

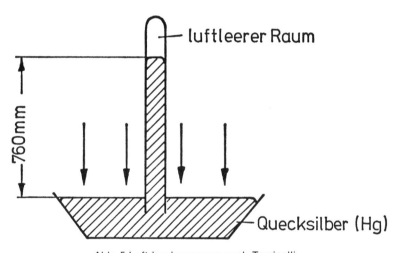

Abb. 5 Luftdruckmessung nach Torricelli

Das Quecksilber im Rohr kann nicht absinken, weil der atmosphärische Druck nicht auf die Quecksilbersäule einwirken kann, sondern nur auf die Oberfläche des offenen Quecksilbers. Würde man zu diesem Versuch Wasser verwenden, so ergäbe sich in Meereshöhe eine $13{,}6 \times 0{,}76$ m $= 10{,}34$ m hohe Wasser-

säule. Gewichtsmäßig liegt demnach über der Erdoberfläche eine Luftschicht, die einer über 10 m hohen Wasserschicht oder einer 76 cm hohen Quecksilberschicht entspricht. Damit errechnet sich ein Druck von ca. 10 N/cm^2 = 100 000 Pascal = 1000 Hektopascal (= 1000 Millibar).
Die Einheit Hektopascal (hPa) wurde deswegen gewählt, damit die Maßzahl gegenüber der früher üblichen Einheit Millibar (mb) nicht geändert werden muß.

Es gilt also:
  1 Pa = 1 N/m^2
  1 bar = 100 000 Pa = 1000 hPa
  1000 hPa = 1000 mb

Luftdruckmeßgeräte heißen *Barometer.*
Neben dem Quecksilberbarometer wird häufig, besonders im Hausgebrauch, das sog. *Aneroidbarometer* verwendet.

Das Kernstück dieses Geräts ist eine fast luftleere elastische Dose, die sich bei erhöhtem Druck zusammendrücken läßt und bei niedrigem Druck ausdehnt. Die Bewegungen werden über ein Zeigerwerk auf eine Skala übertragen, die in Hektopascal (Millibar) geeicht ist.

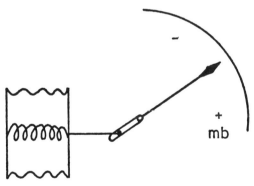

Abb. 6 Das Prinzip des Aneroidbarometers

2.1.2. Luftdruckabnahme mit der Höhe
Mit der Höhe muß der Luftdruck abnehmen, da sich die Zahl der mit ihrem Gewicht nach unten drückenden Luftteilchen verringert.

In ca. 5500 m über dem Meeresspiegel finden wir nur den halben Luftdruck wie auf Meeresniveau, also etwa 507hPa (oder 507 mb). Alle weiteren 5,5 km nimmt der Druck etwa um die Hälfte ab, so daß wir z. B. in 22 000 m einen Druck von ca. 70 mb messen.

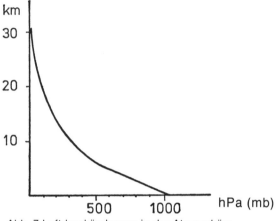

Abb. 7 Luftdruckänderung in der Atmosphäre

Der Höhenunterschied, der eine Änderung von 1 hPa (1 mb) ausmacht, wird *barometrische Höhenstufe* genannt. Sie beträgt z. B.

in Meereshöhe	8 m
in 5 500 m	16 m
in 11 000 m	32 m
in 16 500 m	64 m

Von einer bestimmten Höhe an (etwa 13 000 m) treten durch den stark verminderten Luftdruck für den Menschen tödliche Gefahren auf, wenn er sich ohne Schutzvorrichtungen in diesen Regionen bewegt. Der menschliche Körper ist auf den relativ hohen Luftdruck eingerichtet. Fehlt der Druck von außen, so treten Gasembolie, Erweiterungen und schließlich Zerstörung der Gefäße ein.

Früher als der fehlende Druck macht sich jedoch der Mangel an Sauerstoff bemerkbar. Bereits ab 3000 m Höhe können sich Änderungen in den Reaktionen bemerkbar machen. Ab etwa

5000 m muß mit Störungen der Wahrnehmungsorgane gerechnet werden und ab 6000 m kann Bewußtlosigkeit eintreten. Über 9000 m ist der Sauerstoffmangel bereits so groß, daß der Mensch innerhalb weniger Minuten den Höhentod stirbt. In noch größeren Höhen nimmt die Zeit bis zum Tod auf Sekunden ab. Beim Fliegen über 3000 m sollte daher Sauerstoff mitgeführt werden, für größere Höhen müssen Druckkabine oder Druckanzug verwendet werden.

2.1.3. Luftdruckschwankungen
Temperaturänderungen haben Veränderungen der Luftdichte zur Folge und diese lösen wiederum die Luftdruckschwankungen aus.
Man unterscheidet
    jahreszeitliche Schwankungen
    tageszeitliche Schwankungen
    unregelmäßige, vom Wettercharakter bestimmte Schwankungen.

Merke: **Man unterscheidet thermische und dynamische Hoch- bzw. Tiefdruckgebiete.**

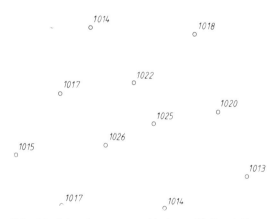

Abb. 8 Luftdruckwerte verschiedener Wetterstationen

Die tageszeitlichen Schwankungen sind in unseren Breiten sehr gering. Ansonsten bewegen sich die Luftdruckwerte in Meereshöhe etwa zwischen 960 und 1040 hPa (mb).

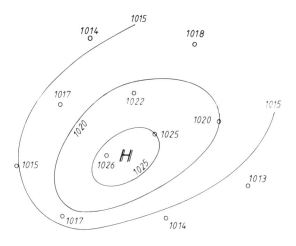

Abb. 9 Verlauf der Isobaren

Die Wetterstationen messen periodisch den Luftdruck, der zusammen mit weiteren Daten über Fernschreiber an alle Wetterämter (meist stündlich) weitergeleitet wird. Dort werden dann die Werte in die Wetterkarten eingetragen.

Verbindet man die Punkte gleichen Luftdrucks (meist im Abstand von 5 mb), so erhält man ein Bild, aus dem man sofort die Zentren, Ausläufer und Größen der Druckgebilde erkennen kann. Die Linien gleichen Luftdrucks nennt man *Isobaren*. Sind sie weit auseinandergezogen, spricht man von einem flachen Druckgebilde, liegen sie dagegen dicht beieinander, so spricht man von einem kräftigen Hoch oder Tief.

2.1.4. *Berechnete Luftdruckwerte*

Da die Wetterstationen nicht alle auf gleicher Höhe über dem Meeresspiegel (Höhe über NN) liegen, müssen alle Werte auf eine Standardhöhe, die Meereshöhe, umgerechnet werden. Eine Wetterstation muß demnach ausrechnen, wie groß der Luftdruck wäre, wenn die Station auf Meereshöhe abgesenkt würde. Diesen Vorgang nennt man die Reduktion des Stationsdrucks auf Meereshöhe. Da hierbei die Lufttemperatur berücksichtigt werden muß, wird die Fehlermöglichkeit um so größer, je höher die Station liegt. Zur Berechnung von Luftdruckwerten

nimmt man für die Atmosphäre Durchschnittsbedingungen an. Nach solchen Standardwerten werden auch die Höhenmesser der Flugzeuge gebaut (siehe auch Kapitel Standard-Atmosphäre).
Im Flugverkehr verwendet man für Luftdruckangaben folgende Abkürzungen:
QFE = Luftdruck auf Stationshöhe
QFF = auf Meereshöhe reduzierter Druck, wobei man von der tatsächlichen Lufttemperatur ausgeht
QNH = auf Meereshöhe reduzierter Druck unter Annahme der Standard-Atmosphäre

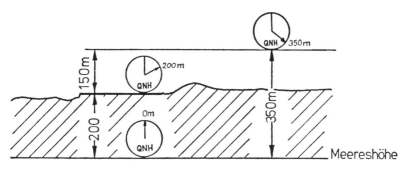

Abb. 10 Anwendung des QNH-Wertes

Stellt man den Höhenmesser in Platzhöhe auf den QNH-Wert ein, so zeigt er die Höhe des Platzes über dem Meeresspiegel an. Umgekehrt kann man den QNH-Wert ermitteln, wenn man den Höhenmesserzeiger auf Platzhöhe einstellt, solange das Flugzeug sich noch am Boden befindet.
Stellt man dagegen während des Fluges den Höhenmesser auf den QFE-Wert ein, so zeigt die Höhenmessernadel die tatsächliche Höhe über dem Platz an, von dem der QFE-Druck stammt. Nach der Landung steht sie auf Null.
Könnte man den so eingestellten Höhenmesser auf Meereshöhe absenken, so zeigte er einen negativen Wert an, der der Differenz zwischen Platz- und Meereshöhe entspricht.
Der QFF-Wert dient zur Ermittlung der Isobaren auf der Wetterkarte. Er wird in der praktischen Fliegerei nicht verwendet.

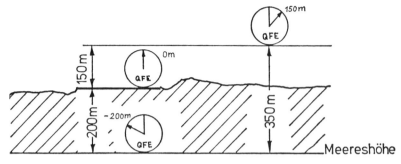

Abb. 11 Anwendung des QFE-Wertes

QNH, QFF und QFE sind verschiedene Ausgangswerte, die sich mit dem Luftdruck dauernd ändern. Da die Höhenmesser nach einer angenommenen Durchschnittsatmosphäre, der sog. Standard-Atmosphäre, gebaut sind, zeigen sie um so genauer an, je mehr sich die tatsächliche Atmosphäre an die Werte der Standard-Atmosphäre annähert.

Bei VFR-Flügen bis 5000 ft MSL und unterhalb 2000 ft GND ist der Höhenmesser auf den QNH-Wert des nächstgelegenen Flughafens einzustellen. Oberhalb dieser Höhe ist die sog. Standard-Höhenmessereinstellung von 1013,2 mb (hPa) vorgeschrieben.

Diese Standardhöhenmesser-Einstellung hat den Vorteil, daß unabhängig vom aktuellen Luftdruckwert jedes Flugzeug am gleichen Ort und zur gleichen Zeit die gleiche Höhenmesseranzeige hat, egal, woher es kommt.

Bei Beibehaltung der Höhenmesseranzeige bewegt man sich dabei auf einer sog. *Flugfläche,* die nur unter Standardbedingungen (siehe auch Kapitel »Standard-Atmosphäre«) der tatsächlichen Höhe über NN entspricht.

Flugflächen werden in der Form angegeben, daß man von der Höhenmesseranzeige in Fuß die letzten beiden Ziffern wegläßt. Beispiel: FL (flight level) 100 = 10 000 ft = ca. 3000 m)

Zusammenfassung: Der Luftdruck ändert sich mit der Höhe und mit der Wetterlage. Er wird in Millibar oder Hektopascal gemessen. Der Isobarenverlauf läßt Drucksysteme erkennen.
Der Luftdruck bildet Ausgangswerte für die Höhenmesseranzeige.

2.2. Die Temperatur

2.2.1. Temperaturmessung

Wenn man in der Meteorologie von Temperatur spricht, meint man damit immer die Lufttemperatur.
Um eine genaue Messung zu erzielen, sind die Thermometer der Wetterstationen in schattigen, gut belüfteten Schutzhütten aufgehängt. Mit Thermographen (Temperaturschreiber) werden außerdem alle Temperaturschwankungen registriert.
Temperaturen werden in Grad Celsius (°C) angegeben.
In der Physik geht man vom absoluten Nullpunkt, minus 273° C, aus und rechnet von hier aus nur mit positiven Werten. 0° C sind dabei 273 K (Kelvin).

2.2.2. Temperaturänderungen mit der Höhe

Daß in der Troposphäre die Temperatur mit zunehmender Höhe abnimmt, ist nur eine grobe Vereinfachung.
Untersucht man mit Hilfe von Radiosonden, die an Ballonen aufgelassen werden, die unteren Luftschichten, so stellt man fest, daß die Lufttemperatur in den seltensten Fällen gleichmäßig abnimmt, sondern auch mit zunehmender Höhe gleich bleiben oder gar steigen kann.

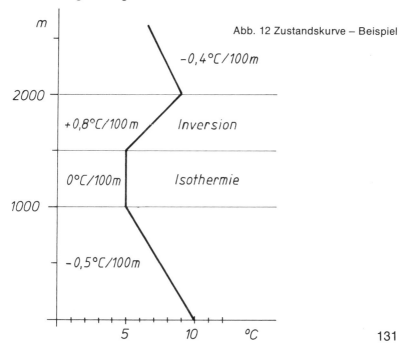

Abb. 12 Zustandskurve – Beispiel

Trägt man die gemessenen Temperaturen der verschiedenen Höhen in einem Diagramm ab, so erhält man die sog. *Zustandskurve* der Luftschicht.

Der sog. *(vertikale) Temperaturgradient* ist dabei eine Größe, mit deren Hilfe sich die Temperaturänderung erfassen läßt. Er wird in Grad Celsius pro 100 m Höhenänderung angegeben. Nimmt z. B., wie in Abb. 12 dargestellt, zwischen 0 und 1000 m Höhe die Temperatur um 5° C ab, so hat der Temperaturgradient einen Betrag von 0,5°/100 m, während er in der nächsten Schicht 0°/100 m beträgt. Von 1500 bis 2000 m nimmt die Temperatur mit einem Gradient von 0,8°/100 m zu, während er darüber wieder negativ ist (Abnahme).

Schichten, in denen die Temperatur mit der Höhe steigt, heißen Inversionen. Treten sie direkt über dem Boden auf, nennt man sie Bodeninversionen. Schichten mit gleichbleibender Temperatur werden isotherme Schichten genannt.

2.3. Die Luftfeuchtigkeit

2.3.1. Der Dampfdruck
Luft kann Wasser in Form von Dampf aufnehmen. Dazu braucht das Wasser nicht erst zum Sieden gebracht werden, sondern die Wasserteilchen können bereits weit unter dem Siedepunkt aus der Flüssigkeit austreten. Dieses Bestreben zu verdunsten wird Dampfdruck genannt. Allerdings kann die Luft nicht unbegrenzt viel Dampf aufnehmen. Ist ein bestimmtes Maß an Feuchtigkeit erreicht, kondensiert genau soviel Wasserdampf wie Wasser verdunstet. Die Luft hat ihre maximale Luftfeuchte erreicht, sie ist gesättigt.

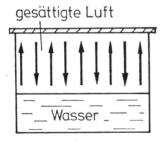
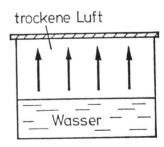

Abb. 13 Verdunstung

Luft kann um so mehr Wasser aufnehmen, je höher ihre Temperatur ist. Als Faustregel gilt: Pro Grad Celsius kann 1 Kubikmeter Luft etwa 1 g Wasser in Form von Dampf aufnehmen. Diese Regel gilt allerdings nur für Temperaturen um 20° C herum. Denn Wasser verdunstet auch dann noch, wenn die Lufttemperatur bereits unter Null Grad Celsius liegt. Das ist auch der Grund dafür, daß selbst steifgefrorene Wäsche an der Luft trocknet, jedoch entsprechend langsamer.

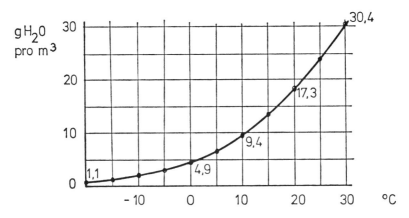

Abb. 14 Diagramm der maximalen Luftfeuchtigkeit

2.3.2. Die relative Luftfeuchtigkeit

Die tatsächliche Luftfeuchtigkeit (absolute Luftfeuchtigkeit) ist meist geringer als die höchstmögliche (maximale). Sie wird ebenfalls in Gramm pro Kubikmeter Luft (g/m³) angegeben. Hat z. B. 1 m³ Luft von 30° C nur 15 Gramm Wasser aufgenommen, so ist das die Hälfte der maximalen Luftfeuchte, also 50 %, denn 30 Gramm könnte die Luft bei dieser Temperatur ja »tragen«. Dieser Vergleichswert von tatsächlicher zu maximaler Luftfeuchtigkeit wird relative Luftfeuchtigkeit genannt und in Prozent angegeben.

$$\frac{\text{absolute Luftf.} \times 100}{\text{maximale Luftf.}} = \text{relative Luftf. (\%)}$$

2.3.3. Der Taupunkt

Luft kann um so mehr Wasser aufnehmen, je wärmer sie ist. Hat z. B. Luft von 25° C eine relative Luftfeuchte von 80 %, so bedeutet das, daß sie pro Kubikmeter etwa 23 Gramm Wasser (siehe Abb. 14) aufnehmen könnte. 80 % hat sie davon aufgenommen. In jedem Kubikmeter Luft sind also tatsächlich 18 Gramm Wasser enthalten. Kühlt sich diese Luft durch irgendeinen Einfluß auf 15° C ab, so kann sie nur noch ca. 13 Gramm Wasser pro Kubikmeter in Form von Dampf aufnehmen. Da sie jedoch 18 Gramm pro Kubikmeter enthält, müssen 5 Gramm pro Kubikmeter davon auskondensieren, d. h., das Wasser geht vom gasförmigen in den flüssigen Zustand über.

Die Temperatur, bei der die maximale Luftfeuchtigkeit erreicht ist, nennt man *Taupunkt.*

In unserm Beispiel läge er bei ca. 20° C, denn hier liegt die maximale Luftfeuchtigkeit von ca. 18 g/m^3 Luft (siehe Diagramm Abb. 14).

Um es anders auszudrücken: Kühlt sich feuchte Luft ab, so kann sie keine so großen Wasserdampfmengen mehr aufnehmen. Der tatsächliche Dampfgehalt ändert sich zwar vor der Kondensation nicht, jedoch sinkt die maximale Luftfeuchte mit abnehmender Temperatur, die relative Luftfeuchte steigt an, bis der Sättigungsgrad erreicht ist (relative Luftfeuchte von 100 %) und das überschüssige »Wassergas« kondensiert.

Beispiel:
Gegeben: rel. Lf. = 75 %; Temperatur 20° C.
Gesucht: Taupunkt
Lösung: Bei 20 Grad kann die Luft 17,3 g Wasser/m^3 aufnehmen.
Die tatsächliche Lf. = 75 % der maximalen Lf.
75 % von 17,3 g/m^3 = ca. 12,9 g/m^3
Der Taupunkt tritt bei der Temperatur ein,
bei der die Luft höchstens ca. 13 g/m^3 aufnimmt.
Aus dem Diagramm Abb. 14 ist zu ersehen, daß
das der Fall ist bei etwa 15° C.
Ergebnis: Der Taupunkt liegt bei 15° C.

Unter *Taupunktdifferenz* (engl. spread) versteht man den Temperaturunterschied zwischen momentaner Temperatur und Taupunkt.
In unserem Beispiel wären das 5° C.
In Wettermeldungen (siehe Abschnitt 6.) wird keine Luftfeuchtigkeit angegeben. Sie läßt sich jedoch leicht aus Temperatur und Taupunkt bzw. Taupunktdifferenz ermitteln.
Wir unterscheiden mehrere Begriffe für Luftfeuchtigkeit:
Die *absolute Lf.* gibt den tatsächlichen Wassergehalt der Luft in g/m³ an.
Die *maximale Lf.* ist die höchstmögliche Wassermenge in g/m³. Sie ist von der Temperatur abhängig.
Die *relative Lf.* gibt das Verhältnis von absoluter zu maximaler Luftfeuchtigkeit in Prozent an.
Der Begriff der *spezifischen Luftfeuchte* (wurde hier nicht verwendet) gibt die Wassermenge in Gramm an, die in 1 kg feuchter Luft enthalten ist.

2.3.4. *Messung der Luftfeuchtigkeit*

Geräte zur Feststellung der Luftfeuchtigkeit nennt man *Hygrometer*. An ihnen läßt sich nur die relative Luftfeuchtigkeit direkt ablesen.

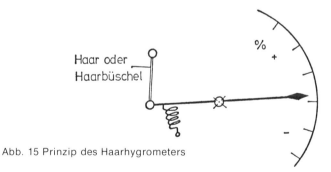

Abb. 15 Prinzip des Haarhygrometers

Am bekanntesten sind die Haarhygrometer, deren Funktion darauf beruht, daß feuchte Haare sich ausdehnen und sich bei abnehmender relativer Feuchtigkeit wieder verkürzen.
Eine indirekte Messung der Luftfeuchtigkeit beruht auf dem Prinzip, daß bei trockener Luft die Verdunstung größer ist als bei

feuchter. Beim Verdunsten wird jedoch Wärme benötigt, die der Umgebung entzogen wird. Man umwickelt deshalb ein Thermometer mit feuchter Watte o. ä. und bewegt es durch die Luft. Dabei wird dieses Thermometer eine niedrigere Temperatur anzeigen als ein trockenes. Der Unterschied ist um so größer, je trockener die Luft ist, denn dann kann mehr Wasser verdunsten, wozu wiederum mehr Wärme verbraucht wird, die dem Thermometer entnommen wird.

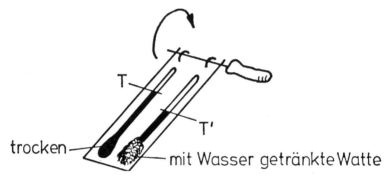

Abb. 16 Das Aspirations-Psychrometer

Das Gerät besteht aus zwei Thermometern und wird Aspirations-Psychrometer genannt.
Der Meteorologe entnimmt die Luftfeuchtigkeit einer Tabelle, nachdem er die »trockene« Temperatur (T) und die »feuchte« Temperatur (T') kennt.

2.4. Zusammenhang der Wetterfaktoren

Als wichtigster Faktor dürfte sich wohl die Temperatur der Luft herauskristallisiert haben, denn von ihr hängen die Luftdruckunterschiede und die Größen der Luftfeuchtigkeit ab. Das Wettergeschehen bestimmt sich aus den verschiedenen Werten der Einzelfaktoren, die immer auf Temperaturänderungen oder -unterschiede zurückzuführen sind. Gäbe es keine Temperaturunterschiede mehr, so käme auch das Wetter zum Stillstand. Die Wärmestrahlung der Sonne mit ihren tages- und jahreszeitlichen Unterschieden ist demnach der Motor, der das gesamte komplizierte Wettergeschehen immer in Bewegung hält.

3. Die Wettererscheinungen

3.1 Adiabatische Vorgänge

Wie wir im Abschnitt 1 erfahren haben, steigt warme Luft auf Grund ihres geringeren spezifischen Gewichts auf, gelangt dabei aber in Schichten mit geringerer Luftdichte. Das bedeutet, daß der Druck der umgebenden Luft auf das aufsteigende Luftpaket mit der Höhe abnimmt. Dadurch kann es sein Volumen vergrößern, was wiederum eine Temperaturverringerung zur Folge hat (siehe Abschnitt 1.3.4.).
Umgekehrt wird absinkende Luft komprimiert. Sie muß ihr Volumen verringern und erwärmt sich dabei.

Es gilt: Aufsteigende Luft kühlt sich ab.
   Absinkende Luft erwärmt sich.
   Wir unterscheiden umgebende Luft von auf- oder absteigender Luft.

Eigentlich müßte man nun den Wärmeaustausch zwischen dem Luftpaket und der wärmeren bzw. kälteren Umgebung berücksichtigen. Er ist aber relativ gering, so daß man ihn für die weiteren Betrachtungen vernachlässigen kann. Solche Vorgänge, bei denen kein Wärmeaustausch mit der Umgebung stattfindet, heißen adiabatische Vorgänge.
Wie stark diese Temperaturänderungen beim Auf- oder Abstieg eines Luftpakets sind, hängt davon ab, ob in dieser Luftmasse Kondensations- bzw. Verdampfungsvorgänge stattfinden oder nicht. Dementsprechend unterscheidet man zwischen feuchtadiabatischem und trockenadiabatischem Vorgang.

3.1.1 Trockenadiabatischer Auf- bzw. Abstieg
Bleibt während der vertikalen Bewegung eines Luftpakets sein Wasserdampfgehalt unter der Sättigungsgrenze, so spricht man von einem trockenadiabatischen Vorgang.
Die Temperaturänderung beträgt dabei ziemlich genau 1° C pro 100 m Höhenunterschied. Sie ist unabhängig von der Temperatur der umgebenden Luft.
Anders ausgedrückt: Der trockenadiabatische Gradient beträgt 1° C/100 m.

Beispiel: Ein Luftpaket wird durch irgendeinen Einfluß von 0 m auf 1000 m hochgehoben. Temperatur am Boden 20° C. In 1000 m wird es nur noch eine Temperatur von 10° C haben. Sinkt die Luft wieder auf 0 m Höhe ab, dann erreicht sie wieder ihre Ausgangstemperatur von 20° C.

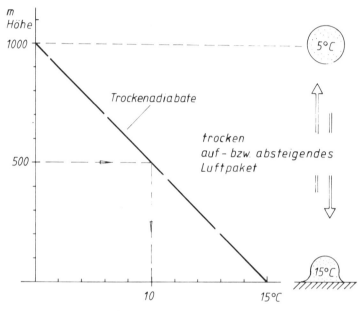

Abb. 17 Der trockenadiabatische Vorgang

Anmerkung: Die Linie im Diagramm heißt *Trockenadiabate*.

3.1.2. *Feuchtadiabatischer Auf- bzw. Abstieg.*
Unter feuchter Luft haben wir die Luft verstanden, in der der vorhandene Wasserdampf kondensiert.

Bei jedem Übergang vom gasförmigen in den flüssigen Zustand wird Wärme frei, die sog. Kondensationswärme. Feucht aufsteigende Luft wird sich deshalb weniger stark abkühlen als trockene. Der Mittelwert der Temperaturänderung pro 100 m Höhenunterschied liegt bei 0,5 bis 0,6° C. Er wird als *feuchtadiabatischer Gradient* bezeichnet. Die Linie im Diagramm heißt *Feuchtadiabate*.

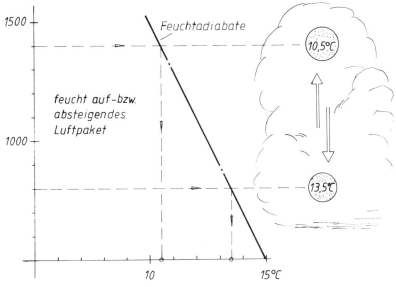

Abb. 18 Der feuchtadiabatische Vorgang

Beispiel: Luft von 10° C, in der Kondensation stattfindet, steigt von 0 m auf 1000 m. In 1000 m wird ihre Temperatur bei einem Gradienten von 0,5 nur noch 5° C betragen.
Sinkt sie wieder feucht ab, hat sie in 0 m Höhe wieder ihre Ausgangstemperatur von 10° C.

Diese Temperaturänderung von vertikal bewegter feuchter Luft ist wiederum unabhängig von der Temperatur der umgebenden Luft.

3.1.3. Stabile und labile Schichtung
Eine Luftmasse wird nur dann freiwillig aufsteigen, wenn ihre Temperatur höher ist als die der umgebenden Luft, denn dann ist ihr spezifisches Gewicht geringer. Und sie wird so lange aufsteigen, bis sie in eine Schicht gelangt, die dieselbe Temperatur hat, wie die aufsteigende Luft.
Gerät ein trocken aufsteigendes Luftpaket in eine Schicht, in der die umgebende Luft sich mit der Höhe schneller abkühlt als die aufsteigende, so ist das Luftpaket in dieser Schicht immer wärmer als die umgebende Luft. Die Temperaturdifferenz wird mit

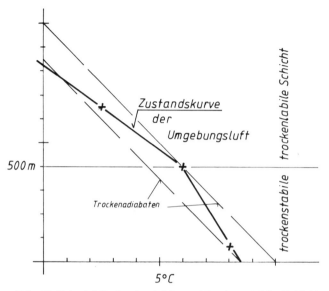

Abb. 19 Beispiel für trockenlabile und trockenstabile Schicht

der Höhe sogar noch größer. Das Luftpaket wird also immer schneller steigen. Eine solche Luftschicht nennt man labil. Sie muß einen größeren Gradienten als 1 haben, d. h., die Temperatur der ruhenden Luft muß sich pro 100 m Höhe um mehr als 1° C verringern.
Nimmt die Temperatur der Atmosphäre mit zunehmender Höhe weniger als 1°C pro 100 m Höhe ab, so wäre ein trockenes Luftpaket bereits nach dem Abheben vom Boden kälter als die umgebende Luft. Ein Aufstieg ist damit verhindert. Diese Luftschicht ist trockenstabil (Abb. 19).
Entsprechende Verhältnisse liegen bei feucht auf- oder absteigender Luft vor.
Hat die Atmosphäre einen größeren Gradienten als 0,5° C/ 100 m, so ist sie immer kälter als das sich beim Aufstieg mit 0,5° C/100 m abkühlende Luftpaket. Die Luftschicht ist *feuchtlabil*.
Liegt der Gradient der Atmosphäre unter 0,5°C/100 m, so kann auch feuchte Luft nicht aufsteigen, da die aufsteigende Luftblase sofort kälter wäre als die umgebende Luft. Diese Luftschicht ist *feuchtstabil* (Abb. 20).

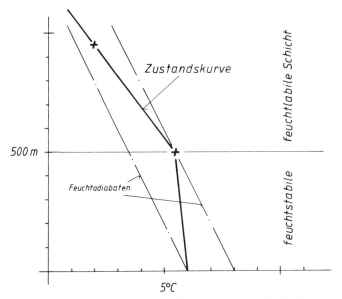

Abb. 20 Beispiel für feuchtlabile und feuchtstabile Schicht

Luftschichten, in denen die Temperaturabnahme mit der Höhe genauso groß ist wie die Temperaturabnahme des aufsteigenden Luftpakets, nennt man *indifferent*.
Eine Luftschicht mit einem Gradienten von 0,5 ist für feuchte Luftpakete indifferent,
eine Luftschicht mit einem Gradienten von 1,0 ist für trockene Luftpakete indifferent.
Luftschichten mit Gradienten zwischen 0,5 und 1,0 sind gleichzeitig trockenstabil und feuchtlabil, denn eine trockenaufsteigende Luftmasse kühlt sich mit 1°/100 m schneller ab als die Umgebung, während eine feucht aufsteigende Luftmenge immer wärmer ist als die umgebende Luft.

3.1.4. Die Inversion
Aufsteigende Luft wird in einer Inversion zumindest abgebremst, wenn nicht gar in ihrer Bewegung ganz aufgehalten, da die umgebende Luft plötzlich mit der Höhe wärmer wird (siehe Abschn. 2.2.2). Falls jedoch die aufsteigende Luft genügend Energie hat, diese Sperrschicht zu durchdringen, ist

weiterer Aufstieg möglich, solange die Umgebungsluft kälter ist.
Beispiel (Abb. 21):

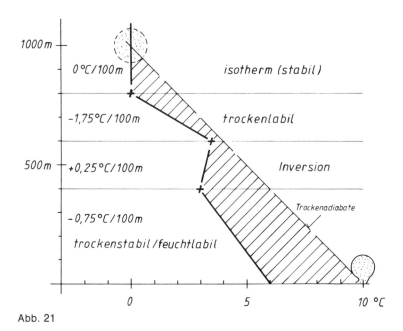

Abb. 21

Vom Boden aufsteigende trockene Luft von 10°C hat in 400 m Höhe noch eine Temperatur von 6°C, während die beginnende Inversion nur 3°C hat. Auch nach weiteren 200 m Höhe ist die aufsteigende Luft wärmer als die atmosphärische. Sie kommt erst in ca. 1000 m bei einer Temperatur von 0°C zur Ruhe. In dem schraffierten Bereich hat die Luft durch ihre höhere Temperatur Energie für den Aufstieg. Man nennt diesen Bereich deshalb auch den Bereich der Labilitätsenergie.

Um eine Bodeninversion zu durchdringen, muß am Boden liegende Luft eine so hohe Ausgangstemperatur erhalten, daß sie nach dem Aufstieg bis an die Obergrenze der sich mit der Höhe erwärmenden Luftschicht immer noch wärmer ist als diese Umgebungsluft.

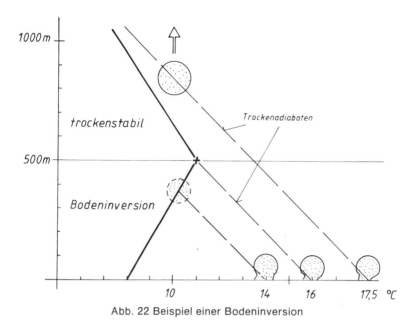

Abb. 22 Beispiel einer Bodeninversion

zu Abb. 22:
Da die Adiabaten den Temperaturverlauf aufsteigender Luft angeben, muß die Adiabate betrachtet werden, die am Ende der Inversion mindestens die gleiche Temperatur aufweist wie die der umgebenden Luft. Das ist die Linie, die von etwa 16°C ausgeht. Demnach muß die Bodenluft bis auf mindestens 16°C erwärmt werden, damit sie immer wärmer bleibt als die Inversionsluft, dann kann sie diese durchdringen und in der darüberliegenden Schicht weitersteigen, bis Temperaturgleichheit erreicht ist.

Für die Planung von thermischen Streckenflügen bedeutet dies, daß die morgendlichen Bodeninversionen zunächst so weit aufgeheizt werden müssen, daß ein ausreichend hoher Konvektionsraum entsteht.
Wenn sich die Bodenluft in unserem Beispiel nur bis 10°C erwärmt, so käme sie bei etwa 400 m Höhe zum Stillstand, eine Situation, die Überlandflüge unmöglich macht, zumal das meteorologische Steigen mit der Höhe auch noch abnimmt und daher das Segelflugzeug nicht einmal 400 m erreicht.
Sonneneinstrahlung und Bodenbeschaffenheit spielen beim Aufheizen einer Inversion die Hauptrolle, denn dort, wo sich die Bodenluft stark erwärmen kann (in unserem Beispiel auf

mindestens 16°C), entstehen die ersten Aufwindfelder. Sie brechen aber wieder zusammen, wenn die aufgeheizten Flächen durch Bewölkung abgedeckt und damit die notwendigen Ausgangstemperaturen unterschritten werden.

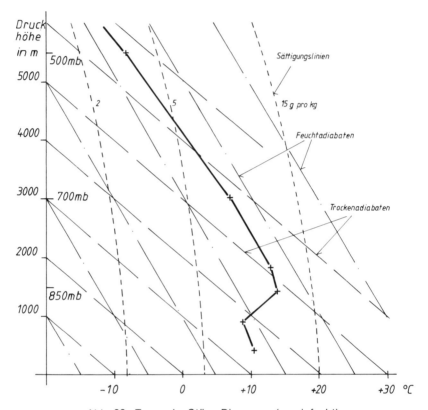

Abb. 23 »Temp« im Stüve-Diagramm (vereinfacht)

Zusammenfassung:
- Die Temperaturverhältnisse der Atmosphäre werden durch die Zustandskurve dargestellt.
- Luft steigt nur von selbst auf, wenn sie wärmer als ihre Umgebung ist.
- Feucht aufsteigende Luft kühlt sich langsamer ab (ca. 0,5°/100 m) als trocken aufsteigende (1°/100 m).
- Eine Luftschicht ist labil, wenn ihr vertikaler Gradient größer ist als der adiabatische.
- Eine Luftschicht ist stabil, wenn ihr vertikaler Gradient kleiner ist als der adiabatische.
- Bei indifferenten Luftschichten ist der vertikale Gradient so groß wie der adiabatische.

In der meteorologischen Praxis werden die Zustandskurven in sog. **Stüve-Diagramme** gezeichnet, die als Vordrucke bereits die Trocken- und Feuchtadiabaten sowie die Sättigungskurven enthalten. Das ausgearbeitete Blatt, das die Daten des aerologischen Aufstiegs enthält, nennt man auch kurz den »Temp«.

3.2 Wolkenbildung

Wolken entstehen grundsätzlich dann, wenn feuchte Luftmassen hochgehoben werden, sich dabei gemäß dem adiabatischen Vorgang abkühlen und dabei den Taupunkt unterschreiten, so daß überschüssiger Wasserdampf kondensieren muß.
Absteigende Luft hat dagegen immer Wolkenauflösung zur Folge.

3.2.1 Die thermische Wolkenbildung

Unter thermischer Wolkenbildung versteht man, daß sich Luftmassen erwärmen, aufsteigen, in einer bestimmten Höhe den Sättigungsgrad erreichen und ein Teil des enthaltenen Wasserdampfes in Tröpfchen ausfällt und damit sichtbar als Wolke in Erscheinung tritt. Die Entwicklung dieser Wolken verläuft vertikal. Die typische Wolkenform ist die Haufenwolke (cumulus).

Beispiel: Luft hat sich am Boden auf 20° C erwärmt und steigt mit 9,4 g Wasser/m^3 auf (etwa 60 % relative Luftfeuchte). Da in dieser Luftmasse noch keine Kondensation stattfindet, kühlt sie sich zunächst trockenadiabatisch mit 1° C/100 m ab. Bei einer Temperatur von + 10° C kann die Luft nur noch maximal 9,4 g

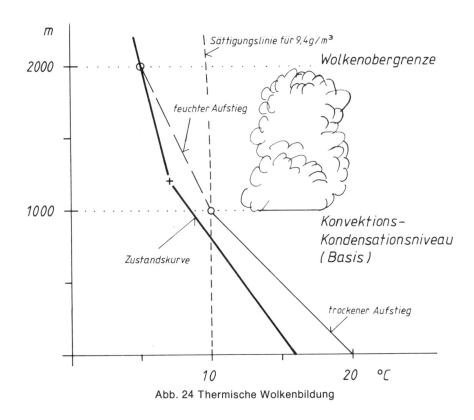

Abb. 24 Thermische Wolkenbildung

Wasser pro m³ in Form von Dampf aufnehmen (siehe Abb. 14). Bei weiterem Aufstieg und damit verbundener Abkühlung tritt Kondensation ein. In unserem Fall liegt *das Kondensationsniveau,* auch Basis genannt, bei + 10°C oder 1000 m Höhe, immer vorausgesetzt, daß die umgebende Luft einen Aufstieg zuläßt. Ab 1000 m steigt die Luft feuchtadiabatisch mit einem Gradienten von ca. 0,5 auf und hat in unserem Beispiel (Abb. 24) bei ca. 1800 m Höhe dieselbe Temperatur erreicht wie die umgebende Luft. Ein weiterer Aufstieg ist verhindert, die Wolkenobergrenze liegt damit fest.

Eine brauchbare Faustregel zur Bestimmung der Wolkenbasis lautet: Basishöhe (in m) = (Temperatur-Taupunkt) mal 123.

Wird die Wolkenobergrenze durch eine Inversion bestimmt, dann nimmt der Wolkenkopf die Form eines Ambosses an.

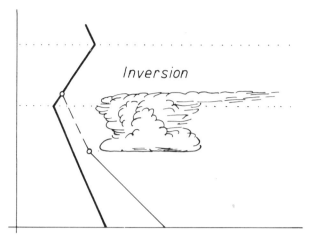

Abb. 25 Bildung einer Amboßwolke

Hat die aufsteigende Luft so viel Energie, daß sie die Inversion durchstoßen kann, ist bei darüberliegender labiler Schicht weitere Wolkenbildung möglich.

An sich ist die Bodenluft in unserem Beispiel (Abb. 24) trokkenstabil. Eine Luftmasse muß erst örtlich überwärmt wer-

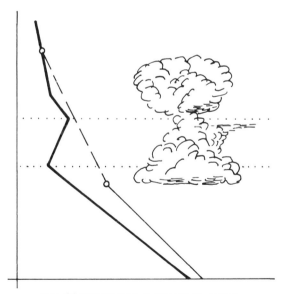

Abb. 26 Durchbruch durch die Inversion

den, damit sie aufsteigen kann. Die minimale *Auslösetemperatur* zur Wolkenbildung beträgt in unserem Fall 18°C, d. h., erst wenn eine Luftmasse sich am Boden auf 18°C erwärmt hat, kann sie so hoch steigen, daß der Sättigungsgrad erreicht ist (Schnittpunkt der Trockenadiabate mit der Sättigungskurve).

Man nennt diese Wolkenart, die durch Thermik entsteht, Haufenwolke oder Cumulus (Mehrzahl Cumuli). Bei stark labiler Schichtung können thermische Wolken eine vertikale Ausdehnung von mehreren Kilometern oft bis an die Grenze der Troposphäre erreichen.

Durch die Konvektionsströmung fließt nach dem Aufsteigen der erwärmten Luft kalte Luft nach. Es entsteht ein Kreislauf, an den sich weitere derartige Strömungen anschließen. Bei höheren Windgeschwindigkeiten bilden sich in Windrichtung Aufwindreihungen, so daß regelrechte Wolkenstraßen geformt werden können. Da sie direkt aufsteigende Luft anzeigen, bieten sie für den Segelflieger ideale Bedingungen.

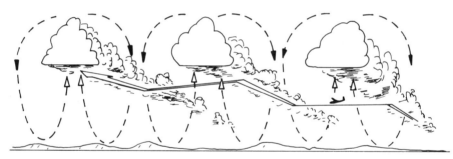

Abb. 27 Bildung und Ausnützung von Wolkenstraßen

3.2.2. Orographische Wolkenbildung

Bei der orographischen Wolkenbildung spielt der Einfluß der Bodenerhebungen die entscheidende Rolle. Der Vorgang ist einfach:

Luft strömt gegen einen Bergzug, wird gezwungen aufzusteigen und sich so lange trockenadiabatisch abzukühlen, bis der Taupunkt erreicht ist. In dieser Höhe tritt Kondensation ein und damit Wolkenbildung. Von nun an steigt die Luft feuchtadiabatisch auf.

Diese Bewölkung nennt man Stauwolken. Die physikalischen Vorgänge sind dieselben wie bei der thermischen Wolkenbildung (siehe 3.2.1.). Die typische Wolkenform ist die Schichtwolke (Stratus).

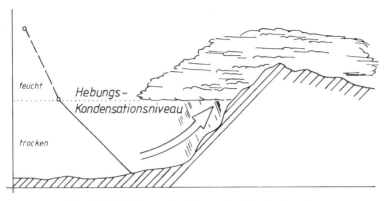

Abb. 28 Entstehung der Stau- oder Hinderniswolken

3.2.3. Klassifikation der Wolken

Wolken lassen sich nach verschiedenen Kriterien unterscheiden. Unterteilt man nach der Form, so ergeben sich

Abb. 29

– Quellwolken in labiler Schichtung (cumulus, Abkz. cu)

– Schichtwolken in stabiler Schichtung (stratus, Abkz. st)

— Wellenwolken in laminaren Strömungen (lenticularis, Abkz. lent)

— dazu die Zwischenformen dieser drei Hauptgruppen.

Nach der Höhe lassen sich unterscheiden
- 5 km bis Tropopause: hohe Wolken (cirrus) (oberes Stockwerk)
- 2,5 km bis 5 km: mittlere Wolken (altus) (mittleres Stockwerk)
- 0 km bis 2,5 km: niedrige Wolken (– – –) (unteres Stockwerk)
- Wolken, die aus tiefen Schichten sehr hoch reichen (u. U. bis an die Grenze der Troposhäre), erhalten den Zusatz »nimbus«, z. B. nimbostratus oder cumulonimbus.

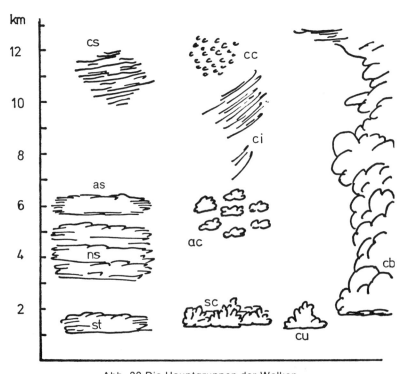

Abb. 30 Die Hauptgruppen der Wolken

Alle Wolken dieser zehn Hauptgruppen können in vielfach abgewandelten oder ineinanderfließenden Formen auftreten, so daß es oft nicht einfach ist, eine Bestimmung »am lebenden Objekt« durchzuführen.

3.3. Fronten

Treffen zwei Luftmassen verschiedener Eigenschaften aufeinander, so nennt man die Fläche, an der sie sich berühren, **Front**. Dabei gibt die vorstoßende Luftmasse der Front den Namen.

In den Wetterkarten werden in den verschiedenen Höhen die *Frontlinien* dargestellt.

Warmfronten werden durch eine rote Linie oder durch angesetzte Halbkreise gekennzeichnet, Kaltfronten durch eine blaue Linie oder durch angesetzte Dreiecke.

Den Zusammenschluß zweier Fronten nennt man *Okklusion*, dargestellt durch eine violette Linie oder im Wechsel angesetzte Halbkreise und Dreiecke.

Ausgefüllte Symbole weisen auf Bodenfronten hin, nicht ausgefüllte auf Frontverläufe in der Höhe.

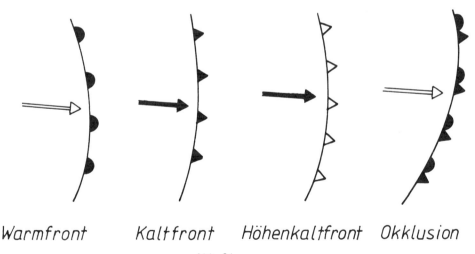

Warmfront   *Kaltfront*   *Höhenkaltfront*   *Okklusion*

Abb. 31

An den Fronten kommt es je nach Fronttyp zu unterschiedlich ausgeprägten Aufgleit-, Hebungs- und Kondensationsvorgängen mit charakteristischen Wettererscheinungen.

3.3.1. Die Warmfront

Schiebt sich eine warme Luftmasse gegen eine kältere, so gleitet die warme auf die kältere auf, da warme Luft spezifisch leichter ist als kalte. Die hochsteigende Warmluft kühlt sich ab, es entstehen je nach Höhe verschiedene Wolkenarten.

Ist die aufgleitende Luft labil, so kann es zur Bildung von mächtigen Cumulonimben kommen, während bei stabiler Warmluft vorwiegend Schichtwolken (Stratus) entstehen.

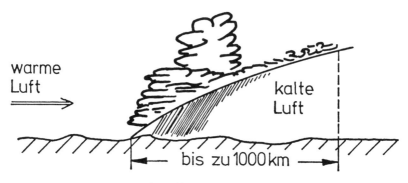

Abb. 32 Die Warmfront

Das Herannahen einer Warmfront zeigt sich zunächst durch sehr hohe Federwolken (Cirren), dann durch immer tiefer absinkende Bewölkung, schließlich durch beginnende Niederschläge (u. U. Gewitter) und andauernden Landregen an.

3.3.2. Die Kaltfront

Bewegt sich eine kältere Luftmasse gegen eine wärmere, so spricht man von einer Kaltfront. Dabei schiebt sich die Kaltluft unter die Warmluft und drückt diese nach oben, wobei es bei stabiler Warmluft zu hochreichenden Schichtwolken (Nimbostratus) mit einer breiten Niederschlagszone kommt, während labile Warmluft die Bildung von Cumulonimben zur Folge hat, aus denen starke Schauer und heftige Gewitter hervorgehen können.

Im Frontbereich kommt es zu rapider Sichtverschlechterung durch Kondensationsvorgänge wegen der stattfindenden Abkühlung.

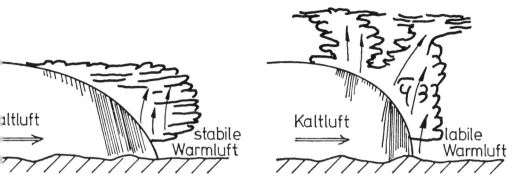

Abb. 33 Kaltfronten

Nach dem Durchzug einer Kaltfront kommt es zur Aufhellung. Die frische Kaltluft bringt sehr gute Sichtverhältnisse. Die Sonne kann einstrahlen und erwärmt vom Boden her die Luft. Dadurch wird sie labil, es entstehen Cumuli oder Cumulonimben, die wieder Schauer verursachen können. Der Wind ist böig. Dieses Wetter bezeichnet man als *Rückseitenwetter*. Durch die labile Schichtung ist es für den Segelflieger meist gutes Langstreckenwetter.

3.3.3. Die Okklusion

Kaltfronten bewegen sich schneller vorwärts als Warmfronten. Folgt eine Kaltfront einer Warmfront, so wird diese schließlich von der Kaltfront eingeholt. Die zwei Fronten vereinigen sich, sie bilden eine Okklusion.

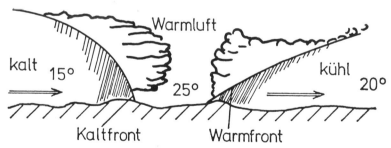

Abb. 34 Die Kaltfront mit ihren typischen Wolkenformen verfolgt eine Warmfront, wobei die Luft vor der Warmfront wärmer ist (hier 20° C) als die der Kaltfront (hier 15° C).

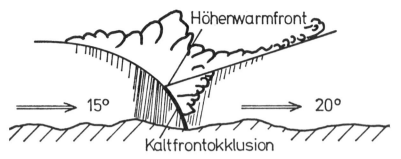

Abb. 35 Die Kaltfront hat die Warmfront eingeholt und schiebt sich auch unter die weniger kalte Luft, die vor der Warmfront liegt. Der Warmluftsektor wird angehoben, die Warmfront besteht nur noch in der Höhe.

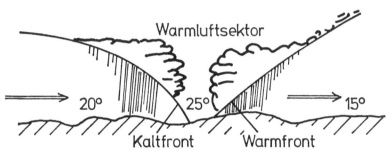

Abb. 36 Die Kaltfront dringt gegen eine Warmfront vor, wobei die Kaltluft vor der Warmfront kälter ist als die der verfolgenden Kaltluft.

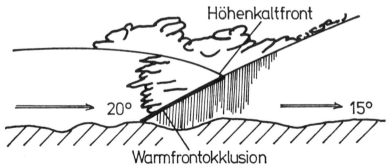

Abb. 37 Die Kaltfront ist mit der Warmfront okkludiert und schiebt sich über die eingeholte Kaltluft, da ihre Luftmassen noch wärmer sind als die der eingeholten Kaltluft. Die Kaltluft besteht nur noch in der Höhe.

Dabei sind zwei Okklusionstypen möglich:
- Die Okklusion mit Kaltfrontcharakter (Abb. 34 und 35)
- Die Okklusion mit Warmfrontcharakter (Abb. 36 und 37)

Die Okklusionen vereinigen die Wettererscheinungen von Warm- und Kaltfront in sich. Da die einzelnen Charakteristika von der Stabilität oder Labilität der beteiligten Luftmassen abhängen, ist eine Vielzahl von Varianten möglich. Allerdings sind Bewölkung und Niederschläge in einer Warmfrontokklusion grundsätzlich ausgedehnter.

3.4. Entstehung eines Tiefdruckwirbels (Zyklone)

Eine Wettererscheinung, die verschiedene Fronten und Okklusionen aufweist, ist die Zyklone.

Um die Polkappen liegt eine Kaltluftkappe, an die sich wärmere Luft mit westlicher Strömung anschließt (siehe auch 4.1.).

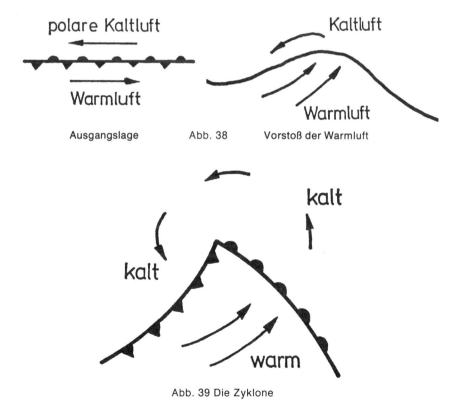

Abb. 39 Die Zyklone

Durch die Temperaturunterschiede zwischen Ozeanen und Kontinenten treten an dieser Polarfront Verformungen auf, in die warme Luft vorstoßen kann.
Die warme Luft ist leichter und bringt deshalb niedrigere Luftdruckwerte mit.
Durch das weitere Vordringen der Warmluft entsteht eine Wirbelbewegung entgegen dem Uhrzeigersinn (immer von oben betrachtet). Es bilden sich verschiedene Fronten, wie sie unter 3.2. beschrieben sind.
Luftdruck, Niederschlag und Windverhältnisse lassen sich aus Abb. 41 erkennen.

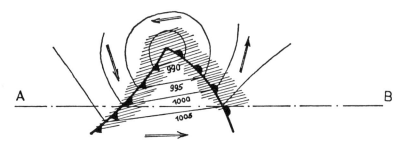

Abb. 40 Luftdruck und Niederschläge in einer Zyklone

Die Wettererscheinungen entsprechen denen der Fronten. In der Schnittfläche A-B der Abb. 40 zeigen sie sich folgendermaßen:

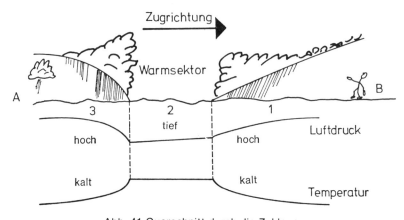

Abb. 41 Querschnitt durch die Zyklone

Beim Durchzug eines Tiefdruckwirbels kann ein Beobachter folgendes Wetter feststellen (Zuglinie A-B):
1) Durchzug der Warmfront:
   zunächst hohe, dann absinkende Bewölkung
   fallender Luftdruck
   langsam steigende Temperatur
   südwestliche Winde
   immer dichter und mächtiger werdende Bewölkung
   zunehmende Niederschläge
2) Durchzug des Warmsektors:
   Wetterberuhigung
   Winddrehung auf westliche Richtungen
   Aufklaren
   Temperaturanstieg
3) Durchzug der Kaltfront:
   kräftiger, rascher Temperaturfall
   Sichtverschlechterung
   starke Quell- und Quellschichtbewölkung
   schauerartige Niederschläge
   Windsprung auf Nordwest, Böigkeit
   Rückseitenwetter mit abnehmender Schauertätigkeit bei
   steigendem Luftdruck und guter Sicht

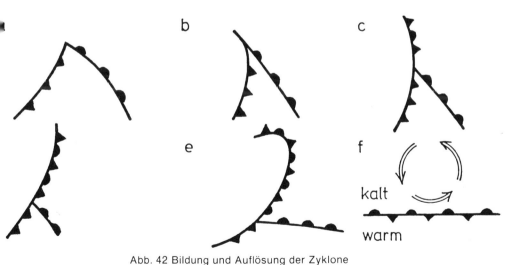

Abb. 42 Bildung und Auflösung der Zyklone

Im weiteren Verlauf wird die Kaltfront die Warmfront einholen und mit ihr okkludieren. Der Warmsektor wird in die Höhe gedrängt. Der am Boden verbleibende Sektor verkleinert sich immer weiter, bis sich schließlich wieder Kalt- und Warmluft in einer Linie gegenüberstehen. Nur in der Höhe bleibt noch eine Wirbelströmung zurück.
Der tiefste Luftdruck wird dabei im Stadium von Bild c erreicht.
Im Laufe ihres »Lebens« weitet sich die Zyklone nicht selten bis über 1000 km aus.
Am Rande der Polarfront entstehen Zyklonen meist nicht allein, sondern in ganzen Serien (man spricht von Zyklonenfamilien), deren Glieder unterschiedliche Stadien aufweisen.

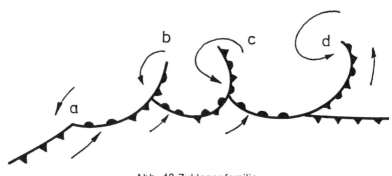

Abb. 43 Zyklonenfamilie

a) entstehende, b) reife, c) stark okkludierte, d) sterbende Zyklone.

Zusammenfassung: Zyklonen sind Tiefdruckwirbel, die am Rande der Polarfront entstehen und beim Durchzug von West nach Ost veränderliches Wetter mit oft abrupten Schwankungen bringen.

3.5. Niederschläge

3.5.1. Entstehung und Messung
Unter Niederschlägen versteht man Wasser, das in flüssiger oder fester Form aus der Atmosphäre ausfällt.
Beim Kondensieren feuchter Luft entstehen winzige Wassertröpfchen, die nur sehr geringe Sinkgeschwindigkeiten haben. Sie schließen sich zu größeren Tropfen zusammen, wenn ihre

Dichte ein bestimmtes Maß überschreitet und fallen aus der Wolke heraus.

In hohen Wolken liegt die Temperatur meist unterhalb der Nullgradgrenze. Dabei kommt es vor, daß das Wasser nicht gefriert, sondern oft bis – 15° C in flüssigem Zustand verbleibt. Ansonsten bilden sich in größeren Höhen Eiskristalle. Solche Eiswolken sind an dem gefaserten Aussehen ihrer Ränder zu erkennen. Neuere Theorien besagen, daß die Entstehung von Niederschlägen an die Bildung der Eiskristalle gebunden ist, die als Kerne für die Niederschlagsteilchen dienen.

Niederschläge werden in Millimeter Wasserhöhe gemessen. Dazu fängt man in einem Pluviometer die Niederschläge auf, schmilzt sie, wenn nötig, und liest die Menge in mm Höhe ab.

3.5.2. Niederschlagsarten

Niederschläge fallen entweder über eine längere Spanne mehr oder weniger gleichmäßig aus Stratusbewölkung oder gehen aus Cumulusbewölkung als Schauer nieder.

Man unterscheidet:
a) *Regen* mit relativ großen Tropfen (ab 0,5 mm ⌀), der aus fast allen Wolkenarten fallen kann
b) *Sprühregen* mt kleinen Tröpfchen (unter 0,5 mm ⌀), der aus Stratuswolken fällt
c) *Schnee*, der durch den Zusammenschluß von Eiskristallen entsteht
d) *Eiskörner*, die sich aus gefrorenen Regentropfen gebildet haben (Durchmesser unter 5 mm)
e) *Hagel*, der in Cumulonimben durch längeres Schweben oder durch Auf- und Abbewegungen der Eiskristalle entsteht. Je länger der Aufenthalt in der Wolke ist, desto mehr Eiskristalle lagern sich zusammen und bilden oft Stücke bis zu 50 mm Durchmesser und mehr. Beim Herausfallen aus der Wolke werden kleinere Hagelkörner in wärmeren Schichten wieder zu Wasser und fallen als Regen zu Boden.
f) *Eisnadeln* sind nichtverzweigte Eiskristalle, die aus Stratus oder auch aus wolkenlosem Himmel fallen.
g) *Schneegriesel, Frostgraupeln und Reifgraupeln* sind den Eiskörnern verwandt, entstehen jedoch auf andere Weise.

Alle Niederschläge erreichen entweder den Boden oder verdunsten bereits vor dem Aufschlag, sobald sie wärmere Luftschichten durchfallen. Man kann sie dann als graue streifige Fahnen beobachten, die aus den Wolken kommen, jedoch nicht bis zum Boden reichen.

3.6. Vereisung

Unterkühlter Regen erreicht nicht selten Temperaturen unter − 15° C und erstarrt beim Aufschlag zu Eis. Die Eisbildung wird zusätzlich gefördert, wenn die Aufschlagfläche Temperaturen unter dem Gefrierpunkt aufweist.

Glatteisbildung

Bewegt sich ein Flugzeug in unterkühlten Niederschlagszonen, so überziehen sich die angeströmten Flächen von den Stirnseiten her mit einer relativ glatten Eisschicht, wenn die Temperatur zwischen − 4° und 0° C liegt und der Regen großtropfig ist. Die Eisschicht dehnt sich über Flügel-, Rumpf- und Leitwerksnasen nach hinten aus, verändert aber das Profil nicht wesentlich. Die größere Gefahr besteht darin, daß mit der Zeit auch die Ruderschlitze zufrieren können, was sich durch Schwergängigkeit der Ruder ankündigt.

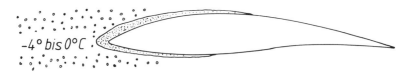

Abb. 44 Glatteis (Klareis)

Rauheisbildung

Vorwiegend bei Temperaturen zwischen − 9° und − 4° C entsteht in relativ kleintropfigem unterkühltem Regen sog. Rauheis, besonders wenn im Niederschlag Schnee- und Eisteilchen enthalten sind. Dieser Eisansatz kann bizarre Auswüchse bilden, die einen gefährlich störenden Einfluß auf die Luftströmung haben können.

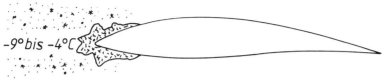
Abb. 45 Rauheis

Die Gefahren bei Vereisung sind offensichtlich:
Durch die Veränderung des Profils tritt *Auftriebsverlust* ein, der um so größer ist, je dicker und rauher die Eisschicht ist. Das Flugzeug reagiert deshalb auf Geschwindigkeitsverringerung empfindlich. Das ist von Bedeutung, da die Anlagerung von Eis sowieso eine *Widerstandserhöhung* zur Folge hat, die sich auf die Fluggeschwindigkeit auswirkt.
Weniger bedeutend ist die *Gewichtszunahme*, die aber zusammen mit Auftriebs- und Fahrtverlust zu einem Unfall führen kann.
Die Schnelligkeit der Vereisung hängt ab von
    der Dichte der Wassertropfen
    der Größe der Wasserteilchen
    der Geschwindigkeit des Flugzeugs
    der Temperatur der Flugzeugfläche.
Vereisung tritt bei Temperaturen zwischen 0° und $-15°$ C auf, besonders häufig um $-5°$ C. Mit einem Flugzeug ohne Enteisungsanlage wird man Flüge, bei denen Vereisung auftritt, abbrechen und versuchen, wärmere Luftschichten zu erreichen.

3.7. Nebel

Erfolgt die Kondensation des in der Luft enthaltenen Wasserdampfes in Bodennähe, so spricht man von Nebel. Die entstandenen Wassertröpfchen befinden sich in einem Schwebezustand, schließen sich bei größerer Dichte zusammen und es kommt zum Nebelnieseln. Aus der Luft sieht eine Nebeldecke wie eine Stratuswolke aus.

3.7.1. Voraussetzungen zur Nebelbildung

Nebel kann nur entstehen, wenn die relative Luftfeuchtigkeit hoch ist. Windstille begünstigt Nebelbildung, weil bei größeren Luftbewegungen eine Durchmischung der Luftmassen eintritt.

Die Kondensation tritt bei etwa 96 % rel. Luftfeuchtigkeit ein. Dazu sind sog. Kondensationskerne wie Staub- oder Schmutzteilchen notwendig.

Man unterscheidet zwei Entstehungsarten:
Nebel, der durch Zufuhr von Luftfeuchtigkeit entsteht
Nebel, der durch Abkühlung feuchter Luft entsteht, bis der Sättigungsgrad erreicht ist.

3.7.2. Nebelarten

- Der **Strahlungsnebel** ist die häufigste Form. Bei wolkenlosem oder wolkenarmem Nachthimmel strahlt der Boden seine Wärme ab und erkaltet. Die bodennahen Luftschichten kühlen sich mit ab. Besonders bei feuchtem Grund (Moore, Seen, Sumpfgebiete, feuchte Niederungen) ist der Sättigungsgrad schnell erreicht, der vorhandene Wasserdampf kondensiert. Solche Nebeldecken können Ausmaße von wenigen Zentimetern bis zu mehreren hundert Metern erreichen. Dieser Nebel entsteht immer vom Boden her.

Reicht die Abkühlung der Luft nicht aus, um die Kondensation zu ermöglichen, so sammeln sich auf Pflanzen, die ja an die Luft Feuchtigkeit abgeben, Wassertröpfchen. Man spricht von Tau.

- Strömt warme, feuchte Luft über kalte Flächen (z. B. warme Meeresluft über kaltes Festland), so kühlt sie sich ab. Es entsteht der sog. **Advektionsnebel** (Waschkücheneffekt).

- **Mischungsnebel** treten immer dann auf, wenn sich Luftmassen unterschiedlicher Temperatur begegnen. In der Mischungszone kühlt sich die wärmere Luft ab und unter-

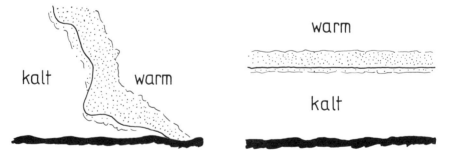

Abb. 46 Mischungsnebel bei horizontaler und vertikaler Schichtung

schreitet den Taupunkt. Bei horizontaler Schichtung der Luftmassen entsteht der im Herbst so hartnäckige Hochnebel. Bei vertikaler Lage kann man von Frontalnebel sprechen.
Bilden sich an einem Berghang Wolken, so liegt die Gegend, die von der Wolkenschicht berührt wird, im Nebel.
Für die Nebelvorhersage ist die Bestimmung des Taupunkts wichtig. Wird er unterschritten, so ist mit Nebel zu rechnen (siehe 2.3.3.).

Zusammenfassung: Nebel entsteht, wenn feuchte Luft den Sättigungsgrad erreicht.

3.8. Dunst

Unter *Dunst* versteht man eine Trübung der Atmosphäre durch Partikel, die in der Luft schweben.
Trockener Dunst (engl. haze) wird durch Staub-, Rauch-, Salzoder ähnliche Teilchen hervorgerufen, wobei die Luftfeuchtigkeit weniger als etwa 60 % beträgt.
Liegt sie dagegen höher, so wirken die Schwebeteilchen als Kondensationskerne und lagern Wasserteilchen an. Es entsteht *feuchter Dunst* (engl. mist), der die Sichtweiten stark beeinträchtigt. Unter 1 km Sicht spricht man von Nebel.
Nahezu dunstfreie Luft und damit gute Sichtverhältnisse finden sich nach Niederschlägen oder bei Föhnlagen, während Inversionen starken Dunst fördern, da der *Konvektionsraum* eingeschränkt und die Konzentration der Partikel damit höher wird. Die meist scharfe Dunstobergrenze zeigt den Beginn der *Höheninversion* an.

3.9. Wind

3.9.1. Richtung und Stärke
Unter Wind versteht man die horizontalen Bewegungen der Luft. Der Wind wird nach seiner *Richtung und Stärke* bestimmt. Dabei gibt man als Windrichtung diejenige Richtung an, aus der der Wind kommt. Nordwind z. B. weht aus Norden.
In der Meteorologie verwendet man vorwiegend die 360°-Skala der Kompaßrose (siehe Navigation).
Dabei ist Nord 360° oder 0°, Ost = 90°, Süd = 180°, West = 270°. Die Windstärke wird in der Fliegerei in Knoten angegeben.

Dabei gilt für die Umrechnung:

>1 kt = 1,852 kmh
>1 m/s = 3,6 km/h
>1 m/s = 2 kts

Die plötzlichen Änderungen von Windgeschwindigkeit und -richtung bezeichnet man als Böigkeit.

3.9.2. Windmessung

Geräte zur Bestimmung der Windstärke nennt man Anemometer. Bodenwinde werden in der Regel mit Hilfe eines Schalenwindmessers gemessen. Er besteht aus drei oder mehr offenen, halbkugelförmigen Schalen, die an einer senkrecht stehenden Achse befestigt sind. Die Anzeige erfolgt nach dem Prinzip des Tachometers. Zur Registrierung werden die Ausschläge durch eine ähnliche Vorrichtung wie beim Barographen aufgezeichnet.

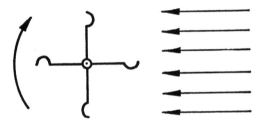

Abb. 47 Schalen-Anemometer

Andere Windmesser registrieren den Staudruck der Luft. Ihr Prinzip ist dasselbe wie das der Fahrtmesser im Flugzeug (siehe Instrumentenkunde).

Zur Bestimmung der Höhenwinde läßt man heute Radiosonden aufsteigen, die mit Hilfe eines kleinen Senders Luftdruck, Temperatur und Luftfeuchtigkeit zur Bodenstation funken. Sie werden außerdem mit Radar angepeilt, und aus den gewonnenen Höhen- und Seitenwinkeln lassen sich Windrichtung und Windgeschwindigkeit für die einzelnen Höhenstufen berechnen.

3.9.3. Entstehung des Windes auf der Nordhalbkugel

Luftbewegungen entstehen durch Luftdruckunterschiede. Die Luft hat das Bestreben, Druckunterschiede auszugleichen. Dabei fließt die Luft höheren Drucks in Gebiete niederen Drucks. Wirkten keine anderen Kräfte auf die Luftmassen ein, so müßten alle Winde direkt in die Tiefdruckzentren wehen. Dieses Bestreben nach Ausgleich vom Hoch zum Tief wird mit Druckkraft bezeichnet. Die Druckkraft wirkt immer senkrecht zu den Isobaren. Liegen diese eng zusammen, weist dies auf hohe Druckkräfte hin.

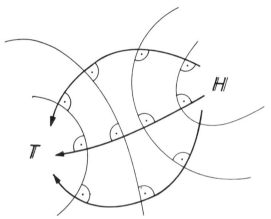

Abb. 48 Richtung der Druckkraft

Der Einfluß der Erdrotation

Die Bewegung der Luftteilchen ist allerdings noch einer anderen Kraft unterworfen, die sich aus der Rotation der Erde erklären läßt, der *Corioliskraft*. Sie bewirkt, daß alle sich im Luftraum bewegenden Körper, also auch die Luft, vom Boden aus bezogen auf unserer Nordhalbkugel nach rechts abgelenkt werden. Die Corioliskraft ist an den Polen am größten und nimmt gegen den Äquator bis auf Null ab.

Da die Luft vom Hoch ins Tief fließen will, wird sie im Uhrzeigersinn um das Hoch und im Gegenuhrzeigersinn um das Tief herumgelenkt. Bei reibungsfreiem Verlauf bewegen sich die Luftströmungen parallel zu den Isobaren. Dieser Wind, der den Einfluß der Corioliskraft einbezieht, wird *geostrophischer Wind* genannt.

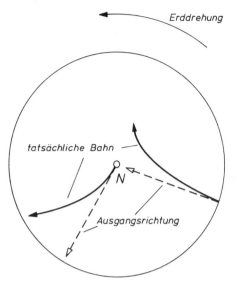

Abb. 49 Einfluß der Erddrehung (Corioliskraft)

Weil die Luftteilchen jetzt den Krümmungen der Isobaren folgen, sind sie der Fliehkraft unterworfen. Bei zyklonalem Isobarenverlauf (Tief) ist eine Verringerung, beim antizyklonalen Verlauf (Hoch) eine Erhöhung der Windstärke die Folge. Dieser Wind wird Gradientwind genannt.

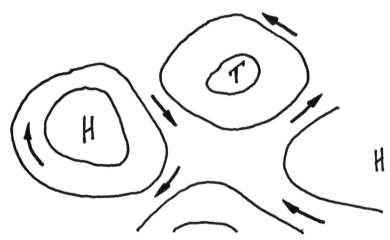

Abb. 50 Richtung des geostrophischen Windes

Der Einfluß der Reibung

Durch die unterschiedliche Bodenbeschaffenheit wird der Wind in den tieferen Schichten gebremst. Er erreicht deshalb nicht die volle berechnete Geschwindigkeit, sondern oft nur 50 % davon. Etwa 1000 m über dem Boden ist die Reibung praktisch aufgehoben.

Durch die veränderte Windgeschwindigkeit wird auch die Richtung beeinflußt. Die Ablenkung nach rechts ist am Boden geringer als in der Höhe. Oder umgekehrt ausgedrückt, die Ablenkung nach rechts nimmt mit der Höhe auf den vollen Wert zu. Der Bodenwind verläuft nicht mehr parallel zu den Isobaren, sondern schneidet sie in einem gewissen Winkel und hat eine Komponente zum Tief hin.

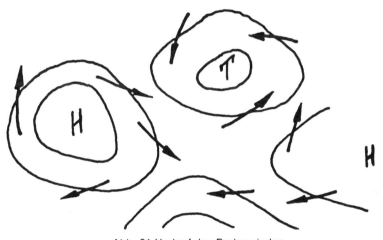

Abb. 51 Verlauf des Bodenwindes

Zusammenfassung:
— Die Entstehung eines Windes unterliegt folgenden Einflüssen:
  der *Druckkraft*, die zwischen Gebieten hohen und tiefen Drucks wirkt,
  der *Corioliskraft*, die aus der Erddrehung resultiert,
  Fliehkräften, die beim Strömen auf gekrümmten Bahnen auftreten und
  Reibungskräften.

- Die Richtung der Höhenwinde entspricht etwa dem Isobarenverlauf.
  Umgekehrt läßt sich aus der Windrichtung die Lage von Hoch- und Tiefdruckgebieten grob angeben.
- Je dichter die Isobaren liegen, desto größer ist die Windstärke.
- Die Windrichtung dreht mit zunehmender Höhe nach rechts, bis die Luftströmung nicht mehr von der Bodenreibung beeinflußt wird.

Vertikale Strömungen zwischen Hoch und Tief

In Tiefdruckgebieten entsteht ein Zustrom von Luft, der in die Höhe ausweicht, während das Hoch die abfließende Luft aus der Höhe ersetzt. Damit entsteht wieder ein Kreislauf.

Aufsteigende Luft hat Wolkenbildung zur Folge, sofern sie genügend feucht ist (s. 3.2.), absinkende Luft dagegen bewirkt Wolkenauflösung. Tiefdruckzonen sind deswegen meist Schlechtwettergebiete, wogegen Hochdruckzonen Wetterberuhigung bringen.

Sie bieten im Frühjahr und im Sommer in unseren Breiten meist gute Segelflugtage, besonders in den ersten Hochdrucktagen, solange die Absinkvorgänge die Luftmasse noch nicht stabilisiert haben. In der kalten Jahreszeit dagegen heizen sich die bodennahen Schichten nicht mehr genügend auf. Es kommt zu beständigen Inversionslagen mit zum Teil anhaltender Nebel- oder Hochnebelbildung.

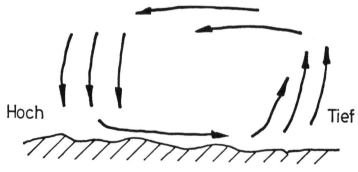

Abb. 52 Vertikale Strömungen zwischen Hoch und Tief

Konvergenz und Divergenz

Infolge der Bodenreibung fließen besonders bei Tiefdruckrinnen und -trögen die Luftmassen zusammen. Man spricht von *Konvergenz.* Die Linie, an der sich die Luftmassen treffen, heißt *Konvergenzlinie.* In der Wetterkarte wird sie schwarz gestrichelt (Troglinie) oder orange dargestellt.

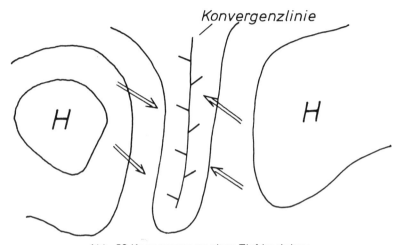

Abb. 53 Konvergenz an einer Tiefdruckrinne

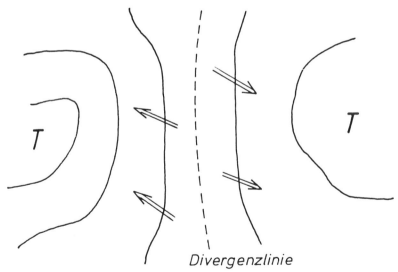

Abb. 54 Divergenz an einem Hochdruckrücken

Je nach Labilität und Feuchtigkeit der Luftmassen kann es an den Konvergenzlinien zu verstärkter Quellwolkenbildung mit Schauern und Gewittern kommen.

Beim umgekehrten Vorgang, dem Auseinanderfließen von Luftmassen, spricht man von *Divergenz*. Mit den damit verbundenen Absinkvorgängen kommt es zu Wolkenauflösungen.

3.9.4. Besondere Windarten
a) Land- und Seewind

Die unterschiedliche Erwärmung von Land- und Seeflächen bewirkt, daß am Tage die Landflächen stärker aufgeheizt werden als die Wasserflächen. Die warme Luft steigt auf, und von See her strömt kühle Luft nach. Der Kreislauf schließt sich in der Höhe.

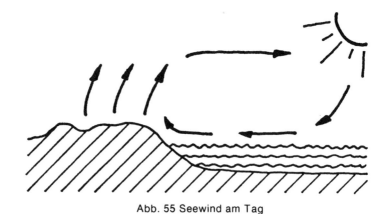

Abb. 55 Seewind am Tag

In der Nacht kehrt sich die Strömung um. Die Bodenflächen kühlen sich schnell ab, die Wasserflächen langsam. Der Wind bläst vom Land zur See.

b) Monsune

Ähnlich wie zwischen Tag und Nacht die See- und Landwinde wechseln, ändern sich im großräumigen Wettergeschehen zwischen Sommer und Winter die Windrichtungen der Monsune. Allerdings hängt ihr Einsetzen auch von der jahreszeitlichen Verschiebung der Strömungsgürtel der Erde ab.

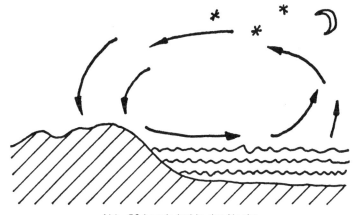

Abb. 56 Landwind in der Nacht

c) Berg- und Talwind

Tagsüber erwärmen sich die hangnahen Luftschichten und steigen auf (Talwind). Thermik gibt es jetzt in Hangnähe. Nachts kühlt sich die den Hang berührende Luft ab und fließt talwärts (Bergwind). Aufwinde sind nun über der Talmitte zu finden (Umkehrthermik).

Großräumig treten anabatische und katabatische Winde auch zwischen Berg- und Flachlandschaften auf. Im Sommerhalbjahr strömen aus den tiefer gelegenen Landstrichen die anabatischen Winde gegen die intensiver aufgeheizten Gebirgszüge.

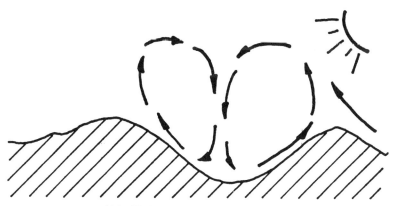

Abb. 57 Talwind am Tag (anabatisch)

Abb. 58 Bergwind nachts (katabatisch)

Dieser Absaugvorgang wirkt sich in den Vorgebirgslandschaften thermikschwächend aus, während er die Aufwindbereitschaft in den Bergen steigert.
Im Winterhalbjahr findet der umgekehrte Vorgang mit den katabatischen Strömungen statt.

d) Der Föhn

Unter Föhn versteht man warme, relativ trockene Luft, die auf der Leeseite von Gebirgszügen in die Ebenen abfließt. Die für

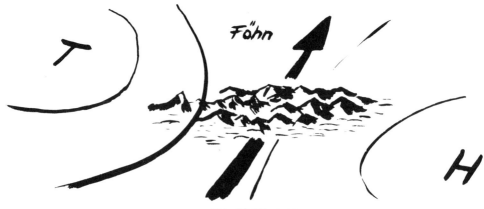

Abb. 59 Föhnlage

uns typische Föhnwetterlage in Süddeutschland tritt dann ein, wenn über die Alpen eine südliche Luftströmung bläst. Das Hochdruckgebiet muß im Osten, das Tief im Westen liegen.

Im Süden wird warme Luft gegen das Gebirge geblasen und kühlt sich trockenadiabatisch mit 1°/100 m ab. Sobald Wolkenbildung eintritt, sinkt der Temperaturgradient auf 0,5°/100 m, und durch Abregnen verliert die Luft ihre ursprüngliche Feuchtigkeit.

Nach Erreichen des Bergkammes muß die nun trockene Luft wieder absinken. Jetzt erwärmt sie sich aber auf dem ganzen Weg trockenadiabatisch, so daß sie am Grunde der Nordseite wärmer ist als auf gleicher Höhe der Südseite.

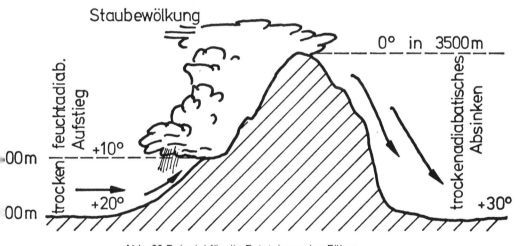

Abb. 60 Beispiel für die Entstehung des Föhns

f) Wellen und Rotoren

Bei höheren Windgeschwindigkeiten (ab 20 bis 25 Knoten in Kammhöhe) kann man auf der Leeseite von Gebirgen die Bildung von stehenden Wellen feststellen.

Die Strömung überweht den Gebirgskamm und stürzt mit Abwindgeschwindigkeiten bis 25 m/sec auf der Leeseite hinunter. Durch eine Art Wellenbewegung, deren Anstoß das Herabstürzen der Luftmassen war, entstehen eine oder mehrere walzenförmige Luftbewegungen, die parallel zum Gebirgszug verlaufen. In diesen sog. *Rotoren* treten die wildesten Verwirbelungen auf, in denen Flugzeuge manövrierunfähig werden oder gar zu Bruch gehen können.

Oberhalb der Rotoren ist die Strömung laminar und aufgewellt. Dabei bilden sich in den Hebungszonen linsenförmige Wolken (lenticularis), an deren Luvseite man wie am Hang emporsteigen kann. Die Leeseite, oft als fransenförmiger Auflösungsbereich der Wellenwolke zu erkennen, führt in die Abwindzone.

Die Wellenbewegungen reichen oft bis an die Grenze zur Stratosphäre. Deswegen sind die Föhnlagen bei den Segelfliegern beliebte Wetterlagen, in denen bei Wellenbildung Höhengewinne für die Leistungsabzeichen (3000 und 5000 m) ermöglicht werden.

Die stärksten Aufwindzonen finden sich vor den Rotoren, die sich durch die Rotorwolken zu erkennen geben. Vor einem Ein-

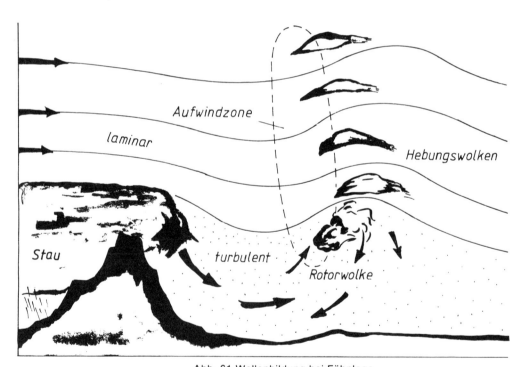

Abb. 61 Wellenbildung bei Föhnlage

flug in die stark quellende Rotorwolke mit ihren rotierenden, turbulenten Luftmassen ist unbedingt abzuraten.

Beim Erreichen der stehenden Wellen läßt die Turbulenz nach, und in einem gleichmäßigen Steigen, das bis in große Höhen anhalten kann, sind schon Flüge bis weit über 10 000 m NN erreicht worden.

3.9.5. Turbulenz

Unter Böen haben wir plötzliche Schwankungen der Luftbewegung in horizontaler Ebene verstanden. Treten dazu noch vertikale Geschwindigkeitsänderungen, so spricht man von Turbulenz. Sie entsteht z. B., wenn Luft über Hindernisse hinwegstreicht, die die laminare Strömung stören und Wirbelbildung verursachen.

Abb. 62 Wirbelbildung

Turbulenz ist eine Unruhe in der Atmosphäre. Sie ist in Bodennähe am größten und nimmt mit der Höhe ab, kann aber auch bei bestimmten Temperatur- und Windverhältnissen in größeren Höhen auftreten. Im Luftverkehr wird Turbulenz in vier Graden angegeben:

Turbulenz 0: keine oder kaum spürbare Einwirkungen auf das Flugzeug
         1: häufige seitliche Stöße, leichtes Schlingern
         2: Kursabweichungen, Schlingern, Rollen, plötzliche Vertikalbewegungen
         3: gehorcht den Steuern nur schlecht, Gefahr eines Bruches ist nicht auszuschließen

Ein Flugzeugführer wird bei heftiger Turbulenz seine Reisegeschwindigkeit verringern, denn je höher die Geschwindigkeit ist, desto kürzer werden zwar die Stöße, dafür aber auch um so härter. Die Landegeschwindigkeit dagegen ist zu erhöhen, denn durch die Böen kann ein derartiger Geschwindigkeitsverlust der Tragflächenströmung eintreten, daß der Auftrieb zusammenbricht.

3.10. Gewitter

Hochreichende Quellwolken (Cumulonimben) bilden sich bei feuchtlabiler Atmosphäre. Dabei fallen Niederschläge im allgemeinen als Schauer. Finden elektrische Entladungen statt, so spricht man von Gewittern. Der Blitz ist ein elektrischer Funke, der ein krachendes Donnern auslöst.

Entstehung
Gewitter können sich rein *thermisch* bilden oder sie entstehen *orographisch,* d. h. durch Bodenerhebungen wird Luft gezwungen aufzusteigen, gelangt in feuchtlabile Schichten und steigt unter Quellwolkenbildung von selbst weiter. Beide Arten sind ortsgebunden und erreichen nur beschränkte Ausmaße.
An allen Arten von Fronten können sich Cumulonimben mit Gewittertätigkeit bilden, wenn die Luft feuchtlabil ist (s. 3.3.). Ihre Ausdehnung erreicht weit größere Werte als die der ortsgebundenen Wärmegewitter.
Nach ihrer Herkunft unterscheidet man:
    Warmfrontgewitter
    Kaltfrontgewitter
    Okklusionsgewitter
    Höhen(kaltfront)gewitter
    örtliche Wärmegewitter

In allen Gewitterarten ist mit großer Turbulenz und mit Hagelbildung zu rechnen, so daß vor einem Einflug in Gewitterwolken unbedingt gewarnt werden muß.
Vor der Cumulonimbuswolke ist oft die sog. Gewitterwalze anzutreffen, die ähnlich den Rotoren äußerst turbulent ist, während sich vor dieser Walze starke, jedoch kaum verwirbelte Aufwinde finden. In der Wolke selbst herrscht keine gleichmäßige

Strömung vor, vielmehr steigen in unregelmäßigen Abständen Blasen von erwärmter Luft auf, während dazwischen wüste Verwirbelungen stattfinden.

Die Aufladung der Gewitterwolke mit Elektrizität ist wohl noch nicht ganz erforscht. Grob gesagt werden durch die schnellen mechanischen Vorgänge Luft- und Wasserteilchen ionisiert. Entstehen dadurch entgegengesetzte Ladungen, so entlädt sich die Spannung in einem Blitz. Entladungen innerhalb der Wolke sind in der Regel heftiger als von Wolke zu Boden.

Abb. 63 Die klassische Gewitterwolke

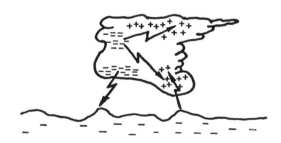

Abb. 64 Spannungsverhältnisse in der Gewitterwolke

Gefahren in Gewittern:
Die Gefahr eines *Blitzschlags* ist für Flugzeuge relativ gering. Dagegen ist die *Turbulenz* oft so heftig, daß die Konstruktion der Zelle den Belastungen nicht mehr gewachsen ist. Der *Hagel* kann ebenfalls schwerste Beschädigungen verursachen. Die Temperaturzonen unter Null Grad enthalten Wasser in jeder

Form, so daß beim Einflug in diesen Bereich mit rascher *Vereisung* gerechnet werden muß.

4. Großräumiges Wettergeschehen

4.1. Druck- und Windverteilung

Wie durch Temperaturunterschiede auf kleinem Raum Drucksysteme wie Land- und Seewind, Berg- und Talwind usw. entstehen, so bilden sich über der Erdkugel großräumige Systeme, die sich mit den Jahreszeiten nach Norden bzw. nach Süden verschieben. Entscheidend für das Zustandekommen von Luftdruckunterschieden sind immer Temperaturunterschiede, die durch die unterschiedliche Sonneneinstrahlung gegeben sind. Die Westwindzonen erstrecken sich etwa von 30° bis 60° nördlicher und südlicher Breite. Das Wettergeschehen ist hier sehr veränderlich, da die Berührungen mit der Polarfront dauernd Tiefdruckwirbel erzeugen (s. 3.2.), während sich aus den subtropischen Breiten Hochdruckzellen bis in unseren Raum hinein bewegen.

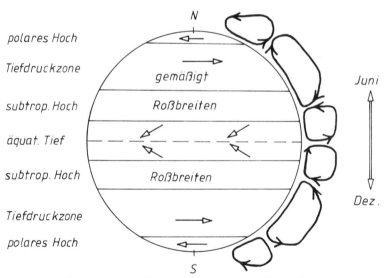

Abb. 65 Druck- und Windverhältnisse in den Hauptklimazonen (stark vereinfacht)

Mitteleuropa liegt in diesen sog. gemäßigten, vom Atlantik beeinflußten Breiten. Der ständige Durchgang von Fronten mit ihren Wettererscheinungen (siehe Kapitel »Entstehung eines Tiefdruckwirbels) bestimmt hier das Klima.

4.2. Luftmassenarten

Nach ihrem Ursprung unterscheiden wir in Europa
- Tropikluft: Afrikanische Tropikluft (Sahara)
  Tropikluft (Balkan, Azoren)
  Gemäßigte Tropikluft (Europa, Nordatlantik)
- Polarluft: Gealterte Polarluft
  Polarluft
  arktische Polarluft

Nach ihrer relativen Temperatur unterscheidet man kalte und warme Luftmassen. So kann z. B. gealterte Polarluft die Rolle der Warmluft gegenüber arktischer Polarluft annehmen, während gemäßigte Tropikluft gegenüber afrikanischer Tropikluft kalt ist.

Haben Luftmassen einen längeren Weg über einen Ozean hinter sich, so sind sie entsprechend feucht. Man spricht von *maritimen Luftmassen*. Dagegen unterliegt Luft, die über Kontinente strömt, einer Austrocknung. Man spricht von *kontinentalen Luftmassen*.

Ein Luftmassentyp unterliegt demnach drei Fakoren: der geographischen Herkunft, seiner relativen Temperatur und seinem Reiseweg über Land und Wasser.

Maritime polare Warmluft z. B. ist dann gegeben, wenn ehemals kalte polare Luft sich bei ihrem Weg über den Nordatlantik unter Aufnahme von Wasserdampf erwärmt hat und eine kältere Luftmasse verdrängt.

Wird eine Kaltluftmasse, die nach Süden vorgedrungen ist, von ihrem Ursprungsgebiet abgeschnitten, so kann sie in unseren Breiten ihr Eigenleben führen, das Wettervorhersagen oft unmöglich macht. Solche Kaltlufttropfen erreichen Durchmesser bis zu 1000 km. Auf ihrer Vorderseite zeigen sie Kaltfrontcharakter, auf ihrer Rückseite Aufgleitvorgänge ähnlich der Warmfront und lösen sich nur zögernd auf.

4.3. Jet streams

Der Vollständigkeit halber sei eine Erscheinung erwähnt, die in der Nähe der Tropopause auftritt, die sog. Jet streams. Das sind Zonen mit sehr hohen Windgeschwindigkeiten (bis zu 400 km/h), die sich nahezu stationär um die Erde legen und sich mit den Jahreszeiten verschieben. Sie verdanken ihre Entstehung den Temperatur- und Druckunterschieden zwischen den Luftmassengürteln der Erde (s. Abb. 65). Für die Interkontinental-Luftfahrt sind sie deshalb von Bedeutung, weil sie dazu beitragen, die Reisezeiten enorm zu verkürzen.

4.4. Höhenwetterkarten

Höhenkarten zeichnet man für bestimmte Druckflächen, z. B. für 850 mb (ca. 5000 ft), 700 mb (ca. 10 000 ft), 500 mb (ca. 18 000 ft), 300 mb (ca. 30 000 ft), 200 mb (ca. 38 500 ft) und 100 mb (ca. 53 000 ft).

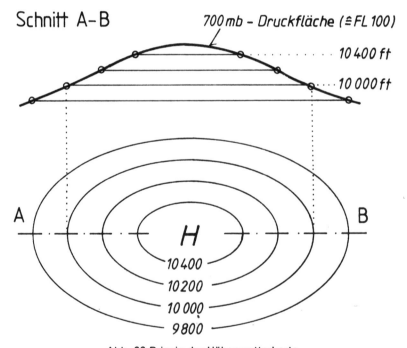

Abb. 66 Prinzip der Höhenwetterkarte

Sie enthalten neben Höhenangaben Temperaturen, Taupunkt- und Windangaben.

Ähnlich den Höhenschichtlinien der Erdkarten stellt man den Luftdruck in der Höhe durch Höhenschichtlinien dar, die sog. *Isohypsen*. Sie geben für die jeweilige Druckfläche die Höhenwerte an (meist in Abständen von 200 ft), so daß man aus den Karten Tief- und Hochdruckzonen in der Höhe herauslesen kann.

Erst eine Zusammenschau aus Boden- und Höhenwetterkarten kann einen Überblick über das Wettergeschehen vermitteln und Vorhersagen ermöglichen.

5. Die Standard-Atmosphäre

Die Standard-Atmosphäre ist ein angenommener Zustand der Luft, der als Grundwerte die Erfahrungsmittelwerte hat. Höhenmesser und Korrekturskalen sowie Variometer sind nach diesen Einheitswerten gebaut. Sie zeigen deshalb nur dann genau an, wenn der tatsächliche Zustand der Luft dem der Standard-Atmosphäre entspricht.

Für die Standard-Atmosphäre nimmt man folgende Werte an:
- der Luftdruck auf Meereshöhe sei 1013,25 mb
- die Temperatur auf Meereshöhe sei 15° C
- die Temperaturabnahme mit der Höhe betrage bis 11 km Höhe 0,65° C pro 100 m
- die Temperatur von 11 km bis 20 km Höhe bleibe konstant (Tropopause).
- die Luftfeuchte sei 0 %

Daraus resultieren Fehler des Höhenmessers, wenn die atmosphärische Luft von den Bedingungen der Standard-Atmosphäre abweicht.

In warmer Luft nimmt der Druck z. B. mit der Höhe langsamer ab als in kalter.

Ein Flugzeug fliegt in kalter Luft deshalb tiefer als der Höhenmesser anzeigt, während es in wärmerer Luft höher fliegt.

Deswegen müssen Barogramme, die Höhenflüge beurkunden sollen, Fachleuten vorgelegt werden. Für die exakte Auswer-

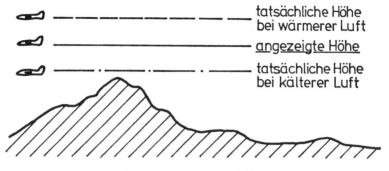

Abb. 67 Höhenmesserfehler

tung sind Angaben über den lokalen Luftdruck und die Temperatur, also über den tatsächlichen Zustand der Luft zur Zeit des Fluges notwendig.

6. Die Wetterkarte

Neben den Isobaren und Frontverläufen sind auf den Wetterkarten eine Reihe von Stationskreisen, Symbole für die beobachtenden Wetterstationen, zu finden.

6.1. Der Stationskreis

Das Innere des Kreises gibt den Bewölkungsgrad in Achteln an.

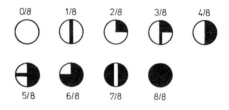

Abb. 68 Bewölkungsgrade

Eine Fahne am Stationskreis ist das Zeichen für Windrichtung und Windstärke. Die Windrichtung entspricht dem geraden Strich auf die Station zu. Jeder ganze Strich als Fahne bedeutet 10 Knoten, jeder halbe 5 Knoten Wind. Ein ausgefülltes Dreieck zeigt 50 Knoten an.

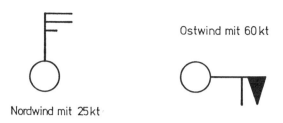

Nordwind mit 25 kt
Ostwind mit 60 kt

Abb. 69 Windrichtung und -stärke

6.2. Synoptische Wettermeldung

Um den Stationskreis herum sind die Symbole für die wetterbestimmenden Faktoren und Erscheinungen nach einem festen Schema verteilt. Außer den Temperaturangaben sind alle Zahlen Schlüsselzahlen.

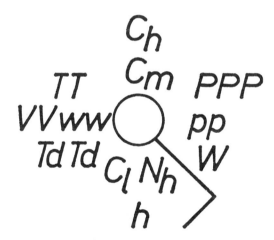

Abb. 70 Schema einer Wettermeldung

PPP: Der Barometerdruck wird in Zehntel mb angegeben, wobei nur die letzten drei Ziffern einschließlich der Dezimalstelle ohne Komma angeführt sind.
Beispiel: 102 = 1010,2 mb; 876 = 987,6 mb

pp: Druckänderung in den letzten drei Stunden, wird ebenfalls in Zehntel mb angegeben. Aus den Zeichen ╱ oder ╲ usw. ist die Art der Änderung ersichtlich.
Beispiel: 05 = Druckfall um 0,5 mb
10 = Anstieg um 1 mb
W: vorangegangene Witterung in den letzten 3 bis 6 Stunden
C_L: Form der tiefen Wolken in Symbolen (siehe unten)
N_H: Betrag der tiefen Wolken in Achteln Bedeckung
h: Schlüsselzahl für die Untergrenze der tiefen Wolken
0 =   0 bis 50 m;   5 = 600 bis 1000 m;
1 = 50 bis 100 m;   6 = 1000 bis 1500 m;
2 = 100 bis 200 m;   7 = 1500 bis 2000 m;
3 = 200 bis 300 m;   8 = 2000 bis 5000 m;
4 = 300 bis 600 m;   9 = 2500 bis 3000 m.
TdTd: Taupunkt unverschlüsselt
ww: gegenwärtige Witterung (Niederschläge, Nebel, Dunst usw.)
VV: Sichtweite in km, verschlüsselt
bis zur Schlüsselzahl 50 ist die Sicht 1/10 der Zahl in km
ab Schlüsselzahl 50 Sicht in km abzüglich 50
Beispiel: 40 = 4 km Sicht; 80 = 30 km Sicht
TT: Lufttemperatur zur Zeit der Messung
C_M: Form der mittelhohen Wolken in Symbolen
C_H: Form der hohen Wolken in Symbolen.

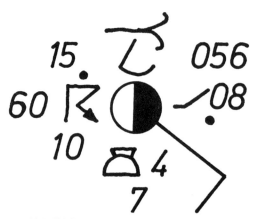

Abb. 71 Beispiel für eine Wettermeldung

Die wichtigsten Wolkensymbole (der Wetterschlüssel kennt 30 Arten):

Symbol	Art	Abkürzung
⌐⌐	Cirrus	ci
〜	Cirrocumulus	cc
⌒	Cirrostratus	cs
∪	Altocumulus	ac
∠	Altostratus	as
△	Nimbostratus	ns
⇌	Stratocumulus	sc
—	Stratus	st
∩	Cumulus	cu
⋈	Cumulonimbus	cb

Die wichtigsten Symbole für den Witterungscharakter (der Wetterschlüssel kennt 100 Arten):

∞ Dunst trocken = Dunst feucht ≡ dünne Nebelschicht
⌐⟨ Gewittertätigkeit , Nieselregen • Regen
✳ Schnee ▽ Regenschauer ≡ dichter Nebel
▽ Hagelschauer △ Eiskörner  Staub- oder Sandsturm

Alle diese Symbole werden für die Übermittlung per Fernschreiber wieder in Ziffern verschlüsselt, so daß das gesamte Wetter einer Station in 25 Ziffern angegeben werden kann (5 Gruppen zu je 5 Ziffern).
Auf den Wetterämtern werden die Beobachtungen der Stationen in die Karten übertragen. Nun können Isobaren gezogen, Fronten und Okklusionen, Niederschlagsgebiete und Luftströmungen erkannt und eingezeichnet werden.
Aus dem Vergleich mit den vorhergehenden Wetterkarten kann dann eine mehr oder weniger genaue Vorhersage erstellt werden.

7. Flugwetterdienst

7.1. Aufgabe des Flugwetterdienstes

Um auch die meteorologische Sicherheit der Luftfahrt zu gewährleisten, gibt es in der BRD auf den zehn großen Verkehrsflughäfen sog. Flugwetterwarten, die dem Deutschen Wetterdienst in Offenbach angehören, der wiederum dem Bundesverkehrsminister unterstellt ist.

Die Aufgabe dieses Flugwetterdienstes gliedert sich in drei Bereiche:

- Wetterbeobachtung und Wettermeldung nach den Erfordernissen der Luftfahrt
- schriftliche und mündliche Wetterberatung des Luftfahrtpersonals
- Versorgung der Flugsicherungsdienststellen mit Wettermeldungen und -vorhersagen

Eine mündliche Beratung wird auf Anforderung erteilt und sollte so nahe wie möglich an der vorgesehenen Startzeit liegen. Sie gilt, soweit im Einzelfall keine besondere Absprache getroffen wurde, für eine Startzeit bis zu höchstens zwei Stunden nach der Beratungszeit.

Jeder Teilnehmer am Luftverkehr hat die Möglichkeit, von dieser Einrichtung Gebrauch zu machen.

7.2. Automatische Flugwetteransage (AFWA) nach dem GAFOR (General Aviation FORecast)-System

Neben der individuellen Beratung besteht die Möglichkeit, sich der Automatischen Flugwetteransagen (AFWA) zu bedienen. Sie werden für einen Bereich NORD und einen Bereich SÜD der BRD ausgegeben. Beide Bereiche wiederum sind in einzelne Gebiete (insgesamt 48) unterteilt und mit Zahlen gekennzeichnet.

Im Kartenband des Luftfahrthandbuchs (Band III) ist bei jedem Flugplatz auch seine sog. GAFOR-Gebietskennzahl angegeben.

In deutscher Sprache enthält die Tonbandinformation neben Angaben über die allgemeine Wetterlage, die Sichtflugmöglichkeiten und die Höhenwinde in 1500 (nur NORD), 3000, 5000 und

10 000 ft, auch Hinweise für den Segelflug (von April bis Oktober).

Diese *Flugwettervorhersage für die allgemeine Luftfahrt (GAFOR)* gilt für VFR-Flüge über der BRD und ist einer individuellen Beratung gleichzusetzen, sofern sie innerhalb einer Stunde vor dem Start abgerufen wurde.

Die Neuausgabe der GAFOR-Berichte erfolgt alle 3 Stunden, beginnend mit 05.30 Uhr, und hat eine Gültigkeit für die folgenden vollen 6 Stunden, die wiederum in drei je zweistündige Perioden unterteilt sind.

Die Angabe der Sichtflugmöglichkeiten erfolgt für jedes Gebiet mit den Bezeichnungen »CHARLIE«, »OSKAR«, »DELTA«, »MIKE« oder »X-RAY« für jede der drei Perioden. Die Einstufung in diese fünf Möglichkeiten erfolgt nach folgenden Kriterien

Bezeichnung Symbol	Flugsicht	Hauptwolken- untergrenze GND
besser als offen/C (ähnlich CAVOK)	10 km und mehr	nicht mehr als 4 Achtel Wolken unterhalb 5000ft
offen/O (open)	8 km und mehr	2000 ft oder höher
schwierig/D (difficult)	3 bis 8 km	1000 ft bis 2000 ft
kritisch/M (marginal)	1,5 bis 3 km	500 bis 1000 ft
geschlossen/X (closed)	unter 1,5 km	unter 500 ft

Die schlechtere Bedingung entscheidet über die Einstufung. Bei »geschlossenen« Gebieten sind VFR-Flüge nicht möglich.

Definition: Unter *Hauptwolkenuntergrenze* versteht man die niedrigste Wolkenschicht über Grund oder Wasser, die mehr als die Hälfte des Himmels bedeckt und unterhalb 6000 m liegt. Bei »geschlossenen« Gebieten sind VFR-Flüge nicht möglich.

Beispiel: Anruf um 11.00 Uhr MEZ

      Textteil z. B. »...39 – MIKE – DELTA – OSKAR ...«

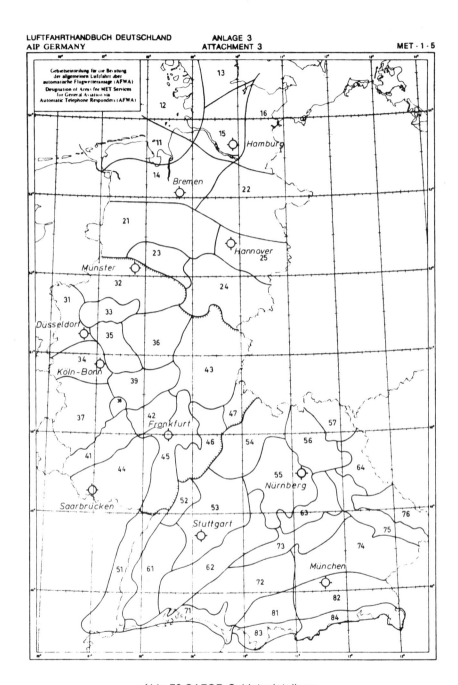

Abb. 72 GAFOR-Gebietseinteilung

Bedeutung:
Die Aufsprache stammt von 0830 GMT bzw. 9.30 MEZ.
Vorhersage für den Westerwald (39) in GMT
von 0900 bis 1100: kritisch
von 1100 bis 1300: schwierig
von 1300 bis 1500: offen
Die nächste Aufsprache erfolgt um 1130 GMT bzw. 12.30 MEZ
mit einer Gesamtgültigkeitsdauer von 1200 bis 1800 GMT.

7.3. Flugplatzvorhersagen (Terminal Aerodrome Forecasts)

Diese sog. TAF-Vorhersagen sind für Streckenflüge unerläßlich. Man erhält sie als Fernschreiberausdrucke von den Flugwetterwarten.

Sie werden alle 3 Stunden mit einer Gültigkeitsdauer von 9 Stunden erstellt und an alle Flugwetterdienste verbreitet.
Der dabei verwendete sog. METAR-Code (von Meteorological Aerodrome Routine Report), der speziell für die Luftfahrt gedacht ist, zeichnet sich durch leichte Lesbarkeit aus und enthält folgende Gruppen:

CCCC   dddff/$f_m f_m$ VVVV w'w' $N_s CCh_s h_s$ (+ Ergänzungen)

mit den Bedeutungen

CCCC:	Kennung des Flugplatzes
	dahinter folgt meist der Vorhersagezeitraum
dddff:	Bodenwindrichtung und -stärke in Knoten
$f_m f_m$:	Spitzenböen in Knoten
VVVV:	Bodensicht in m
	9999 bedeutet 10 km und mehr
w'w':	Wettererscheinungen z. B.

      11 mifg = Bodennebel
      17 ts   = Gewitter (thunderstorm)
      43 fog = Nebel
      51 dz   = Nieseln (drizzle)
      60 ra   = Regen (rain)
      71 sn   = Schnee (snow)
      80 rash = Regenschauer (rainshower)
      89 gr   = Hagel
      Die Ziffern entstammen dem internationalen Schlüssel für den Witterungscharakter

$N_sCCh_sh_sh_s$: Diese Gruppe kann mehrmals auftreten und gibt die Bedeckung in Achteln (N_s) der entsprechenden Wolkenart (CC) mit der Wolkenuntergrenze ($h_sh_sh_s$) an.
Die drei Ziffern für $h_sh_sh_s$ geben die Höhen in 100 ft über Grund an.

Sind VFR-Bedingungen gegeben, so werden die letztgenannten 3 Gruppen oft durch CAVOK (ceiling and visibility ok.) ersetzt. In zusätzlichen Gruppen können Temperatur und Taupunkt sowie der Luftdruck in mb angegeben sein.

Den Abschluß der TAF-Meldung bildet eine Landewettervorhersage, der sog. »TREND«. Er ist für 2 Stunden gültig und wird im Anschluß an folgende Abkürzungen angegeben:

GRADU = allmähliche Änderung (gradually)
RAPID = rasche Änderung innerhalb einer halben Stunde (rapid change)
TEMPO = zeitweilige Änderung (temporary)
INTER = kurzzeitige, zwischenzeitliche Änderung (intermittend)

Dahinter folgen der Zeitraum, in dem diese Änderung zu erwarten ist und die Art der Änderung in Form der oben beschriebenen Gruppen.
Außerdem kann die Wahrscheinlichkeit der Änderung durch das Voranstellen von PROB in Prozent angegeben werden.
Sind keine wesentlichen Veränderungen in Aussicht, so erfolgt der Nachsatz NOSIG (no significant change).

Beispiel 1:
eddf 0716 24010 9999 7sc017 09/07 1030 nosig
Bedeutung im Klartext:
Frankfurt – Vorhersagezeitraum 7 bis 16 Uhr GMT – Wind aus 240° mit 10 Knoten – Sicht mehr als 10 km – 7 Achtel Stratocumuli mit Basis in 1700 ft über Platz – Temperatur 9° C, Taupunkt 7° C – QNH 1030 mb – keine Änderung zu erwarten.

Beispiel 2:
lowi 1019 vrb05 1500 6st006 gradu 1012 5000 2 st010 4cu035
Bedeutung im Klartext:

Innsbruck – Vorhersage für 10 bis 19 Uhr GMT – variabler Wind mit 5 Knoten – Sicht 1500 m – 6 Achtel stratus in 600 ft – allmähliche Änderung zwischen 10 und 12 Uhr GMT auf 5 km Sicht – 2 Achtel Stratus in 1000 ft und 4 Achtel Cumuli in 3500 ft.

Weitere Wettervorhersagen (Beispiele):
eham 1019 16014 8000 60ra 7sc030 gradu 1012 19015 5000 3st008 8sc020 tempo 1317 3000 62ra 5st006 7cu015 prob30 95ts 2cb015 gradu 1619 22013 9999 6sc025 =

eddn 07005 6000 5sc030 5sc050 gradu 1012 9999 3sc030 5sc050 tempo cavok =

7.4. Zusätzliche Wetterinformationen

– Auf reservierten Frequenzen im Flugfunkband werden für Luftfahrzeuge im Flug rund um die Uhr Wettermeldungen und der Trend in englischer Sprache ausgestrahlt.
Jedes dieser sog. *VOLMETs informiert über das Platzwetter von etwa 10 bis 15 Flughäfen.*

Einige VOLMET-Frequenzen:
Frankfurt 127,6MHz   Bremen 127,4MHz
Innsbruck 126,4MHz   Zürich 127,2MHz

– Treten für die Luftfahrt bedeutsame oder gefährliche Wettererscheinungen auf, wie z. B. Gewitter, Hagel, massive Böen, Stürme, Rotorenbildung o. ä., so werden sogenannten *SIGMET-Meldungen* auf den Frequenzen des Fluginformationsdienstes in englischer Sprache ausgegeben.
Ihre Gültigkeit ist auf weniger als 4 Stunden beschränkt. Die Ausstrahlung erfolgt dreimal pro Stunde zu festgelegten Zeiten (siehe Luftfahrthandbuch I Teil MET).
– *VOR-Stationen* (siehe auch Navigation) senden als Lande- und Startinformation ebenfalls im Klartext die Wettermeldungen des entsprechenden Flughafens, so daß man sich schon vor Erreichen des Flugplatzbereiches über das Platzwetter informieren und somit die Flugsicherung entlasten kann.

- Verschiedene *Rundfunkanstalten* strahlen in den Monaten März bis September Segelflugwetterberichte aus, so z. B. WDR 2, HR 3, BR 3, SWF 3 und SF 1.
- Wettervorhersagen speziell *für den Segelflug* können über folgende automatische Anrufbeantworter abgefragt werden:
  (02 11)   11 56 / 1 15 06 (Düsseldorf)
  (0 40) 59 58 78 (Hamburg)
  (0 89) 1 15 10 (München)
  (07 11) 1 15 19 (Stuttgart
  (0 69) 6 90 31 31/32 (Frankfurt)
  (05 11) 73 80 63 (Hannover)
  (09 11)   11 59 (Nürnberg)

Navigation und Kartenkunde

1. Die Erde

1.1. Gestalt der Erde

Unser Planet ist von nahezu kugelförmiger Gestalt. Für Streckenberechnungen im Segelflug wird ein Erdradius von r = 6 378,245 km angenommen, woraus sich der Umfang mit ca. 40 076 km errechnet.

Als Bezugsfläche für Erhebungen dient die *mittlere Meereshöhe* der Ozeane (Normal-Null, abgekürzt NN). Die höchsten Gebirge finden sich mit knapp 9000 m über NN im Himalaya-Gebirge.

Die Erde dreht sich in 24 Stunden einmal von West nach Ost um ihre eigene Achse. Die Schnittpunkte der Achse mit der Erdoberfläche werden als Pole bezeichnet. Man spricht von den *geographischen Polen*.

Gegenüber der Sonnenumlaufbahn ist die Erdachse um etwa 23 Grad geneigt, d. h. sie steht nicht senkrecht auf der Ebene der Sonnenumlaufbahn, sondern in einem Winkel von etwa 67 Grad. Dadurch werden die Jahreszeiten bedingt.

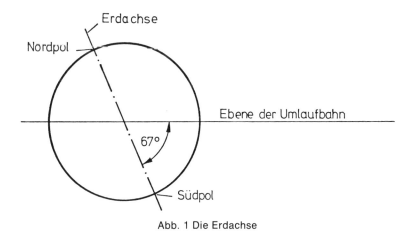

Abb. 1 Die Erdachse

1.2. Längen- und Breitengrade

Legt man senkrecht zur Erdachse durch den Erdmittelpunkt einen Schnitt, so wird dadurch die Erde in eine Nord- und eine Südhalbkugel geteilt. Die Trennungslinie heißt *Äquator*.

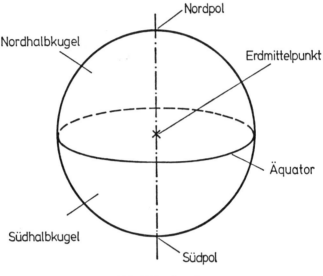

Abb. 2 Der Äquator

1.2.1. Die Breitenkreise

Erdachse und Äquatorebene bilden einen Winkel von 90 Grad. Durch weitere Schnitte parallel zur Äquatorebene erhält man beliebig viele Kreise auf der Erdoberfläche, die zu den Polen hin immer kleiner werden. Diese Kreise werden *Breitenkreise* oder *Breitenparallele* genannt. Man benennt sie nach dem Winkel, den ihre Verbindungslinie mit dem Erdmittelpunkt zur Äquatorebene bildet.

Auf diese Weise erhält man Breitenkreise von 0° N bis 90° N auf der Nordhalbkugel und von 0° S bis 90° S auf der südlichen Hälfte. Der Äquator ist der Breitengrad von Null Grad. Alle vollen Breitengrade haben zueinander einen Abstand von 1/360 des Erdumfangs, also 40 000 km : 360 = 111,12

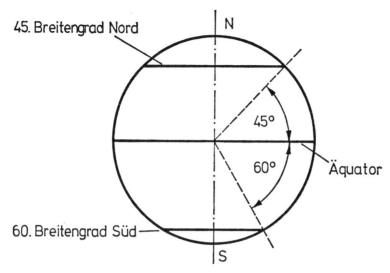

Abb. 3 Definition der Breitengrade

km. Um eine feinere Bestimmung durchführen zu können, unterteilt man die Breitengrade in kleinere Einheiten:
1 Breitengrad = 60 Breitenminuten = 60 nautische Meilen
1 Breitenminute = 60 Breitensekunden = 1 nautische Meile
In Kilometern ausgedrückt ergibt sich folgendes Bild:
1 Breitenminute = 111,12 km : 60 = 1,852 km
Das ist eine Seemeile oder Nautische Meile (nm)
1 Breitensekunde = 1,852 km : 60 = 0,03087 km = ca. 31 m
Auf diese Weise kann der Abstand aller Punkte der Erde zum Äquator auf etwa 30 m genau angegeben werden.

Man sagt z. B.: Der Ort X liegt auf 48° 24 Minuten und 20 Sekunden nördlicher Breite und schreibt: X liegt auf 48° 24'20" N.

1.2.2. Die Längengrade
Während alle Mittelpunkte der Breitenkreise auf der Erdachse liegen, laufen die Längengrade durch beide Pole und haben ihren gemeinsamen Mittelpunkt im Erdmittelpunkt. Daher haben sie alle die gleiche Länge. Allerdings werden sie im Gegensatz zu den Breitenkreisen nur als Halbkreise verwendet, und zwar von Pol zu Pol.

Als Ausgangslinie hat man den Halbkreis oder *Meridian* gewählt, der durch die Sternwarte von Greenwich/England läuft. Auf diese Weise erhält man die Meridiane zwischen Null und 180 Grad westlich von Greenwich und Null und 180 Grad östlich von Greewich, wobei die beiden Längengrade mit 180 Grad identisch sind.

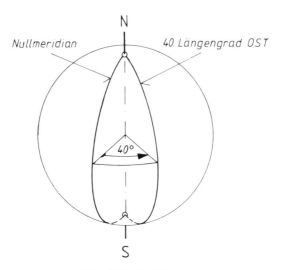

Abb. 4 Die Meridiane

Der Abstand zwischen zwei vollen Längengraden ist am Äquator am größten, nämlich 111,12 Kilometer. Zu den Polen hin nimmt er bis auf Null ab.

Auch die Längengrade werden in Minuten (') und Sekunden ('') unterteilt, jedoch sind diese Größen von der Entfernung zum Äquator abhängig.

1.3. Standordfestlegung

Da die Erde in ein Netzwerk von Längen- und Breitengraden eingeteilt ist, läßt sich jeder Punkt der Erde als Schnittpunkt eines Meridians mit einem Breitenkreis bestimmen. Dieses System wird *Koordinatensystem* genannt.

Beispielsweise liegt Ulm auf 48°24' nördlicher Breite
und 10° östlicher Länge
kurz: Ulm 48°24' N, 10°00' E

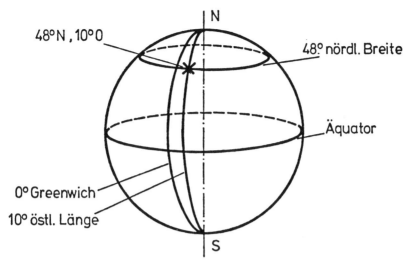

Abb. 5 Ortsbestimmung mit Hilfe des Koordinatensystems

Zusammenfassung:
Alle Punkte der Erde lassen sich mit Hilfe des Koordinatensystems in Grad, Minuten und Sekunden auf etwa 30 m genau bestimmen.
Die Breitengrade verlaufen parallel zum Äquator.
Die Meridiane verlaufen von Pol zu Pol.
Während der Abstand zwischen zwei Breitengraden immer gleich bleibt, nimmt der Abstand zwischen zwei Längengraden zu den Polen hin ab.

2. Richtung auf der Erde

2.1. Himmelsrichtungen

Die Richtung auf der Erdoberfläche wird durch die Himmelsrichtungen angegeben. Dabei heißt die Richtung, die *zum* geographischen Nordpol führt Nord, zum Südpol hin heißt sie Süd. Bewegt man sich auf den Meridianen, so kann das immer nur in Nord- bzw. Südrichtung sein.
Dreht man vom Nordkurs aus 90° nach rechts, so heißt die neue Richtung Ost, dreht man 90° nach links von Nord aus, heißt sie West.
Auf den Breitengraden bewegt man sich nur entweder in Ost- oder Westrichtung.

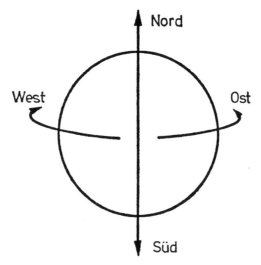

Abb. 6 Die Himmelsrichtungen

In der Fliegerei wird die Kompaßrose in 360 Grad eingeteilt:
Nord (N) = 0° = 360°; Ost (E) = 90°;
Süd (S) = 180°; West (W) = 270°.

Auf den Kompassen wird die letzte Ziffer weggelassen. 22 be-

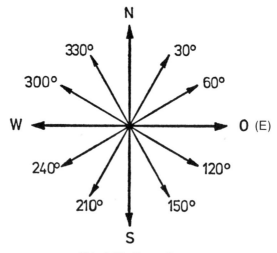

Abb. 7 Die Kompaßrose

deutet 220 Grad. Der Kompaß zeigt immer die Richtung an, in die man fliegt. In diesem Fall wäre das etwa Südwest.

2.2. Die Ortsmißweisung (engl.: VAR = magnetic variation)

Eine Kompaßnadel zeigt nicht zum geographischen Nordpol, sondern richtet sich in Richtung der magnetischen Kraftlinien unserer Erde aus.

Der magnetische Nordpol liegt etwa auf 78 Grad nördlicher Breite in Kanada bei Boothia Felix. Er ist jedoch kein fester Punkt, sondern verändert sich im Laufe der Zeit.

Weil der geographische Nordpol mit dem magnetischen nicht zusammenfällt, ergeben sich zum Teil beträchtliche Fehlweisungen der Kompaßanzeige.

Da diese Mißweisung vom Standort des Kompasses auf der Erdoberfläche abhängig ist, ist auch die Fehlweisung unterschiedlich groß. Man nennt sie *Ortsmißweisung oder Deklination*. Auf Karten für Luftfahrer sind die Linien gleicher Ortsmißweisung eingetragen. Sie heißen *Isogonen*, während die Linie mit der Mißweisung Null *Agone* genannt wird.

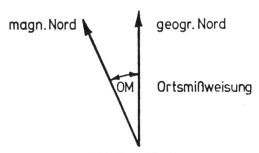

Abb. 8 Die Ortsmißweisung

Merke: **Die Ortsmißweisung ist der Winkel zwischen geographisch und magnetisch Nord. Der Kompaß zeigt nach magnetisch Nord, sofern er keinen störenden Einflüssen ausgesetzt ist.**

In unserer Gegend liegt die Ortsmißweisung bei etwa 1 Grad West, d. h. daß von uns aus gesehen der magnetische Nordpol um 1 Grad nach Westen vom geographischen Nordpol versetzt ist, also um 1 Grad nach links. Um jedoch auf den tatsächlichen geographischen Nordkurs zu kommen, muß der Kompaßkurs um 1 Grad nach rechts korrigiert werden.

Die Ortsmißweisung ist in diesem Fall negativ. Um sie auszugleichen, muß ihr Wert zum eigentlichen Kurs addiert werden.

Merke: **OM West bedeutet: Kompaß zeigt zu wenig an (OM = negativ)**
OM Ost bedeutet: Kompaß zeigt zuviel an (OM = positiv)
Die Ortsmißweisung muß mit dem entgegengesetzten Vorzeichen zur Kurskorrektur verwendet werden.

Beispiel: Bewegt man sich laut Kompaßanzeige nach Westen in einem Gebiet mit der Ortsmißweisung 5° West, so ist die tatsächliche Richtung nicht 270 Grad, sondern 5 Grad weniger, also 265 Grad.
Oder umgekehrt:
Möchte ich mich in einem Gebiet mit der OM = 5° West genau nach Westen = 270 Grad bewegen, so habe ich auf dem Kompaß 275 Grad anzulegen, weil die Anzeige durch Ortsmißweisung um 5 Grad verringert ist.

Zusammenfassung: Die Himmelsrichtungen sind auf geographisch Nord bezogen, während die Kompaßanzeigen auf magnetisch Nord bezogen sind. Die Differenz heißt Ortsmißweisung. Sie kann je nach Standort auf der Erde negativ oder positiv sein.
Da für die Fliegerei der geographische Nordpol der Bezugspunkt ist, muß jeder Kurs um die Ortsmißweisung korrigiert werden.

3. Luftfahrtkarten für den Sichtflug

Da eine Kugel nicht abgewickelt werden kann, sind Landkarten und auch Luftfahrtkarten nicht völlig exakt, sondern mehr oder weniger verzerrt. Um einigermaßen genaue Aufzeichnungen zu bekommen, wenden die Kartographen sog. *Projektionen* an, bei denen jedem Punkt der Erdkugel ein Punkt der Kartenebene nach einem festgelegten Verfahren zugeordnet wird.

3.1. Zylinderprojektionen – Definitionen

Denkt man sich über den Globus einen Zylinder gestülpt, so lassen sich die Globuspunkte vom Kugelmittelpunkt aus auf den abwickelbaren Zylindermantel projizieren. Verläuft die Zylinderachse durch die Pole und berührt der Mantel den Äquator, so ist hier die Genauigkeit am besten, während mit zunehmender

Polnähe sich die Verzerrung verstärkt. Die Pole selbst sind nicht projizierbar.

In dieser sog. polständigen Zylinderprojektion erscheinen die Längengrade als abstandsgleiche parallele Geraden, die von den Breitenparallelen rechtwinklig geschnitten werden. Die Abstände zwischen zwei Breitengraden nehmen zu den Polen hin rasch zu.

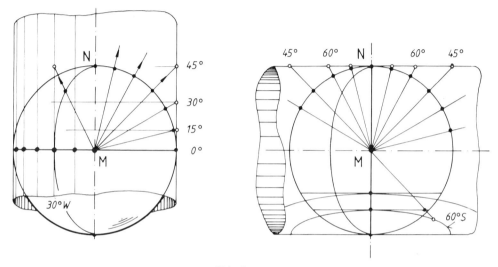

Abb. 9
Polständige und äquatorständige Zylinderprojektion

Legt man die Zylinderachse so, daß sie durch den Äquator verläuft (äquatorständige Projektion), so lassen sich auch die Polgegenden abbilden. Meridiane und Breitenkreise erscheinen dabei als gekrümmte Linien.

Reine Zylinderkarten sind weder winkeltreu noch längen- oder flächentreu und damit für Navigationszwecke in dieser Form ungeeignet.

Würde man mit einem konstanten Kompaßkurs von A nach B fliegen, so ergäbe sich auf diesen Karten in der Regel eine gekrümmte Linie.

Solche Kurslinien, die alle Meridiane unter dem gleichen Winkel schneiden, heißen *Loxodromen*. Auf dem Globus führen die

Loxodromen – außer den Meridianen und den Breitenkreisen – in einer Spirale zu einem der Pole.

Die kürzeste Entfernung zwischen zwei Punkten liegt damit nicht auf einer loxodromen Linie, sondern immer auf einem sog. *Großkreis (= Orthodrome)*, der seinen Mittelpunkt im Erdzentrum hat. Alle Meridiane sowie der Äquator sind z. B. Orthodromen.

Es ist mit keiner Kartenprojektion möglich, sowohl die Linien gleichen Kurses (Loxodromen) als auch die kürzesten Verbindungen (Orthodromen) als gerade Linien darzustellen und gleichzeitig auch noch über die ganze Karte mit demselben Maßstab zu arbeiten. Je nach Verwendungszweck benützt man Projektionen, die eine der gewünschten Eigenschaften erfüllen oder aber einen brauchbaren Kompromiß darstellen.

3.2. Mercator-Projektionen

Die nach ihrem Erfinder benannte Mercatorkarte ist eine rechnerisch korrigierte Zylinderprojektion. Dabei werden bei der

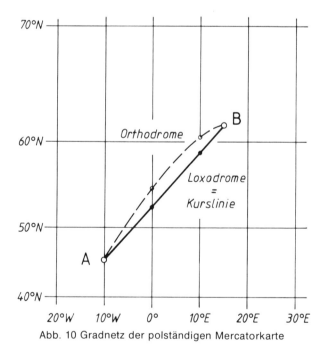

Abb. 10 Gradnetz der polständigen Mercatorkarte

polständigen Version die Abstände zwischen den Breitengraden so gewählt, daß die Loxodromen gerade Linien sind.
Kurslinie und Loxodrome sind also in der Mercatorkarte identisch.
Bewegt man sich auf der Kurslinie, so wählt man – außer auf Nord-Südkurs – nicht die kürzeste Entfernung; denn die Orthodromen sind hier polwärts ausgebogene Linien.
In der Luftfahrt werden u. a. äquatorständige Mercatorkarten im Maßstab 1:250 000 verwendet. Jede Projektion erfaßt dabei eine Zone von jeweils 3° östlich und 3° westlich des Berührungsmeridians. Die Meridiane sind auf den Kartenblättern so schwach gekrümmt, daß eine Kursentnahme so gut wie keine Fehler aufweist.
Zur genaueren Entfernungsbestimmung sind außerdem Gitterlinien im Abstand von 10 km eingedruckt. Daneben weist die Karte den üblichen Flugsicherungsaufdruck auf.

Merke: **Mercatorkarten sind winkeltreu, aber nicht längen- und flächentreu. Die Luftfahrtkarten im Maßstab 1:250 000 bieten einen guten Kompromiß.**

3.3. Kegelprojektionen

Die sog. *polständige Berührkegelprojektion* läßt sich ausführen, wenn man einen Kegel so über den Globus legt, daß die Kegelachse durch die Pole verläuft und der Kegelmantel in einem Breitenkreis, der sog. *Standardparallelen*, anliegt. Die beste maßstäbliche Genauigkeit findet sich wieder hier in den Berührungszonen. Je nach Öffnungswinkel des Kegels läßt sich dieser Bereich frei wählen. Als Grenzfall erhält man die Zylinderprojektion bzw. die sog. Azimutalprojektion, bei der der Globus von einer Ebene berührt wird (siehe 3.5. und 3.6.).

Bei der *Schnittkegelprojektion* schneidet der Kegelmantel den Globus in zwei Standardparallelen. Dies hat den Vorteil, daß die Verzerrungen in einer breiteren Zone nur gering ausfallen.

Wickelt man den Kegel ab, so erscheinen die Meridiane als gerade Linien, die zum Pol hin zusammenlaufen (konvergieren), die Breitenkreise dagegen als Kreisbögen, deren Abstand sich mit zunehmender Entfernung von den Standardparallelen vergrößert.

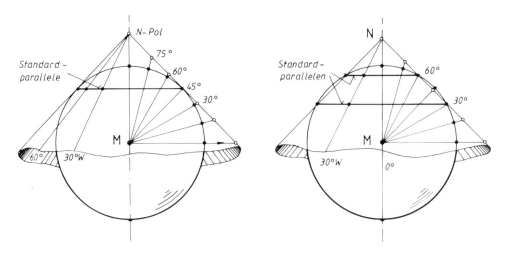

Abb. 11 Berührkegel- und Schnittkegelprojektion (polständig)

Reine Kegelkarten sind weder winkeltreu, noch maßstabstreu. Sowohl die Loxodromen als auch die Orthodromen sind – bis auf Ausnahmen – gekrümmte Linien, was für die Navigation nicht erwünscht ist.

3.4. Lambert-Projektionen

Grundlage für die Lambertkarten sind Schnittkegelprojektionen, die rechnerisch so bearbeitet sind, daß sie winkeltreu werden. Die in der Sportfliegerei üblichen ICAO-Karten im Maßstab 1:500 000 werden nach diesem Verfahren gezeichnet. Auf Grund ihrer Eigenschaften bieten sie für die Navigation nach Erdsicht (terrestrische Navigation) mehr Vor- als Nachteile:

- Die Orthodromen erscheinen als fast gerade Linien.
  Vorteil: Man befindet sich auf der kürzesten Verbindungslinie, wenn man der Kartenkurslinie folgt.
- Die Loxodromen verlaufen spiralig zum Pol hin (mit Ausnahme von Meridianen und Breitenkreisen).
  Nachteil: Zwischen dem Kartenkurs am Startort und dem Kurs am Ziel ergibt sich eine Winkeldifferenz, die um so größer ist, je länger die Strecke gewählt wird.

Man entnimmt in Lambertkarten deshalb den Kartenkurs an einem Meridian, der etwa in der Mitte der Flugstrecke liegt. Lange

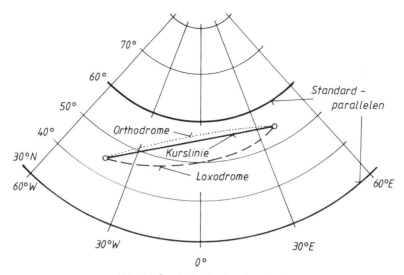

Abb. 12 Gradnetz der Lambertkarte

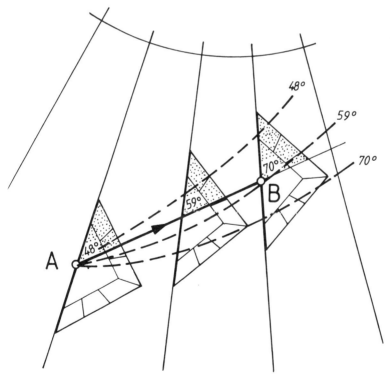

Abb. 13 Kursentnahme in der Lambertkarte

Beispiel (Abb. 13):
- Um von A nach B mit konstantem Kurs zu fliegen, müßte ein Kartenkurs von 59° angenommen werden, der sich in der Mitte zwischen Start- und Zielort ablesen läßt.
- Für den Flug auf der kürzesten (orthodromen) Linie, müßte der Kurs kontinuierlich von 48° auf 70° vergrößert werden.

Strecken werden in einzelne Abschnitte zerlegt. Von Abschnitt zu Abschnitt ändert sich zwar der Kurs etwas, man bleibt aber in der Nähe des Großkreisbogens.
- An den Standardparallelen ist die Karte längentreu. Außerhalb der Berührkreise vergrößert sich der Kartenmaßstab.
- Der Bereich zwischen den Standardparallelen – auf der ICAO-Karte der BRD ein Abstand von 4 Breitengraden – weist für den Kurzstreckenflieger vernachlässigbar kleine Längenabweichungen auf.

Merke: **Lambertkarten sind winkeltreu und ausreichend längentreu. Die ICAO-Karten im Maßstab 1:500 000 sind die gebräuchlichsten Navigationskarten für den Sichtflug.**

3.5. Gnomonische Projektionen

Verwendet man als Projektionsfläche eine Ebene, welche die Erdkugel in einem Punkt berührt und bildet vom Mittelpunkt aus ab, so erhält man die sog. *gnomonische Projektion*.

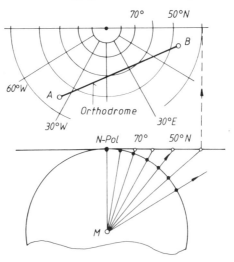

Abb. 14 Gnomonische Projektion (polständig)

Wählt man als Berührpunkt z B. einen Pol, so erscheinen die Breitenkreise als konzentrische Kreise, die Meridiane gehen sternförmig vom Pol aus. Diese Karten sind weder winkel- noch längentreu, sondern weisen mit zunehmender Polferne große Verzerrungen auf. Sie haben aber den Vorteil, daß hier jede eingetragene Flugstrecke auf einer Orthodromen liegt. Mit Hilfe markanter Punkte kann man nun diesen kürzesten Flugweg auf eine Flugnavigationskarte übertragen, wo er in der Regel als gekrümmte Linie erscheint.

3.6. Stereographische Projektionen

Projiziert man vom Gegenpol aus auf eine Berührebene, so erhält man die sog. polständige stereographische Projektion.
Sie ist winkeltreu und für die Navigation in hohen Breiten (etwa ab 60°) gut geeignet, weil in Polnähe die Maßstabstreue gut ist und die Großkreise nahezu gerade Linien sind.
Die meiste Verwendung finden sie allerdings als Wetterkarten.

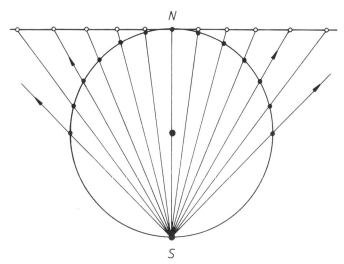

Abb. 14a Stereographische Projektion (polständig)

Zusammenfassung:
- Die kürzeste Verbindung (orthodrome Linie) zwischen zwei Punkten auf der Erdkugel kann nicht mit gleichbleibendem

(loxodromem) Kurs erflogen werden, es sei denn, Start und Ziel liegen auf demselben Meridian oder auf dem Äquator.
- In der Mercatorkarte erscheinen die Loxodromen als gerade Linien.
- Die Orthodromen entnimmt man mit ausreichender Genauigkeit den Lambertkarten, mit Exaktheit den gnomonischen Karten.

3.7. Maßstäbe

Für den Sichtflug sind Luftfahrtkarten in den Maßstäben 1:1 000 000, 1:500 000, 1:250 000 und 1:200 000 gebräuchlich.
Für Überlandflüge verwendet man zweckmäßigerweise die ICAO-Karten im Maßstab 1:500 000 (Lambert). Dabei entspricht 1 cm auf der Karte 5 km in der Natur.

Beispiel: Der Karte wird eine Strecke von 24,5 cm entnommen.
Das sind 24,5 mal 5 km = 122,5 km in Wirklichkeit.

Beispiel: Ein Wendepunkt soll mindestens 87 km vom Startpunkt entfernt sein. Er muß auf der Karte außerhalb eines Kreises von (87:5) cm = 17,4 cm Radius liegen.

Die Karten in den Maßstäben 1:250 000 und die sog. Generalkarten im Maßstab 1:200 000 (Mercator) enthalten bereits so viele Einzelheiten, daß sie verwirrend wirken. Man verwendet sie höchstens zur Kleinorientierung, da die 500 000er-Karten alle zur Navigation wichtigen Elemente enthalten.

Umrechnungen für den Maßstab 1:200 000:

Beispiel: Der Karte wird eine Strecke von 24,5 cm entnommen.
Das sind 24,5 mal 2 km = 49 km in Wirklichkeit.

Beispiel: Eine Strecke soll 87 km lang sein. Das sind in dieser Karte (87:2) cm = 43,5 cm.

3.8. Die Kartensymbole

Die ICAO-Karten (nach internationalem System) enthalten die topographische Struktur der Erdoberfläche, wobei größere Höhen grau unterlegt sind.
Wälder sind als grüne Flecken gekennzeichnet. Da die Höhen aus der Farbe der Karten nicht ersichtlich sind, enthalten die Karten Höhenlinien. Die höchsten Erhebungen sind dabei mit einem Punkt und der Höhenangabe in Fuß über NN versehen.

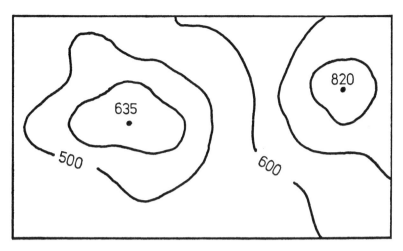

Abb. 15 Die Höhenlinien

Straßen sind rote, Eisenbahnlinien sind schwarze Linien, wobei ein- und mehrgleisige Anlagen unterschieden werden. Ortschaften mit Bahnhof werden durch ein kleines schwarzes Quadrat abgebildet.

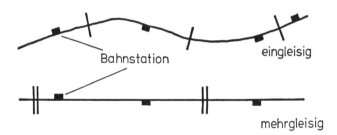

Abb. 16 Eisenbahnlinien

Gewässer sind blau, große Städte gelb.
Außerdem enthalten die ICAO-Karten im Maßstab 1 : 500 000 Flugsicherungsaufdrucke in blau, die über zivile und militärische Kontrollzonen, Nahverkehrsbereiche, Fluginformationsgebiete, Flugplätze, Funknavigationsanlagen usw. Auskunft geben.
Für die Kursvorbereitung sind dazu noch die Linien gleicher Ortsmißweisung, die Isogonen, eingetragen.

■ Flugplatzarten

 Internationaler Flughafen

 Flughafen

 Landeplatz mit befestigter Start- und Landebahn

 unbefestigter

 Segelfluggelände mit Zulassung für Flugzeugschlepp

Flugplätze, auf denen Militärflugbetrieb stattfindet, weisen eine zusätzliche Kreislinie auf.

z. B. Militärflugplatz mit befestigter Bahn

■ Luftraumbeschränkungen

z. B.  Gebiet mit Flugbeschränkung

■ Hindernisse (Beispiele)

unbefeuerte Hindernisgruppe mit einer Höhe von 1760 ft über Meeresspiegel

(500)
befeuertes Hindernis mit einer Höhe von 500 ft über Grund

■ Funknavigationsanlagen

 NDB-Sender

 VOR-Sender

4. Navigationsarten

4.1. Terrestrische Navigation (Navigation nach Erdsicht)

4.1.1. Orientierung

Für einen Laien ist es oft unverständlich, wie man ohne technische Hilfsmittel nur mit Kompaß und Karte exakt sein Ziel finden kann; denn aus der Luft ist ja kein Punkt namentlich erkenntlich und die Vielfalt der Eindrücke verwirrt.
Der Pilot betrachtet dagegen nicht alles, sondern sucht sich als Anhaltspunkt markante Stellen, die sowohl auf der Karte verzeichnet sind, als auch aus der Luft gut erkennbar sind. Damit scheiden Bodenerhebungen aus, da sie sich kaum von der Umgebung unterscheiden lassen. Sie werden erst wichtig, wenn man tief fliegt. Vielmehr wird die Navigation sich auf Eisenbahnlinien, Flüsse, Kanäle, wichtige Straßen wie Autobahnen, Waldstücke, große Städte oder Seen, Burgen, Schlösser, Türme beschränken. Dörfer, Felder, Wege und kleinere Straßen werden im wahrsten Sinne des Wortes übersehen.

Bei der terrestrischen Navigation fliegt man von einem *markanten Punkt* zum anderen. Man überfliegt ihn, läßt ihn links oder rechts liegen und versucht so, auf der in die Karte gezeichneten Kurslinie zu bleiben. Dazu ist es wichtig, daß man es versteht, aus der Luft Entfernungen zu schätzen. Das erfordert allerdings einige Übung, die man sich aber aus Platzflügen verschaffen kann, wo man die Entfernung zwischen einzelnen Punkten kennt.

4.1.2. Orientierungsverlust

Hat man sich doch einmal verfranzt, so braucht man deswegen nicht gleich in Panik zu geraten. Als erstes muß man sich an den letzten mit Sicherheit bekannten Punkt erinnern, schätzt dann den ungefähren Raum, in dem man sich befinden muß und fliegt nach Kompaß in die Richtung, in der eine sog. *Auffanglinie* liegt. Das kann eine Autobahn, ein Fluß, ein See, eine Eisenbahnlinie sein. Wichtig ist, daß man den Kurs so wählt, daß man etwa senkrecht auf die Auffanglinie trifft. Bei einem zu spitzen Winkel besteht die Gefahr, daß man parallel zu ihr fliegt und sie damit nicht erreicht.
Nicht zu verwechseln sind Auffanglinien mit *Leitlinien*. Diese

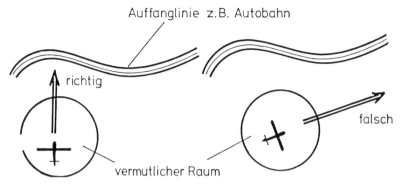

Abb. 17 Anfliegen einer Auffanglinie

liegen etwa so wie der Kurs und erleichtern die Navigation, da man ihnen nur nachzufliegen braucht. Sowohl an Auffang- als auch an Leitlinien liegen immer große Städte, von denen aus sich die normale Navigation weiterführen läßt.

4.2. Radionavigation

Während die terrestrische Navigation ohne Hilfe von außen möglich ist, sind zur Radionavigation Sendestationen notwendig, deren Signale mit Bord- bzw. Bodengeräten angepeilt (Eigen- bzw. Fremdpeilung) und ausgewertet werden.
Hier seien die wichtigsten Verfahren nur kurz skizziert.

4.2.1. Homing (Eigenpeilung)
Erforderlich ist ein Zusatzgerät zum Funksprechgerät. Eine Bodenstation wird beim Senden vom Bordempfänger angepeilt. Am Ausschlag eines Zeigers ist abzulesen, ob man nach rechts oder links korrigieren muß, um Kurs auf die sendende Station zu halten (Kommandogerät).

4.2.2. QDM und QTE (Fremdpeilung)
Mit automatischen Sichtpeilgeräten (VDF) lassen sich sendende Funksprechgeräte anpeilen.
Auf Anforderung erhält man von der Bodenstation entweder

- QDM = mißweisender Steuerkurs zur Peilstation (Windeinfluß muß vom Piloten berücksichtigt werden) oder

- QTE = rechtweisende Richtung von der Station weg.

Ein QDM wird man dann anfordern, wenn man den Flugplatz, auf dem der Peiler steht, bei Schlechtwetter, in Notlagen oder bei Orientierungsverlust anfliegen will.

QTE dagegen läßt sich als *Standlinie* sofort in die Karte eintragen. Mit einem QTE eines zweiten Peilers erhält man den eigenen Standort als Schnittpunkt der beiden Standlinien.

(Für die Überprüfung des Abflugkurses kann man auch die mißweisende Peilung von der Station weg, das QDR, erhalten.)

4.2.3. Radiokompaß (ADF) – Eigenpeilung

Ein Bordempfangsgerät peilt auf der Frequenz (Mittel- bis Langwelle) eines ungerichteten Funkfeuers (NDB) den Standort des Senders an.

Ein Anzeigegerät in Form einer Kompaßrose gibt den Winkel zwischen Flugzeuglängsachse und Richtung zum Sender an. Steht die Nadel auf 0°, so fiegt man direkt auf die NDB-Station zu. Beim Überfliegen schlägt die Anzeige auf 180° um.

Zur eindeutigen Identifizierung strahlt jeder Sender eine eigene Kennung im Morsealphabet aus. (z. B. NDB Memmingen
—— · ——

4.2.4. VOR-Navigation – Eigenpeilung

Das Bordempfangsgerät peilt auf einer UKW-Frequenz ein Drehfunkfeuer an.

Der Zeiger des Anzeigeinstrumentes wandert dann in die Mitte, wenn die vorgewählte Standlinie (radial) erreicht ist.

Umgekehrt kann durch Eindrehen des Zeigers in die Mitte die momentane Standlinie ermittelt werden.

Eine TO-FROM-Anzeige gibt zusätzlich an, ob der auf dem Anzeigegerät eingewählte Kurs zur Station hin (to) oder von der Station weg (from) führt. Über die Flugrichtung erfolgt keine Angabe.

Auch VOR-Sender strahlen eine Kennung aus.

Merke: **Der Kurs ist nach dem Magnetkompaß zu fliegen. Die VOR-Anzeige ist nur Anweisung und Kontrolle.**

Über Funknavigationsanlagen gibt das AIP im Teil COM Auskunft (z. B. Peiler- bzw. Sendearten, Reichweiten, Frequenzen, Kennungen)

4.3. Meteorologische Navigation

Wetterbedingte Umstände ermöglichen oft bequemeren, schnelleren und sicheren Flug, wenn auch dabei manchmal Umwege in Kauf genommen werden müssen.

Einige Möglichkeiten sind z. B.
- Ausnützen von Höhenwinden, Hangaufwinden, Strömungsverhältnissen
- Ausweichen von Unwettern
- Entlangfliegen an Fronten
- Überqueren von geschlossenen Wolkendecken usw.

(Siehe »Meteorologische Navigation« von W. Georgii)

4.4. Astronomische Navigation

Sie sei nur der Vollständigkeit halber erwähnt. Mit Sextanten werden Gestirne angemessen. Mit Hilfe von Uhrzeit, Datum und Tabellen lassen sich daraus geographische Länge und Breite und damit der Standort ermitteln.

4.5. Koppelnavigation

Exakte Navigation ist Koppelnavigation. Dazu führt man die Kursberechnung für eine Teilstrecke durch, fliegt sie nach Uhr und Kompaß ab und überprüft den erreichten Teilzielort an Hand von Karte, markanten Punkten, Standlinien oder Peilungen. An diesen Punkt (Koppelort) koppelt man die nächste Teilstrecke in gleicher Weise und kommt so zum Zielort.

Erreicht man einen Punkt nicht genau, so sucht man nach den Gründen dafür. Das kann eine falsch angenommene Windrichtung oder -stärke, die nicht exakt eingehaltene Fluggeschwindigkeit, aber auch ein Fehler in den Berechnungen sein. Auf jeden Fall wird diese Abweichung in die nächste Teilstrecke mit einkalkuliert.

5. Berechnung von Kompaßsteuerkursen
(engl.: CH = compass heading)

Der Kurs, der aus einer Karte entnommen wird, ist nicht sofort als Steuerkurs verwendbar, da er weder die Ortsmißweisung einbezieht, noch den Wind oder die Abweichung der Kompaßanzeige durch Teile des Flugzeugs berücksichtigt.

5.1. Der rechtweisende Kurs (engl.: TC = true course)

Der *rwK (rechtweisender Kurs)* ist der Winkel zwischen geographisch Nord und der Verbindungslinie zwischen Start und Ziel. Diese sog. **Kurslinie** stellt gleichzeitig den beabsichtigten Weg über Grund dar und wird daher in die Karte eingetragen. Die im Handel erhältlichen Kursdreiecke sind Winkelmesser, die so beschriftet sind, daß sie beim Anlegen an die Kurslinie sowohl den rwK als auch den zugehörigen Gegenkurs an dem betreffenden Meridian anzeigen.

Beispiel: Der Kurs verläuft von A nach B

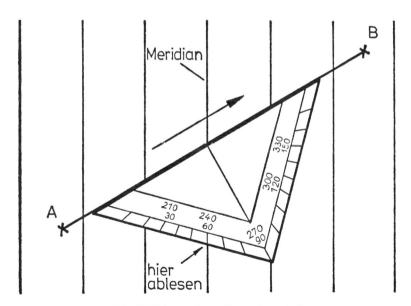

Abb. 18 Ablesen des rwK von A nach B

Der Gegenkurs, nämlich von B nach A, läßt sich an der gleichen Stelle des Kursdreiecks mit 240° ablesen. Er kann aber auch berechnet werden, indem man vom ursprünglichen Kurs 180° subtrahiert bzw. addiert.

Beispiel: Kurs von A nach B = 60°
 Kurs von B nach A = 60° + 180° = 240°

5.2. Der mißweisende Kurs (engl.: MC = magnetic course

Der mwK (mißweisender Kurs) ist der Winkel zwischen der Kurslinie und magnetisch Nord.

Man erhält ihn, indem man vom rwK die Ortsmißweisung OM subtrahiert, d. h. mit dem entgegengesetzten Vorzeichen addiert.

Beispiel: rwK = 60°, OM = –3 ° (3° West)
 mwK = 63°

Weist der Kompaß keine Anzeigefehler auf, so bleibt man bei Windstille mit einem Steuerkurs von 63° auf der Kurslinie von A nach B.

5.3. Der Einfluß des Windes

Je stärker der Wind und je größer die Seitenwindkomponente ist, desto mehr wird das Flugzeug von seinem Kurs abgedrängt.

Deshalb muß der Pilot mit einem bestimmten Winkel in den Wind vorhalten. Dieser Winkel heißt *Luvwinkel* (engl.: WCA = wind correction angle). Wir stellen ihn zeichnerisch fest.

Beispiel:
Gegeben: rwK = 60°; Wind aus 120° mit 20 Knoten;
 Ortsmißweisung = 3° West
 Eigengeschwindigkeit v_e = 80 km/h
Gesucht: Luvwinkel l und Geschwindigkeit über Grund V_g
Lösung: Wir stellen zunächst einmal fest, daß der Wind die Ankunft verzögern wird, da er eine Komponente gegen den beabsichtigten Kurs hat.
 Wir zeichnen ein sogenanntes Winddreieck, in dem wir alle Faktoren auf eine Stunde beziehen und als Einheit km/h wählen.

1. Schritt: Zeichne die Nord-Süd-Linie und trage den Winkel des rwK ab:

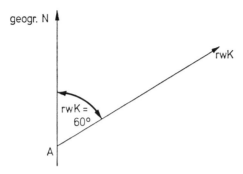

Abb. 19 Abtragen des rwK

2. Schritt: Zeichne die Windrichtung W = 120° ein, so daß sie vom Startort weg gerichtet ist.

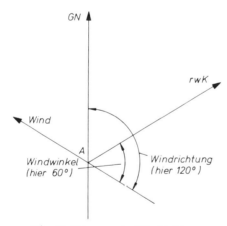

Abb. 20 Abtragen der Windrichtung

Der Winkel zwischen Windrichtung und rwK heißt *Windwinkel*.

3. Schritt: Wir tragen auf der Windlinie die Windgeschwindigkeit in km/h ab und erhalten den sog. *Windvektor*.
Wir rechnen: **20 Knoten = 37 km/h**
Maßstab: **1 km/h ≙ 1 mm**

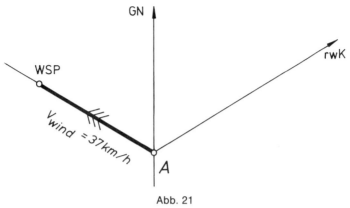

Abb. 21
Abtragen der Windgeschwindigkeit
(Windvektor)

Der entstandene Punkt heißt *Windstillepunkt WSP (engl.: AP = air position)*. Da wir nun die Abtrift für eine Stunde einbezogen haben, können wir von diesem Punkt aus unter Annahme von Windstille weiterrechnen.

4. Schritt: Um nach einer Stunde jedoch wieder auf unserem Kurs zu sein, tragen wir vom WSP aus unsere *Eigengeschwindigkeit* (engl.: TAS = true airspeed) auf die Kurslinie ab. Dazu verwenden wir am besten einen Zirkel. Es entsteht der sog. *Steuerkursvektor*. Er gibt an, wie die Flugzeuglängsachse zu liegen hat.

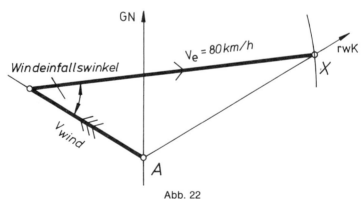

Abb. 22
Abtragen der Eigengeschwindigkeit
(Steuerkurvektor)

Der Winkel zwischen Windvektor und Steuerkursvektor ist der sog. *Windeinfallswinkel*.
5. Schritt: Der gesuchte Vorhaltewinkel *(Luvwinkel)* ist der Winkel zwischen der Kurslinie und der entstandenen Linie WSP-X. Er kann mit dem Kursdreieck ausgemessen werden. Die *Geschwindigkeit über Grund* (engl.: GS = ground speed) erhalten wir als Länge des sog. *Grundvektors* von A bis X.
Wir messen in unserem Beispiel:
für die Geschwindigkeit über Grund   55 mm ≙ 55 km/h
für den Luvwinkel   23°

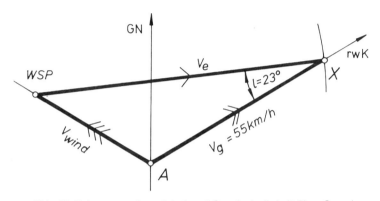

Abb. 23 Ablesen von Luvwinkel und Geschwindigkeit über Grund

6. Schritt: Der Wind kommt auf unserem Kurs von rechts. Wir haben gemessen, daß er um 23 Grad korrigiert werden muß. Da nach rechts vorgehalten werden muß, ist der Luvwinkel zum rwK zu addieren.

     rwK   =   60°
     l   = + 23°
     ─────────────
     rwWK =   83°

Dieser nun entstandene Kurs heißt *rechtweisender Windkurs* (engl.: TH = true heading).

Merke:
- **Wind von rechts: Luvwinkel positiv (zum rwK addieren)**
- **Wind von links: Luvwinkel negativ (vom rwK abziehen)**
- **Der Luvwinkel ist der Winkel zwischen Steuerkursvektor und Grundvektor.**

Bezieht man außer dem Wind auch die Ortsmißweisung ein, so erhält man den *mißweisenden Windkurs* (MH = magnetic heading).

Beispiel: rwWK = 83°; OM = −3°
mwWK = 83° + 3° = 86°

Rechnerische Lösungsmöglichkeiten

Mit Hilfe des Sinussatzes lassen sich für Luvwinkel l und Geschwindigkeit über Grund folgende Formeln ableiten

$$\sin l = \frac{\sin (\text{Windrichtung} - \text{rwK}) \cdot \text{Windgeschwindigkeit}}{\text{Eigengeschwindigkeit}}$$

$$v_g = \frac{\sin (\text{Windrichtung} - \text{rwK} - \text{Luvwinkel})}{\sin l} \cdot \text{Windgeschw.}$$

Mit einem Taschenrechner ergeben sich für unser Beispiel folgende Werte

$$\sin l = \frac{\sin (120° - 60°) \cdot 36 \text{ km/h}}{80 \text{ km/h}} = 0{,}3897$$

$$l = +22{,}9° = \text{ca. } +23°$$

$$v_g = \frac{\sin (120° - 60° - 23°)}{\sin 23°} \cdot 36 \text{ km/h} = \text{ca. } 55{,}4 \text{ km/h}$$

Der Luvwinkel wird dabei gleich mit dem richtigen Vorzeichen ausgeworfen.

Für den Sonderfall, daß der Luvwinkel gleich Null ist, also bei reinem Gegen- oder Rückenwind, ist die Formel für die Grundgeschwindigkeit nicht anwendbar.

Es gilt dann $V_g = V_e + V_{wind}$ (Rückenwind)
bzw. $V_g = V_e - V_{wind}$ (Gegenwind)

5.4. Die Deviation (engl.: DEV = deviation)

Eisenteile oder elektromagnetische Felder, wie sie bei eingeschalteten elektrischen Geräten (z. B. Funk, Wendezeiger, E-Vario o. ä.) auftreten, können die Kompaßanzeige beeinflussen. In einer sog. *Deviationstabelle* werden deshalb diese Abweichungen, die nach der Kompensation des Kompasses noch auftreten, festgehalten.
Entweder gibt man dabei den berichtigten Steuerkurs an (siehe Deviationstabelle im Kapitel »Kompaß«) oder man erfaßt die Abweichung selbst (siehe folgende Deviationstabelle).
Beispiel:
Bei einem Steuerkurs von 90° beträgt die Deviation – 2°. Um tatsächlich 90° einzuhalten, sind deshalb 92° zu steuern.

Kurs	δ	Kurs	δ
0	-1	195	+3
15	-2	210	+2
30	-1	225	+1
45	-2	240	-1
60	-4	255	-3
75	-5	270	-2
90	-2	285	-3
105	-1	300	-1
120	±0	315	+1
135	+2	330	+3
150	+3	345	+1
165	+3	360	-1
180	+4		

Abb. 24 Beispiel für eine Deviationstabelle

Für unser Beispiel lesen wir aus der Deviationstabelle bei einem Kurs von etwa 86 Grad einen Fehler von – 3 Grad ab. Das heißt, der Kompaß zeigt um 3 Grad zu wenig an. Wir müssen also 3 Grad addieren, um die Deviation auszugleichen.

5.5. Das Kursschema

Es ist empfehlenswert, die Kursberechnungen in der nachstehend angegebenen Reihenfolge durchzuführen und sich diese einzuprägen. Für unser Beispiel ergeben sich folgende Werte:

	rwK	(TC)	=	60°	(rechtweisender Kurs)
	l	(WCA)		+ 23°	(Luvwinkel)
	rwWK	(TH)	=	83°	(rechtweisender Windkurs)
entgegen	OM	(VAR)	=	+ 3°	(Ortsmißweisung)
	mwWK	(MH)	=	86°	(mißweisender Windkurs)
entgegen	δ	(DEV)	=	+ 3°	(Deviation)
	KSK	(CH)	=	89°	(Kompaßsteuerkurs)

Wir müssen demnach statt des aus der Karte entnommenen Kurses von 60 Grad nach dem Kompaß 89° fliegen, um unter den genannten Bedingungen von A nach B zu gelangen.

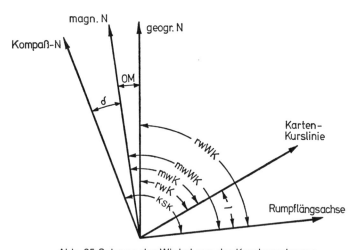

Abb. 25 Schema der Winkel aus der Kursberechnung

rwK	=	Winkel zwischen	geographisch Nord und Kurslinie
OM	=		magnetisch u. geographisch Nord
mwK	=		magnetisch Nord und Kurslinie
l	=		Kurslinie u. Flugzeuglängsachse
δ	=		magnetisch Nord und Kompaßnord
rwWK	=		geographisch Nord u. Längsachse
mwWK	=		magnetisch Nord u. Längsachse
KSK	=		Kompaßnord u. Flugzeuglängsachse

5.6. Kursverbesserungen

Nehmen wir an, ein Flug führt von A nach B. Die Entfernung (engl.: distance) betrage 100 km. Der errechnete Kompaßkurs sei 80°.
Nach einiger Zeit stellen wir fest, daß wir nicht auf dem markanten Punkt P der Kurslinie sind, sondern 5 km links von ihm auf Punkt Q. Dieser Abstand PQ zur Kurslinie heißt Querablage. Der Winkel PAQ heißt Abtriftwinkel α.

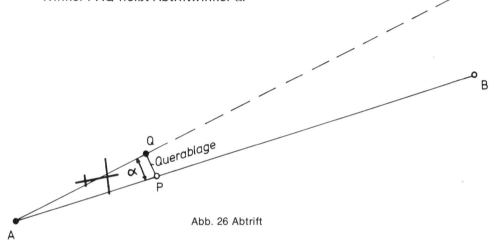

Abb. 26 Abtrift

5.6.1. Berechnung des Abtriftwinkels (engl.: DA = drift angle)
Nehmen wir weiter an, die Teilstrecke AP sei 30 km lang, dann läßt sich der Abtriftwinkel aus PQ und AQ nach der sog. »1:60-Regel« berechnen:

$$\alpha = 60 \cdot \frac{\text{Querablage}}{\text{Teilstrecke}} \text{ (Grad)}$$

In unserem Beispiel $\quad \alpha = 60 \cdot \dfrac{5 \text{ km}}{30 \text{ km}} = 10$ (Grad)

Anmerkung:
Im rechtwinkligen Dreieck APQ gilt $\sin \alpha = \dfrac{PQ}{AP}$
(Winkel AQP sei 90°)
Für Winkel α bis ca. 35° gilt mit zu vernachlässigenden Fehlern $\alpha = (60 \cdot \sin \alpha)°$

In unserem Beispiel also wäre $\sin \alpha = 1/6$
Der Wert für α wäre mit Rechenstabgenauigkeit dann $\alpha = 9{,}6°$.
Die 1:60-Regel ist also mit genügender Genauigkeit anwendbar.

5.6.2. Berechnung der Kursverbesserung

Um von Q aus zum Zielort zu kommen, ist eine Verbesserung notwendig, die wir mit φ bezeichnen wollen. Sie muß größer sein als α; denn wenn wir nur um α verbessern, fliegen wir parallel zu AB. (Dies gilt nur näherungsweise, weil der Abtriftwinkel nicht gleich dem Luvwinkel ist.)

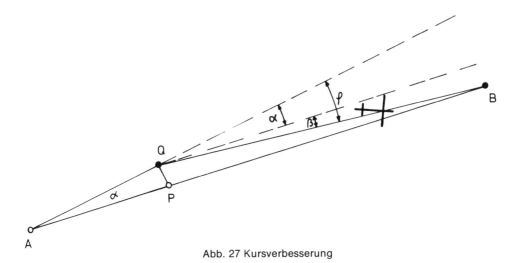

Abb. 27 Kursverbesserung

Die zusätzliche Verbesserung β berechnen wir wieder mit der 1:60-Regel:

$$\beta = 60 \cdot \frac{PQ}{PB} = \frac{60 \cdot 5}{70} = \frac{30}{7} \text{ (Grad)}$$

$\beta = $ ca. $4°$

Verbesserung $\varphi = \alpha + \beta$
$\varphi = 10° + 4° = 14°$

Von Q aus wird der Flug mit einem neuen Kompaßkurs von $80° + 14° = 94°$ (Verbesserung addieren, weil Wind von rechts!) fortgesetzt.

Unter Umständen ist noch die veränderte Deviation zu berücksichtigen.

Zusammenfassung der verwendeten Symbole und Bezeichnungen

Bezeichnung	Abkürzung	engl.Bezeichnung	
geographisch Nord	GN	TN	= true north
magnetisch Nord	MN	MN	= magnetic north
Kompaßnord	KN	CN	= compass north
rechtweisender Kurs	rwK	TC	= true course
mißweisender Kurs	mwK	MC	= magnetic course
rechtweisender Windkurs	rwWK	TH	= true heading
mißweisender Windkurs	mwWK	MH	= magnetic heading
Kompaßsteuerkurs	KSK	CH	= compass heading
Ortsmißweisung	OM	VAR	= variation
Deviation	δ	DEV	= deviation
Windwinkel	WW	WA	= wind angle
Windeinfallswinkel	WE	RWA	= relative wind angle
Luvwinkel	l	WCA	= wind correction angle
Eigengeschwindigkeit	v_e	TAS	= true airspeed
Geschwindigkeit über Grund	v_g	GS	= ground speed
Windgeschwindigkeit	v_{wind}	WS	= wind speed
Windrichtung	W	WD	= wind direction
Windstillepunkt	WSP	AP	= air position

Steuerkursvektor	o—→—o	air vector
Grundvektor	o—≫—o	ground vector
Windvektor	o—⋙—o	wind vector

Anmerkung:
Vektoren sind gerichtete Größen.
Geschwindigkeiten sind z. B. immer gerichtete (vektorielle) Größen, da sich an einem bewegten Körper außer dem Betrag seiner Geschwindigkeit auch immer die Richtung angeben läßt, in die er sich bewegt.
Graphisch werden Vektoren als Pfeile dargestellt, wobei die Länge des Pfeils ein Maß für die Geschwindigkeit ist.

6. Streckenflug im Segelflug

Während man beim Motorflug auf jeder Flugstrecke mit einer festen Eigengeschwindigkeit rechnen kann, hängt die Reisegeschwindigkeit eines Segelflugzeugs sowohl von seiner konstruktiven Auslegung als auch von Häufigkeit und Stärke der Aufwindfelder ab.

Für alle folgenden Überlegungen nehmen wir ein Segelflugzeug mit einer Leistungspolare an, die sich u. a. aus den Werten der folgenden Tabelle ergibt.
v = Horizontalgeschwindigkeit (= etwa Bahngeschwindigkeit)
v_p = Sinkgeschwindigkeit (polares Sinken, Eigensinken)
1:E = Gleitzahl (Verhältnis $v : v_p$)

v in km/h	80	91	108	140	158	180
v in m/s	22	25,2	30	39	44	50
v_p in m/s	0,65	0,7	0,9	1,5	2,0	2,75
1:E	34	36	33	26	22	18

6.1. Streckenoptimaler Gleitflug

Im streckenoptimalen Gleitflug geht es darum, mit der zur Verfügung stehenden Höhe eine möglichst lange Strecke zurückzulegen.

6.1.1. Durch *ruhende Luft* fliegen wir dabei mit der Geschwindigkeit V_o des besten Gleitens. Wir ermitteln V_o mit Hilfe der Flugleistungspolare, indem wir die Tangente vom Koordinatenursprung aus an die Kurve legen. Hier ergibt sich das kleinste Verhältnis von Sinkgeschwindigkeit zu Horizontalgeschwindigkeit.

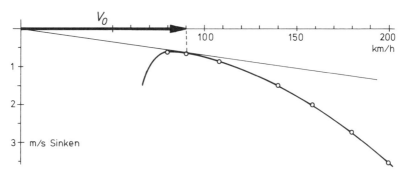

Abb. 28 Bestes Gleiten in ruhender Luft

Wir entnehmen der Graphik, daß die optimale Geschwindigkeit V_o für eine möglichst lange Strecke bei ca. 90 km/h liegt, wobei wir mit 0,7 m/s sinken. Das ergibt eine Gleitzahl von ca. 1:36.

Merke: **Für streckenoptimalen Flug durch ruhende Luft liegt die Sollfahrt bei der Geschwindigkeit des besten Gleitens.**

Beispiel 1:
Nehmen wir eine Wolkenbasis von 1800 m über Platz an. Die maximal erlaubte Höhe beträgt dann 1500 m GND (siehe Sichtflugregeln). Soll die Sicherheitshöhe, mit der wir am Ziel ankommen wollen, 300 m ausmachen, so stehen uns für den letzten Gleitflug 1200 m Höhe zur Verfügung.
Damit ergibt sich die längste Gleitflugstrecke
$$s = 1200 \text{ m} \cdot 36 = 43\,200 \text{ m} = 43,2 \text{ km}$$
Aus dieser maximalen Entfernung kann also z. B. ein Zielanflug (Endanflug) in ruhender Luft durchgeführt werden. Die Fahrtanzeige ist dabei konstant auf 90 km/h zu halten.

Beispiel 2:
Kontrollzonen haben in der Regel einen Durchmesser von 10 nm = 18,5 km.
Nehmen wir an, wir wollen eine Kontrollzone quer überfliegen, die eine Obergrenze von 4200 ft = 1280 m NN hat. Die Sicherheitshöhe betrage 200 m, so daß wir mit einer Höhenmesseranzeige von 1480 m NN den Überflug beenden.

a) die niedrigste Abflughöhe ergibt sich, wenn wir mit dem besten Gleitwinkel fliegen.
Für Windstille haben wir eine Gleitzahl von 1:36 bei 90 km/h ermittelt.
Für 36 m Strecke benötigen wir also 1 m Höhe, für 18 500 m Strecke demnach 18 500 m : 36 = 514 m Höhe.
Der Überflug ist also mit 1480 m + 514 m = ca. 2000 m Höhe NN zu beginnen.
Die Wolkenbasis muß ca. 2300 m hoch sein, weil sonst der vertikale Abstand von 300 m nicht eingehalten werden kann.

b) Wollen wir dagegen die Kontrollzone mit einer Gleitfluggeschwindigkeit von 140 km/h überqueren, so entnehmen wir der Polare eine Gleitzahl von 1:26.

Für 18,5 km Strecke benötigen wir dann 712 m. Wir fliegen also nicht streckenoptimal.
Die Abflughöhe muß ca. 2200 m, die Basis 2500 m betragen.

6.1.2. Gleitflug mit Rücken- bzw. Gegenwind

Bei Rücken- bzw. Gegenwind verbessert bzw. verschlechtert sich die Gleitzahl gegenüber dem Grund.
Sie kann ebenfalls aus der Polare ermittelt werden, indem man die Tangente nicht von der Geschwindigkeit Null aus anlegt, sondern den Ausgangspunkt entsprechend nach links bzw. nach rechts rückt.
Schauen wir uns zwei extreme Beispiele an
Beispiel 1: Rückenwind mit 50 km/h

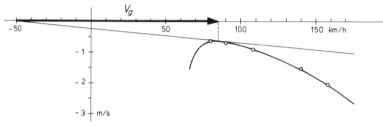

Abb. 29 Bestes Gleiten bei Rückenwind

Wir entnehmen der Polare eine beste Gleitfahrt von V_R = ca. 85 km/h bei 0,67 m/s Sinken. Damit ergibt sich eine Geschwindigkeit über Grund von v_g = 135 km/h bei 0,67 m/s Sinken und daraus eine Gleitzahl von ca. 1:56.

Beispiel 2: Gegenwind mit 50 km/h

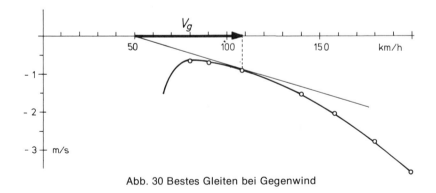

Abb. 30 Bestes Gleiten bei Gegenwind

Die beste Gleitfluggeschwindigkeit liegt nun bei V_G = ca. 108 km/h mit 0,9 m/s Sinken.
v_g = 108 km/h – 50 km/h = 58 km/h mit 0,9 m/s Sinken
Jetzt liegt die Gleitzahl über Grund bei ca. 1:18.

6.1.3. Streckenoptimaler Gleitflug in sinkender Luftmasse

Nehmen wir nun an, wir fliegen in einer Luftmasse, die mit 2 m/s sinkt. Der Wind sei still.
Dann verschiebt sich jeder Punkt unserer Polare um 2 Einheiten nach unten, weil zum jeweiligen Eigensinken zusätzlich 2 m/s Luftmassensinken (meteorologisches Sinken) dazukommen.

Beispiele (siehe Abb. 32):
statt bei einer Fahrt von 80 km/h mit 0,65 m/s zu sinken,
fallen wir nun mit 2,65 m/s,
statt bei 140 km/h mit 1,5 m/s zu sinken,
fallen wir mit 3,5 m/s,
statt bei 180 km/h mit 2,75 m/s zu sinken,
fallen wir mit 4,75 m/s usw.

Merke: **Das Gesamtsinken v_B (Brutto-Sinken) setzt sich aus dem polaren Sinken v_p (Eigensinken) und Luftmassensinken v_L (Netto-Sinken) zusammen.**

Verbindet man alle diese nach unten verschobenen Punkte, so erhält man eine neue Polare p_{-2}.
Um die beste Gleitzahl zu bestimmen, wenn wir in fallender Luft fliegen, müssen wir nun die Tangente vom Ursprung aus an die neue Polare – in unserem Beispiel an p_{-2} – legen.
In unserem Fall ergibt sich eine Sollfahrt von V_{-2} = 140 km/h bei einem Bruttosinken von 3,5 m/s.
Die beste Gleitzahl ist damit wesentlich schlechter als beim Flug durch ruhende Luft. Sie liegt nun bei etwa 1:11. Wollte man unsere mit 2 m/s fallende Luftmasse mit 90 km/h durchfliegen, ergäbe sich gar nur eine Gleitzahl von 1:9.
Um nicht für jedes Luftmassensinken v_L eine neue Polare zeichnen zu müssen, verlegt man die Ausgangspunkte der Tangenten entsprechend nach oben.
Man erkennt, daß jedem Luftmassensinken v_L eine optimale Geschwindigkeit *(Sollfahrt)* zugeordnet ist. Siehe dazu Abb. 32.

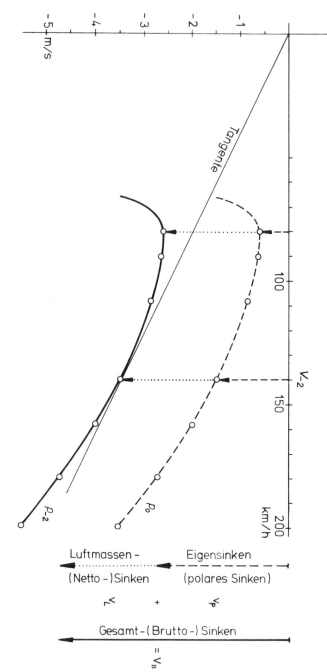

Abb. 31 Bestes Gleiten in sinkender Luftmasse

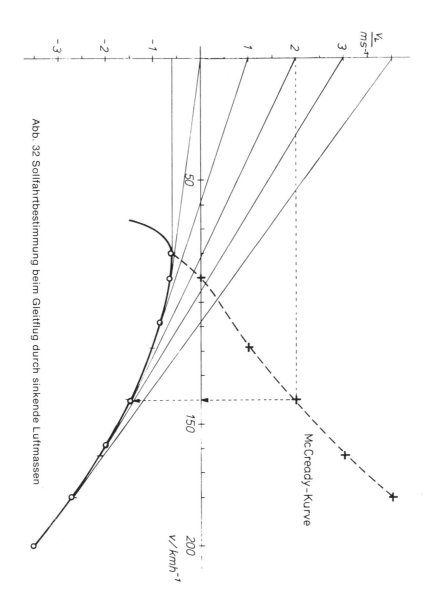

Abb. 32 Sollfahrtbestimmung beim Gleitflug durch sinkende Luftmassen

Dabei bestätigt sich die Regel aus der Praxis:
Je schneller man fällt, desto schneller ist zu fliegen.
Verbindet man alle Punkte (V/v_L), so erhält man die sog. *McCready-Kurve*.

Merke: **Aus der McCready-Kurve lassen sich zu jedem Luftmassensinken v_L die streckenoptimalen Sollfahrten V entnehmen.**

Die üblichen kompensierten Variometer (Brutto-Variometer) zeigen allerdings nicht das Luftmassensinken, sondern das Gesamtsinken an. Wir erhalten das zu jeder Fahrt gehörende Gesamtsinken als Strecke zwischen zwei übereinanderliegenden Punkten von Polare und McCready-Kurve (siehe Abb. 32, gestrichelte Linie).

Merke: **Jeder streckenoptimalen Fahrt V ist ein Gesamtsinken V_B zugeordnet und umgekehrt.**

Ordnet man diese Sollfahrten um die Skala eines Variometers entsprechend an, erhält man den sog. McCready-Ring in Nullstellung.

Für unser Flugzeug gilt

Sollfahrt V in km/h	90	100	120	140	160	180
Gesamtsinken v_B in m/s	0,65	1,2	2,2	3,5	5,0	6,75

Steigt die Luftmasse mit 0,6 m/s, so fliegen wir optimal mit 80 km/h, da hier das Eigensinken durch das Luftmassensteigen ausgeglichen wird. Die Höhe bleibt unverändert. Wir könnten unendlich weit gleiten.

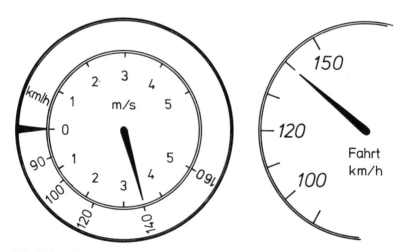

Abb. 33 Anzeigen bei streckenoptimalem Gleitflug durch Luftmassen mit 2 m/s Sinken

Für die Praxis gilt: Will man in unterschiedlich sinkender Luft möglichst weit fliegen, so ist die Fahrt anzustreben, die durch die Variometernadel am Sollfahrtring in Nullstellung angezeigt wird.

Alle anderen Geschwindigkeiten führen zu Streckenverlust. Die beiden Nadeln von Fahrtmesser und Variometer sind also immer so weit nachzuführen, bis die Fahrtmesseranzeige mit der Sollfahrtanzeige auf dem Ring übereinstimmt (Abb. 34).

Da sich im Flug die Variometeranzeige ständig ändert, ist ein verzögerungsfreies Reagieren praktisch nicht möglich. Es erfordert außer einem gut kompensierten Variometer viel Übung, in etwa mit Sollfahrt zu fliegen.

Zusammenfassung:
1. Zu jedem Luftmassensinken gehört eine optimale Gleitfluggeschwindigkeit (Sollfahrt).
2. Die Sollfahrten lassen sich für jedes Segelflugzeugmuster aus der Leistungspolare konstruieren.
3. Mit Sollfahrtring (McCready-Ring) in Nullstellung fliegt man bei Windstille streckenoptimal.
4. Bei Rücken- bzw. Gegenwind wäre die Steigwertachse nach links bzw. rechts zu verschieben.

6.2. Geschwindigkeitsoptimaler Gleitflug

Streckenflüge im Segelflug erschöpfen sich nicht in einmaligem Höhengewinn mit anschließendem Gleitflug. Vielmehr verläuft der Flug in ständigem Wechsel zwischen Steigen und Gleiten. Um überschaubare Zusammenhänge zu gewinnen, legen wir folgendes Modell zugrunde:
- Der Höhengewinn erfolgt in einem erreichbaren Steigen bei Windstille.
- Der Gleitflug findet in ruhender Luft statt, d. h. die Einflüsse von Auf- und Abwinden gleichen sich aus.

6.2.1. Das mittlere Steigen

Ein Maß für die Thermik ist das sog. mittlere Steigen. Es läßt sich mit Hilfe von Stoppuhr und Höhenmesser errechnen. Dabei beginnt man mit der Zeitmessung in dem Augenblick, wo man keine Höhe mehr zur Streckengewinnung abfliegt und beendet sie dann, wenn man wieder auf Kurs geht. Das heißt auch, das Aufsuchen und Zentrieren eines Aufwindschlauchs und der eventuell damit verbundene Höhenverlust fallen mit in diesen Zeitraum. Zu Beginn und bei Beendigung der Zeitmessung stellt man die Flughöhe fest.

Aus dem Höhengewinn h und der gestoppten Zeit t gewinnt man das mittlere Steigen v_{st}

$$v_{st} = \frac{h}{t} \left[\frac{m}{s}\right]$$

Beispiel:
In 600 m Höhe wird nach einem Bart gesucht – Beginn der Zeitmessung.
Nach 10 Minuten = 600 Sekunden zeigt der Höhenmesser 1800 m an. Man geht auf Kurs – Ende der Zeitmessung.
Mittleres Steigen

$$v_{st} = \frac{1800\,m - 600\,m}{600\,s} = 2\,m/s$$

6.2.2. Optimaler Zielanflug

Hierunter verstehen wir einen Gleitflug über eine bestimmte Strecke s in kürzester Zeit *ohne anschließenden Höhengewinn*. Man kann beweisen, daß man Zeit spart, wenn man je nach Stärke des letzten Steigens auf eine bestimmte Höhe klettert. Gewinnt man nämlich gerade so viel Höhe, um mit bestem Gleitwinkel nach Hause zu kommen, ist man immer langsamer als derjenige, der sich die optimale Abflughöhe ersteigt und dann zwar mit höherer Sinkgeschwindigkeit, aber größerer Gleitfahrt davonfliegt. Ungeschickt taktiert man aber auch, wenn man selbst in einem guten »Bart« unnötig viel Höhe »tankt«, die man dann gar nicht mehr schnell genug »wegheizen« kann.

Beispiel:
Auf welche Höhe muß man in einem 2-m/s-Bart steigen, um möglichst schnell eine Strecke von s = 26 km abzufliegen? Wie groß ist dabei die Gleitfluggeschwindigkeit, wenn Ausgangshöhe vor dem Steigen und Höhe über dem Ziel gleich sind?

Dazu stellen wir folgende Vorüberlegungen an:
Um eine möglichst hohe Durchschnittsgeschwindigkeit zu erzielen, muß die Zeit für die Vertikalbewegungen (t_{steig} + t_{sink}) im Verhältnis zur Zeit für die Horizontalbewegung t_{gleit} möglichst kurz sein.
Das heißt umgekehrt, daß das Verhältnis aus Gleitgeschwindigkeit und Vertikalgeschwindigkeit möglichst groß sein muß.
Dieses beste Verhältnis aus v_{gleit} : (v_{steig} + v_{sink}) finden wir für unser Beispiel, wenn wir den Ausgangspunkt der Tangente auf der Steigwertachse zwei Einheiten nach oben verlegen.
Als Sollfahrt erhalten wir die gleiche Geschwindigkeit V_{02} wie beim streckenoptimalen Flug durch eine Luftmasse, die mit 2 m/s sinkt.

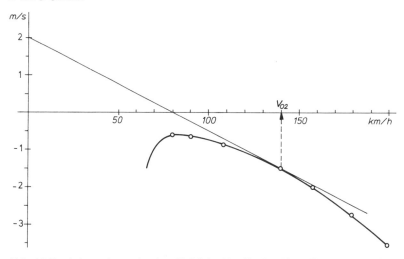

Abb. 35 Ermittlung der optimalen Gleitfahrt V_{02} für den Zielanflug nach 2 m/s-Steigen

Aus der Graphik entnehmen wir V_{02} = 140 km/h = 39 m/s
bei v_P = 1,5 m/s Sinken
und damit ein Gleitverhältnis von 1:26.
Die 26 km lange Strecke verlangt also 1000 m Höhe.
Die Steigzeit beträgt t_{st} = 500 s,
die Gleitzeit t_{gl} = 667 s.
Vom Beginn des Steigens aus gerechnet sind wir also in 19 Minuten 27 Sekunden am Ziel.

Zum Vergleich rechnen Sie bitte nach:
- Bei Flug mit bestem Gleitwinkel wäre die Gesamtzeit 23 Min. 20 Sek.
- Bei Gleitflug mit 180 km/h (Gleitzahl 1:18) läge die Gesamtzeit bei 20 Min. 42 Sek.

Es ist dabei gleichgültig, ob man die notwendige Höhe auf einmal oder in Raten ersteigt. Die Berechnung des optimalen Flugs stimmt allerdings nur, wenn die abzufliegende Höhe auch tatsächlich mit dem zugrunde gelegten mittleren Steigen erworben wurde.

Endanflugrechnern läßt sich nach Eingabe des mittleren Steigens, der Reststrecke und der Rücken- bzw. Gegenwindkomponente die zu erkurbelnde Höhe entnehmen (siehe Reichmann, Streckensegelflug).

6.2.3. Streckenflug von Aufwind zu Aufwind

Jetzt geht es um die Frage: Wie läßt sich eine Strecke möglichst schnell zurücklegen bei möglichst schnellem *Wiedergewinn der abgeflogenen Höhe*.

Wir legen zunächst folgendes Modell zugrunde:
- Die Steigzentren sind kleinräumig.
- Zwischen den Aufwinden liegt ruhende Luft.
- Das erwartete mittlere Steigen trifft ein.

Wir gehen von folgender Überlegung aus:
Um wieder auf gleiche Ausgangshöhe zu kommen, ist es zeitlich gleichgültig, ob man zuerst steigt und dann gleitet (a)
oder zwischen zwei Gleitflügen steigt (b)
oder erst gleitet und dann steigt (c).

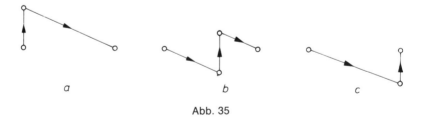

Abb. 35

Das heißt, wir können die Erkenntnisse aus dem optimalen Zielanflug übernehmen: Die Tangentenkonstruktion zur Ermittlung der Sollfahrt ist die gleiche wie in Abb. 35.

Zusammenfassung:
Für geschwindigkeitsoptimales Fliegen ergibt sich in ruhender Luft bei erwartetem Steigen von 2 m/s die gleiche Sollfahrt wie für streckenoptimalen Flug in Luft mit 2 m/s Sinken oder wie für einen Zielanflug mit vorausgegangenem Steigen von 2 m/s.
Der Amerikaner McCready hat auch in dieser Richtung seine Theorie ausgebaut: Verdreht man den Sollfahrtring am Variometer um 2 Einheiten nach rechts (Einstellmarke auf 2 m/s Steigen), so zeigt die Vario-Nadel die zu fliegende Sollfahrt bei einem erwarteten Steigen von 2 m/s an.

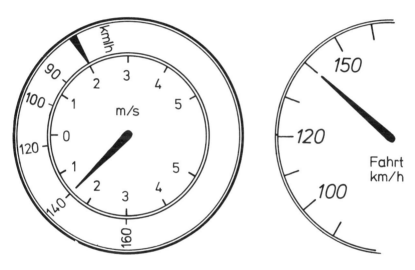

Abb. 36 Anzeigen bei geschwindigkeitsoptimalem Gleitflug durch ruhende Luft bei erwartetem Steigen von 2 m/s. V_{02} = 140 km/h.

In sinkender Luftmasse ist die Fahrt entsprechend zu erhöhen. Das bedeutet, der Ausgangspunkt für die Tangente an die Polare ist zusätzlich um den Luftmassensinkwert zu erhöhen.
Beispiel:
Bei erwartetem Steigen von 2 m/s und fallender Gleitflugluft von 2 m/s ist die Tangente von + 4 m/s aus anzulegen (siehe Abb. 32).
Es ergibt sich eine Sollfahrt von V_{22} = 180 km/h bei einer Variometeranzeige von 4,75 m/s.

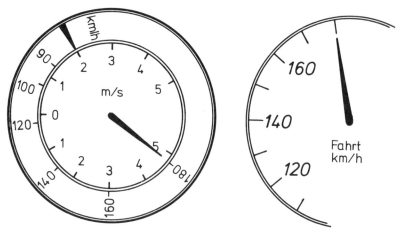

Abb. 37 Geschwindigkeitsoptimaler Gleitflug durch fallende Luftmasse mit 2 m/s bei erwartetem Steigen von 2 m/s. $V_{22} = 180$ km/h

Führen wir die Fahrtmesseranzeige der Sollfahrtanzeige am Ring nach, so fliegen wir auch in vertikal bewegter Luft zwischen den Aufwinden geschwindigkeitsoptimal.
Anders ausgedrückt: Es lohnt sich, sofort den Gleitflug abzubrechen und zu kurbeln, wenn in unserem Fall ein Steigen von 2 m/s oder mehr angetroffen wird. Schwächeres Steigen wird mit geringerer Fahrt im Geradeausflug mitgenommen.
Wir sehen daraus, daß der McCready-Flug mit Schätzfehlern behaftet ist, weil niemand exakt sagen kann, welches vorausliegende Steigen tatsächlich angetroffen wird.
Eine zu hohe Ringeinstellung birgt deswegen auch ein hohes Absaufrisiko, weil sich bei der höheren Sollfahrt die Gleitstrecke und damit die Wahrscheinlichkeit zum Finden des eingestellten Steigens verringert.

6.2.4. Streckenvorbereitung – mittlere Reisegeschwindigkeit

Zur Vorbereitung eines Fluges nehmen wir ein geschätztes mittleres Steigen v_{st} an. Während des Gleitflugs rechnen wir mit ruhender Luft ($v_L = 0$ m/s).

Beispiel: mittleres Steigen $v_{st} = 2$ m/s
Die *mittlere Reisegeschwindigkeit* nach der Sollfahrt-Theorie ergibt sich graphisch als Abschnitt der v-Achse durch die 2-m/s-Tangente.

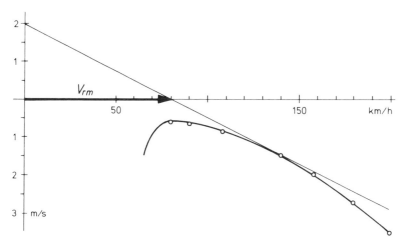

Abb. 38 Ermittlung der mittleren Reisegeschwindigkeit bei mittlerem Steigen von 2 m/s

Die Lage des Geschwindigkeitspfeils v_{rm} in Höhe 0 m/s bedeutet, daß insgesamt weder Höhengewinn noch -verlust verzeichnet wird.

In unserem Beispiel ergibt sich eine mittlere Reisegeschwindigkeit v_{rm} = ca. 80 km/h.

Eine 40 km lange Strecke wird also in 30 Minuten durchflogen sein, wobei die Ausgangshöhe gleich der Höhe über dem Ziel ist.

Diese Geschwindigkeit v_{rm} ist die anzunehmende Eigengeschwindigkeit für alle Navigationsaufgaben auf dieser Strecke.

Merke:
■ $v_{rm} = v_e$
■ v_{rm} **ist zugleich optimale Durchschnittsgeschwindigkeit bei ruhender Gleitfluglauft zwischen den Steigzentren.**

Rechnerische Überprüfung

v_{st} = 2 m/s; s = 40 km
Sollfahrt V = 140 km/h mit Gleitzahl 1:26
Höhenbedarf H = 40 000 m : 26 = 1538 m
Steigzeit t_{st} = 769 s
Gleitzeit t_{gl} = 40 km : 140 km/h = 0,28 Std. = 17 Min.8 Sek. = 1028 s
Gesamtzeit t = 1797 s
Durchschnittsgeschwindigkeit v_{rm} = 40 000 m : 1797 s = 22,26 m/s = 80,1 km/h

Das ist recht genau die der Graphik entnommene mittlere Reisegeschwindigkeit.

Zusammenfassung:
- Zur Lösung von Navigationsaufgaben ist als Eigengeschwindigkeit die mittlere Reisegeschwindigkeit v_{rm} anzunehmen.
- v_{rm} ist abhängig vom erwarteten mittleren Steigen v_{st}.
- v_{rm} ergibt sich durch Tangentenkonstruktion als v-Achsenabschnitt.

Aus der Abb. 32 läßt sich für unser angenommenes Segelflugzeug folgende Tabelle erstellen

v_{st} in m/s	0	0,5	1,0	2,0	3,0	4,0
v_{rm} in km/h	0	39	58	80	95	108

Schnellere Schnittgeschwindigkeiten sind nur dann zu erreichen, wenn es dem Piloten gelingt, während des Gleitflugs mehr steigende als fallende Luftmassen zu durchfliegen, oder sich gar ohne zu kreisen, in vorwiegend steigenden Luftmassen (z. B. unter Wolkenstraßen oder über Gebirgszügen) im sog. *Delphinflug* vorwärtszubewegen. Für diese Fälle müßte unsere Theorie noch erweitert werden (siehe Reichmann, Streckensegelflug).

Anhang: *Lösung einer Navigationsaufgabe (ohne Berücksichtigung von Flugsicherungs- oder Luftrechtproblemen)*

Aufgabe: Zielflug in geknickter Bahn mit
- $s_1 = 100$ km; $rwK_1 = 300°$;
  mittleres Steigen $v_{st} = 2$ m/s
- $s_2 = 150$ km; $rwK_2 = 150°$;
  mittleres Steigen $v_{st} = 1$ m/s
- für beide Teilstrecken:
  Wind in 3000 ft 20/250
  in 5000 ft 30/290
  mittlere Flughöhe 4000 ft
  Ortsmißweisung 3° W ($-3°$)
  Deviation $\delta = -5°$

Lösungen: (Die Seitenzahlen geben die Fundstellen für die Lösungsverfahren an)
Strecke 1: $v_{rm} = 80$ m/h (S. 239)
Wind mit 25 kt aus 270° = 46 km/h aus 270° (S. 190)
l = ca. − 17° (S. 219)
rwWK = 283° (S. 219)
KSK = 291° (S. 221)
v_g = 37 km/h (S. 219)
t_1 = 2h 42min (S. 239)

Strecke 2: v_{rm} = 58 km/h
l = + 43°
rwWK (Th) = 193°
KSK (CH) = 201°
v_g = 68 km/h
t_2 = 2h 17min

Gesamtzeit: t = 4h 59min

Durchschnittsgeschwindigkeit: v_D = ca. 50 km/h

Bezeichnungen und Abkürzungen

v = Horizontalgeschwindigkeit
v_{st} = mittlere Steiggeschwindigkeit
v_L = Sinkgeschwindigkeit der Luftmasse (Betrag)
v_P = Flugzeugeigensinkgeschwindigkeit (Betrag)
v_B = Gesamtsinkgeschwindigkeit $v_L + v_P$ (Betrag)
V = Sollfahrt (relative Geschwindigkeit gegenüber Luft)
V_R = Sollfahrt bei Rückenwind
V_G = Sollfahrt bei Gegenwind
v_g = Geschwindigkeit über Grund
v_{rm} = mittlere Reisegeschwindigkeit = v_e = Eigengeschwindigkeit
t = Zeitdauer
s = Streckenlänge
h = Höhenunterschied

7. Streckenflug im Motorflug   (M)

Hat man die Flugstrecke unter Berücksichtigung der luftrechtlichen Bestimmungen festgelegt und für die einzelnen Teilstrecken Kompaßkurs und Geschwindigkeit über Grund bestimmt, so sind noch einige wichtige Daten zu ermitteln.

7.1. Bestimmung der Flugzeit
Die errechnete Flugzeit EET (estimated elapsed time) ergibt sich aus v_g (GS) und Strecke d (DIST)

$$EET = \frac{DIST}{GS}$$

Beispiel: GS = 150 km/h; DIST = 100 km

$$EET = \frac{100 \text{ km}}{150 \text{ km/h}} = 2/3 \text{ h} = 40 \text{ Min.}$$

7.2. Berechnung des Kraftstoffverbrauchs
Grundsätzlich ist der Treibstoffvorrat so zu bemessen, daß eine sichere Durchführung des geplanten Fluges gewährleistet ist.
In der Praxis kalkuliert man zusätzlich zu den Start-, Steig- und Streckenflugzeiten mindestens 30 Minuten Reserve ein.
Nehmen wir einen Verbrauch von 15 l/h an und eine errechnete Gesamtflugzeit von 140 Minuten, dann ist für mindestens 170 Minuten Kraftstoff mitzuführen, also

$$\frac{170}{60} \cdot 15 \text{ l} = 42{,}5 \text{ l.}$$

Außerdem ist bei der Flugvorbereitung festzustellen, ob der Zielflugplatz auch über die richtige Benzinsorte verfügt (AIP).

7.3. Information über das Anflugverfahren
Weicht der Anflug von der normalen Eingliederung in die Standard-Platzrunde (Linksplatzrunde) ab, so sollte man die *Anflugkarte aus dem AIP* mitführen oder sich die erforderlichen Daten notieren
- Pflichtmeldepunkte
- Anflugfrequenzen (TWR bzw. Turm)
- Einflugwege und -höhen
- Warteräume
- Platzhöhe
- Ausflugstrecken

7.4. Ausweichplätze
Auf alle Fälle sind Ausweichplätze für die einzelnen Strecken vorzusehen, die im Falle von Schwierigkeiten (z. B. Schlechtwetter, technische Störungen, Kraftstoffmangel usw.) angeflogen werden können.

7.5. Schema

Es empfiehlt sich, auch die Streckenvorbereitung nach einem Schema anzulegen. Entsprechende Vordrucke sind im Handel erhältlich.
Beispiel: Startort Augsburg

VFR FLIGHT LOG			Betriebszählerstand:			Fuel-Cap. Kraftstoffvorrat		32 L	
Kennzeichen		DKABO	Rückgabe mit:			CPH Kraftstoffverbrauch		8 L/h	
Typ		SF 25	übernommen mit:		526.14				
Tag		04.03.	Flugzeit:			END Max. Flugdauer		04:00	
Kurs	Strecke nach	NAV-Freq.		Dist.	Zeit		COM-Freq.		Bemerkungen
		Ident	MHz	KM/NM	GMT	EET AET	TWR	DIR ILS	Elev./Ausweichpl.
1	Kempten	KPT	109.6	85		37	122.0		2340 ft
2	Konstanz	(FHA)	(473)	90		40	122.15		1302 ft / EDTY
3	Augsburg	AGB	318	155		73	122.45		EDTC / EDTI

Abb. 39

Erklärungen:
AET (actual elapsed time) = tatsächtliche Flugzeit
Sie wird nach dem Flug eingetragen und mit der EET verglichen, um so die Zeitreserve im Auge zu behalten.
END (endurance), die maximale Flugzeit, hängt vom Verbrauch pro Stunde und der Füllmenge ab. Elevation ist die Platzhöhe über NN.

Zusammenfassung:
Vor jedem Streckenflug ist festzustellen:
■ Welche Bedingungen herrschen auf der Strecke (luftrechtliche, meteorologische, navigatorische)?
■ Welche Bedingungen herrschen am Landeort? (Anflugverfahren, Landebahnrichtung, Wetterbedingungen)
■ Welche Möglichkeiten bzw. Hilfen gibt es für einen eventuellen Notfall (Motorausfall, Kraftstoffmangel, Schlechtwetter, Verfranzen)?
Zur schnelleren Durchführung der zur Flugvorbereitung notwendigen Berechnungen sind im Handel Rechenschieber, -scheiben, Navigationsrechner u. ä. erhältlich. Auf ihre Anwendung sei hier nicht eingegangen. Die entsprechenden Gebrauchsanweisungen geben darüber ausführlich Auskunft.

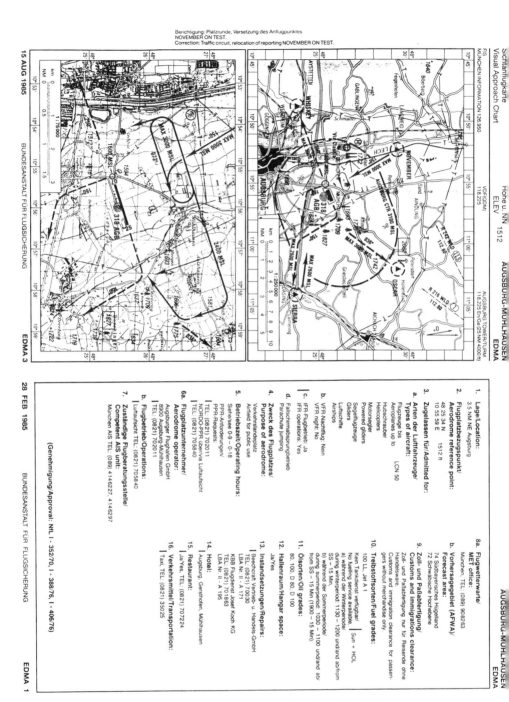

Abb. 40 Sichtanflugkarte mit Flugplatzdatenblatt

Verhalten in besonderen Fällen

1. Störungen des Startvorgangs

1.1. Bodenberührung eines Flügels

Während in der Anrollphase eines Flugzeugschleppstarts die Bodenberührung eines Flügels solange nicht kritisch wird, wie das Segelflugzeug seine Richtung beibehält, kann der gleiche Vorgang beim Windenstart schwerste Folgen haben.
Durch die rasche Fahrtzunahme beim Anschleppen durch die Winde baut sich am freien Flügel gegenüber dem hängengebliebenen sehr viel Auftrieb auf, weil dort durch die Drehbewegung eine weit größere Strömungsgeschwindigkeit auftritt. Die Folge ist eine Rollbewegung und ein Aufschlag in Rückenlage.
Maßnahmen: Bei jedem Start mit Bodenberührung rechnen.
 Im *Flugzeugschlepp* bei Ausbrechtendenz rechtzeitig ausklinken, anschließend alle Bremsen betätigen.
 Im *Windenstart* auch bei geringster Bodenberührung des Flügels sofort ausklinken. Zwei Sekunden später kann es schon zu spät sein.

Abb. 1 Bodenberührung eines Flügels im Windenstart

1.2. Seilrisse im Windenstart

Seilrisse an der Winde sind dann besonders gefährlich, wenn das Flugzeug bereits kurz nach dem Abheben in volle Steigfluglage gebracht wird. Oft reicht die vorhandene Fahrt nicht mehr aus, um das Flugzeug in Horizontallage zu bringen und abzufangen.

Merke: **In volle Steigfluglage erst ab einer Sicherheitshöhe von mindestens 50 m übergehen!**

Je nach Beschaffenheit des Fluggeländes, der Ausklinkhöhe (Seilrißhöhe) und des Windes bieten sich nach einem Seilriß drei Standardverfahren an.

– Seilriß in Bodennähe (etwa 0 bis 100 m):

Maßnahmen: Ruhig bis in Normalfluglage nachdrücken,
Ausklinkvorrichtung mehrmals bedienen,
in Startrichtung auf den *vorher* dafür ausgesuchten Flächen landen.
Das Nachdrücken darf nicht übertrieben werden, da besonders in Bodennähe sonst keine Gelegenheit zum Abfangen mehr besteht.

– Seilriß oberhalb der Sicherheitshöhe (etwa 70 bis 150 m):

Maßnahmen: Nachdrücken, Fahrt aufholen,
Ausklinkvorrichtung mehrmals betätigen,
mit etwas Fahrtüberschuß nach links oder rechts ausbiegen,
Landung nach sauber geflogener Kehrtkurve mit Rückenwind,
beim Landeanflug Überfahrt vermeiden.

Wichtig dabei ist, daß man auf gar keinen Fall zu früh einkurven darf, denn sonst besteht die Gefahr, daß man über die Startstelle hinausschießt.

Bei Flugschülern sollte eine Landung auf der Rückholstrecke etwa in Mitte des Platzes angestrebt werden. Ein guter Anhaltspunkt zum Ansetzen der Kehrtkurve ist die Winde. Am besten, man versucht in einem Bogen um die Winde herumzufliegen (keine zu große Querneigung, etwa 30°) und in Platzmitte aufzusetzen.

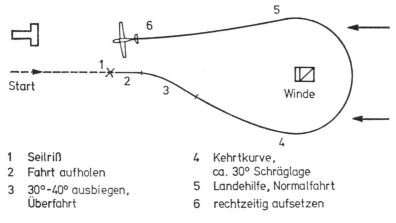

1 Seilriß
2 Fahrt aufholen
3 30°-40° ausbiegen, Überfahrt
4 Kehrtkurve, ca. 30° Schräglage
5 Landehilfe, Normalfahrt
6 rechtzeitig aufsetzen

Abb. 2 Landung mit Rückenwind

Bei größeren Windstärken ist eine Landung mit Rückenwind nach Abb. 1 nicht zu empfehlen. Manche Fluggelände sind auch für die Kehrtkurve ungeeignet.
Deswegen wird man in diesen Fällen bereits ab 100 m eine verkürzte Platzrunde fliegen: Die erste Kurve führt von der Landebahn weg. Die zweite Kurve kann dafür mit geringerer Querneigung und besserer Platzübersicht geflogen werden.

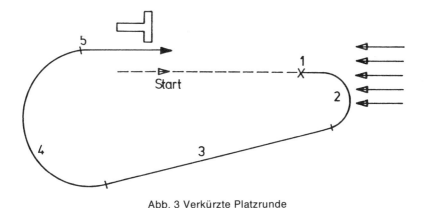

Abb. 3 Verkürzte Platzrunde

— Seilriß oberhalb 100 bis 150 m

Maßnahmen: Nachdrücken, Fahrt aufholen,
  Ausklinkvorrichtung mehrmals betätigen,
  verkürzte Platzrunde mit zwei 180°-Kurven fliegen.
  Wichtig: Die letzte 180°-Kurve rechtzeitig einleiten, solange noch Höhenreserven vorhanden sind, keine Ziellandung erzwingen.

Bei stärkerem Wind wird man nicht mehr versuchen, mit Rückenwind zu landen, sondern landet geradeaus oder in einer verkürzten Platzrunde. Grundsätzlich nicht glauben, zum Startplatz zurückkehren zu müssen. Eine glatte Landung auf einer 2 km entfernten Wiese ist besser als ein Bruch am Landekreuz.

1.3. Nachlassen der Schleppgeschwindigkeit im Windenstart

Läßt die Schleppgeschwindigkeit in Bodennähe nach, so ist vor Unterschreiten der sicheren Fahrt sofort auszuklinken, Normallage einzunehmen und geradeaus zu landen.

Der Startleiter und der Windenfahrer müssen das weitere Seileinziehen sofort unterbrechen. Bläht sich der Seilfallschirm nach dem Ausklinken vor dem Flugzeug auf, so ist auf keinen Fall eine Krampfkurve zu fliegen. Es darf auch nicht versucht werden, über dem Schirm zu bleiben. Ein Absturz aus zwei bis drei Metern Höhe kann die Folge sein. Es bleibt nichts anderes übrig, als notfalls in den Schirm hinein zu landen.

Merke: **Läßt die Schleppgeschwindigkeit nach, ist rechtzeitig vor dem Erreichen der Mindestfluggeschwindigkeit auszuklinken und Normalfluglage einzunehmen.**

1.4. Seilriß im Flugzeugschlepp

Maßnahmen: In niedriger Höhe das Seil sofort ausklinken.
  Falls genügend Höhenreserve vorhanden ist, über unbewohntem Gebiet ausklinken.
  Bei ausreichender Höhe zum Flugplatz zurückfliegen und das Seil dort abwerfen.

Das gleiche gilt für Fälle, in denen der Motorflugzeugführer ausklinken muß.

1.5. Seildurchhang im Flugzeugschlepp

Maßnahmen: Straffen des Seils durch gefühlvolles Betätigen der Luftbremsen oder vorsichtiges Einleiten eines Seitengleitflugs.

In Bodennähe sollten die Klappen möglichst nicht betätigt werden, da der gesamte Schleppzug u. U. zum Sinkflug gezwungen wird oder aber an Fahrt verliert.

1.6. Starke Überhöhung des Schleppflugzeugs

Maßnahmen: Verschwindet das Schleppflugzeug nach unten aus dem Gesichtsfeld des Segelfliegers, ist sofort auszuklinken.

Hat der Segelflieger durch extreme Überhöhung den Schleppzug bereits in Sturzfluglage gebracht, so reichen u. U. die Handkräfte nicht mehr zum Ausklinken.

Maßnahmen: Trotz rasch zunehmender Fahrt kräftig nachdrücken und versuchen auszuklinken.
Auf keinen Fall durch Ziehen des Höhenruders den Sturzflug mildern wollen. Erhöhte Seilspannung wäre die Folge.

1.7. Motorausfall (M)

Setzt der Motor in Bodennähe aus, so befindet sich das Flugzeug zunächst noch in Steigfluglage, in der es ohne Propellervortrieb sehr rasch an Fahrt verliert. Deswegen als erste Maßnahme:
Schnauze runter, Gleitfluglage einnehmen.
Je nach Höhe muß nun entschieden werden, ob gekurvt werden kann oder nicht. Kurven unter 50 m Höhe enden meist mit Bruch. Besser steuert man in die Richtung, die am wenigsten Hindernisse aufweist. Die Mindestfahrt darf auf keinen Fall vor Bodenberührung unterschritten werden. Zur Verringerung der Brandgefahr wird die Zündung ausgeschaltet und der Brandhahn geschlossen.

Merke: **Als erste fliegerische Maßnahme bei Motorausfall ist: Gleitfluglage einnehmen.**

2. Besondere Situationen im Flug

2.1. Fliegen im gebirgigen Gelände

Im Gegensatz zum Flachland sind die Außenlandemöglichkeiten in Berglandschaften stark eingeschränkt.

Maßnahmen: Rechtzeitig zur Landung entscheiden.
Gute Landemöglichkeiten merken, in die Karte eintragen.
Mit kurzen, unebenen Landeflächen rechnen.

In bodennahen Luftschichten sind die Aufwindzonen oft verwirbelt und zerrissen.

Maßnahmen: Ausreichende Höhenreserven einkalkulieren, um zu tiefes Abgleiten zu vermeiden.
Beim engen Kurbeln in niedrigen Höhen ausreichende Fahrtreserven beibehalten.

2.2. Überfliegen von Bergkämmen

Maßnahmen: Rechtzeitig Höhe gewinnen.
Anflug erst bei genügender Höhenreserve ansetzen (einige hundert Meter über Kammhöhe). Mit starken Abwindfeldern und mit Turbulenz rechnen.

2.3. Luftwirbelbildung hinter anderen Luftfahrzeugen

Luftwirbel hinter Großflugzeugen können sich minutenlang halten und Kleinflugzeuge wie welke Blätter herumschleudern. Selbst etliche Kilometer hinter dem Flugzeug können sie noch gefährlich stark sein.

Maßnahmen: Die Bahn schnellerer oder schwerer Flugzeuge nicht in gleicher Höhe oder dicht darunter kreuzen. Horizontal bis zu 8 km, vertikal etwa 300 m Abstand zu Großflugzeugen nicht unterschreiten, wenn hinter diesen die Bahn gequert wird.

2.4. Turbulenzen

Gerät man in wetterbedingte Turbulenzen oder in die Wirbelschleppen von Großflugzeugen, besteht u. U. die Gefahr von Überbeanspruchung des Segelflugzeugs.

Maßnahmen: Fahrt verringern,
    innerhalb der zugelassenen Manövergeschwindigkeit fliegen, Anschnallgurte nachziehen.
    Harte Ruderausschläge vermeiden.

2.5. Einbruch der Dunkelheit

Jeder Flug ist so zu planen, daß mit ausreichender Sicht gelandet werden kann. Trotzdem kann es, vor allem bei Orientierungsverlust, vorkommen, daß man von der Dämmerung »überrascht« wird.

Maßnahmen: Rechtzeitig zum Landen entschließen, solange alle Bodenmerkmale noch klar zu erkennen sind.
    Nur mit guter Höhenreserve versuchen, den nächsten Flugplatz anzufliegen, falls die Navigation zweifelsfrei ist.
    Funkhilfe in Anspruch nehmen.
    Im Zweifelsfall das geplante Vorhaben aufgeben und außenlanden.

2.6. Trudeln

Maßnahmen zum Beenden des Trudelns:
a) Höhenruder nachlassen, evtl. leicht drücken.
b) Seitenruderausschlag voll entgegen der Trudelrichtung.
c) Nach Beendigung der Drehbewegung Seitenruder normal, zügig abfangen.

2.7. Fallschirmabsprung

Das Flugzeug wird man nur in einer ausweglosen Situation mit dem Fallschirm verlassen. Dazu gehören Bruch der Konstruktion, Versagen der Ruder mit unkontrollierbaren Fluglagen, nicht zu beendendes Trudeln, z. B. bei Beschädigung nach einem Zusammenstoß.
Tritt einer der genannten Fälle ein, darf der Entschluß zum Aussteigen nicht verzögert werden, da u. U. die Fliehkräfte schnell so groß werden können, daß die Körperkräfte zum Verlassen des Cockpits nicht mehr ausreichen.
Bei der Einweisung in ein neues Muster sollte man am Boden ausprobieren, wie man am besten aus der Kabine mit umge-

schnalltem Fallschirm kommen kann, d. h. an welchen Stellen man sich festhalten, hochziehen oder abstützen kann.

Maßnahmen: Haube abwerfen (rote[r] Bediengriff[e])
Anschnallgurte lösen,
wenn noch Zeit ist, sich versichern, ob der Fallschirm eingehängt und befestigt ist,
beim Trudeln in Trudelrichtung springen,
versuchen, sich vom Flugzeug abzustoßen,
Beine beim Aufsetzen geschlossen halten,
Schirm unterlaufen,
bei manuellem Schirm wie oben
jedoch den Griff erst nach drei Sekunden Fallzeit ziehen (Seil ganz herausziehen!)
in niedriger Höhe Schirm sofort nach dem Aussteigen auslösen.

3. Technische Störungen

3.1. Versagen des Querruders oder des Seitenruders

Ursachen: Blockieren durch Fremdkörper im Bereich der Steuerungsanlagen.
Beschädigte Seilzüge.
Beim Aufrüsten wurden die Steuerungsanschlüsse nicht oder nicht richtig montiert.
Maßnahmen: Vorbeugung durch sorgfältige Vorflugkontrolle. Solange nicht ein Ruder in Extremstellung blockiert ist, kann mit dem anderen Ruder gegengesteuert werden. Im Seitengleitflug auf dem nächsten geeigneten Gelände landen.

3.2. Ausfall des Höhenruders

Maßnahmen: Bleibt das Flugzeug in einem annähernd normalen Fahrtbereich, kann evtl. mit Unterstützung der Luftbremsen glatt gelandet werden.
Wölbklappenflugzeuge lassen sich mit Hilfe der Wölbklappen auch ohne Höhenruder fliegen, falls »bloß« vergessen wurde, das Höhenruder anzuschließen.

Blockiert das Ruder, so daß die Fahrt nicht mehr kontrollierbar wird, bleibt nur der Fallschirmabsprung.

3.3. Versagen des Fahrtmessers

Maßnahmen: Fliegen nach Horizontbild (Schnauze unter den Horizont),
Beachten des Fahrtgeräusches,
auf den gewohnten Steuerdruck achten.

3.4. Versagen des Einziehfahrwerks

Maßnahmen: Zur Vermeidung von Beschädigungen der Fahrwerksklappen Fahrwerk ganz einfahren,
Bauchlandung auf Gras o. ä., mit Mindestfahrt aufsetzen,
tieferliegende Flügelspitzen beachten.

3.5. Versagen der Sauerstoffanlage in größerer Höhe

Maßnahmen: sofort Sinkflug einleiten,
Luftbremsen voll ausfahren,
mit höchstzulässiger Geschwindigkeit absteigen,
Fahrtmesserfehler beachten!

Auf keinen Fall darf man sich durch scheinbar körperliches Wohlbefinden dazu verleiten lassen, ohne Sauerstoffversorgung in großen Höhen zu bleiben.

3.6. Vergaservereisung (M)

Vergaservereisung kann je nach Wetterbedingungen zwischen + 20° C (!) und einigen Graden unter 0° C auftreten. Sie kündigt sich durch Drehzahlabfall und rauhen Motorlauf an.

Maßnahmen: 1) Bei unsicheren Wetterlagen bereits bei Verdacht die Vergaservorwärmung betätigen. Steigt die Drehzahl nach einigen Sekunden nicht an, lag keine Vereisung vor.

2) Bei eingetretener Vergaservereisung die Vorwärmung voll ziehen, dabei die Gashebelstellung nicht verändern. Auf keinen Fall mit dem

Gashebel »pumpen«, da das Gemisch sonst noch weiter überfettet wird.

Vorwärmung gezogen lassen, bis die Drehzahl normale Werte erreicht hat.

3) Bei häufigem Auftreten mit gezogener Vorwärmung den Flug fortsetzen.

4. Wetterbedingte Situationen

4.1. Unbeabsichtigtes Einfliegen in eine Wolke

Unter Cumuluswolken großer Mächtigkeit können Aufwinde so stark sein, daß man ungewollt in die Wolke hineingezogen wird.

Maßnahmen: Geradeausflug, nicht kreisen,
Luftbremsen voll ausfahren,
mit höchstzulässiger Geschwindigkeit den Aufwindbereich verlassen.

Möglicherweise verliert man schon nach kurzer Zeit in der Wolke die Kontrolle über das Flugzeug.

Maßnahmen: Bremsen voll ausfahren,
Knüppel gedrückt halten,
Quer- und Seitenruder in Normalstellung.

4.2. Starke Abwinde

Sie sind vor allem gefährlich, wenn man sich in Bodennähe oder beim Landen befindet.

Maßnahmen: Nachdrücken, stark Fahrt aufholen, um das Fallgebiet so schnell wie möglich zu durchqueren.
Wenn das Gelände bergig ist, die Leeseiten meiden, verkürzter Landeanflug.
Unter Umständen rechtzeitig zur Außenlandung entschließen.

4.3. Schlechtwetter

Auf Überlandflügen können die Wetterbedingungen unter die entsprechenden Sichtflugbedingungen sinken.

Besonders der abendliche Bodennebel kann sich schnell über dem Gelände erheben.

Maßnahmen: Sofort landen, wenn die Sichtflugbedingungen nicht mehr gegeben sind.
Bodennebel entsteht nicht überall gleichzeitig, rechtzeitig auf nebelfreiem Gelände landen.

4.4. Nebel

Fortsetzen eines Fluges bei Aufkommen von Nebel ist für VFR-Flieger lebensgefährlich.

Maßnahmen: Vorbeugung durch eingehende Wetterberatung.

Wurde man vom Nebel »überrascht«, so ist in den seltensten Fällen eine Landung am Zielort möglich.

Maßnahmen: Über Funk den nächsten Flughafen rufen, um nebelfreie Landemöglichkeiten zu erfahren.
Unter Umständen Radarhilfe in Anspruch nehmen.

4.5. Vereisung

Bei geplantem Wolkenflug wird die Vereisung in der Regel bewußt in Kauf genommen.

Bei Höhenflügen tritt häufiger die Vereisung der Kabinenhaube von innen durch den eigenen Atem auf.

Maßnahmen: Lüftung und Schlechtwetterfenster voll öffnen, Fluglagekontrolle durch das Schlechtwetterfenster, Sinken in wärmere Luftschichten.

Vereist die Haube von außen her, so ist die Lüftung wirkungslos.

4.6. Flüge im Regen

Alle Beläge auf der Flügeloberfläche sind leistungsmindernd. Gleichzeitig ist damit eine Erhöhung der Mindestfluggeschwindigkeit verbunden.

Maßnahmen: Fahrterhöhung um ca. 10 %,
schlechteren Gleitwinkel einkalkulieren.

Außerdem ist durch den Niederschlag selbst, sowie durch die abperlenden Wassertropfen an der Haube, mit erheblicher Sichtbehinderung zu rechnen:

Maßnahmen: Konzentrierte Luftraumbeobachtung,
   Schlechtwetterfenster beim Landeanflug öffnen.

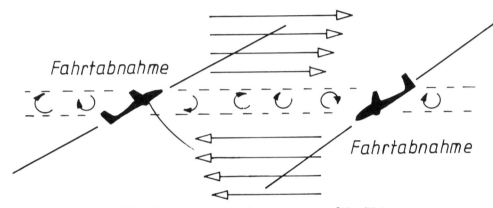

Abb. 4 Fahrtverlust beim Durchqueren von Scherflächen

4.7. Durchfliegen von Scherflächen

Liegt über einer Luftschicht eine zweite mit anderer Windrichtung, so ist beim Durchfliegen dieser sog. Scherungszone nicht nur mit Turbulenzen, sondern auch mit Fahrtveränderungen zu rechnen. Besonders beim Start mit Gegenwind muß mit Fahrtverlust gerechnet werden, wenn in der darüberliegenden Luftmasse eine entgegengesetzte Windkomponente auftritt.
Im Sinkflug tritt umgekehrt der gleiche Effekt auf.

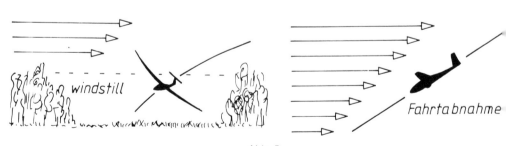

Abb. 5

Eine ähnliche Erscheinung tritt ein, wenn man aus Höhen größerer Windgeschwindigkeit in die durch die Bodenreibung verlangsamte Luft gleitet. Besonders in windgeschützten Landeflächen (Waldlichtung o. ä.) kann es zu gefährlichen Fahrtverlusten in Bodennähe kommen, wenn der Anflug mit scheinbar kräftigem Gegenwind erfolgte (Abb. 5).

Maßnahmen: Bei Verdacht auf Scherungszonen mit größerer Fahrtreserve fliegen,
Fahrtmesser beachten,
mit Durchsacken rechnen.

4.8. Gewitter

Baut sich während des Fluges ein Gewitter auf, so darf auf keinen Fall in das Gewitter eingeflogen werden.

Maßnahmen: Auf Überlandflügen vor dem Gewitter bleiben bzw. mit der dort gewonnenen Höhe vom Gewitter wegfliegen.
Rechtzeitig landen und das Flugzeug sichern, da in Gewitternähe oft sturmartige Böen auftreten.
Keinen Windenstart bei Gewitternähe durchführen, da Blitzschlaggefahr für Flugzeug oder Windenseil besteht.

4.9. Sicherung abgestellter Flugzeuge – Transport am Boden

Durch heftige Böen und starke thermische Ablösungen ist schon manches Flugzeug zerstört worden, weil es nicht richtig abgestellt oder transportiert worden ist.

Maßnahmen: Beim Abstellen Schwanz gegen den Wind, den dem Wind zugewandten Flügel ablegen, beschweren.
Beim Transport an jeden Flügel und an den Schwanz ein Mann. Schwanz gegen den Wind transportieren.
Seitenruder gegen Umschlagen sichern.
Flugzeug bei Wind nicht mit einem Kraftfahrzeug schleppen, schon gar nicht gegen den Wind.

Merke: **Flugzeuge bei Wind nicht ohne ausreichende Bewachung zurücklassen.**

5. Verhalten bei außergewöhnlichen Landungen

5.1. Außenlandung

Maßnahmen: Rechtzeitig zur Landung entschließen,
genügend großes Feld mit freiem Anflug aussuchen,
bearbeitete Flächen sind Wiesen vorzuziehen,
nach Hindernissen suchen,
Landeanflug gegen den Wind planen (bei ebenem Gelände), Position in ca. 150 m querab vom Aufsetzpunkt einnehmen, Endteil genügend lang anlegen.

5.2. Landung in bergigem Gelände

Maßnahmen: Unabhängig von der Windrichtung hangaufwärts landen,
etwas Überfahrt, besonders bei Böigkeit, beibehalten,
dem Gelände entsprechend schnell und stark genug abfangen,
Abwärtsrollen durch Rollen einer Kurve verhindern,
rasch aussteigen, Flugzeug sichern.

5.3. Landung im Wald, hohem Korn, auf Wasserflächen o. ä.

Maßnahmen: Anschnallgurte nachziehen,
Anflug gegen den Wind,
Wipfel, Kornspitzen oder Wasseroberfläche als Boden ansehen,
mit Geringstfahrt ohne Luftbremsen aufsetzen,
bei Wasserlandungen Fallschirm ablegen, sofort aussteigen.

5.4. Landefeld zu kurz

Maßnahmen: Landeanflug mit sicherer Mindestfahrt (1,3fache Mindestgeschwindigkeit),
alle Landehilfen verwenden,
vor dem Aufrollen auf Hindernisse Knüppel voll drücken,
Ringelpietz mit abgelegtem Flügel.

Aus einem kurzen Landefeld kann man mehr Landebahn »herausholen«, wenn man diagonal landet, und zwar in der Diagonale, die eine größere Gegenwindkomponente bringt.

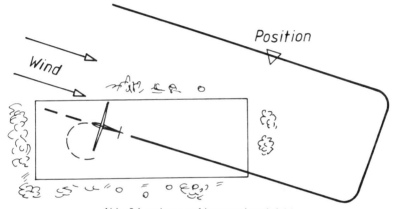

Abb. 6 Landung auf kurzem Landefeld

5.5. Neigung der Landefläche zu groß

Die Neigung eines Landefeldes läßt sich von oben oft nur schwer beurteilen. In hügeligem Gelände kann man immer davon ausgehen, daß die Landeflächen irgend eine Neigung aufweisen.

Maßnahmen: Luftbremsen voll ausfahren,
nicht ausschweben lassen, sondern Radlandung,
Einsatz der Radbremse,
erst bei ausreichend geringer Geschwindigkeit ziehen und damit die Spornlast und den Widerstand vergrößern.

5.6. Nasse Landebahn

Maßnahmen: Mit längerer Rollstrecke rechnen,
verringerte Bremswirkung einkalkulieren.

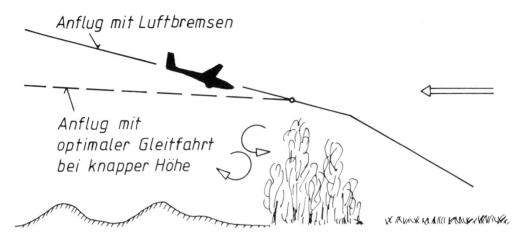

Abb. 7 Landung über hohe Hindernisse

5.7. Überfliegen von Hindernissen

Sind kurz vor dem Landefeld noch Hindernisse zu überfliegen, so sollte man von vornherein einen steileren Anflug planen.

Maßnahmen: Mit Höhenreserve anfliegen,
auf die Oberkante des Hindernisses andrücken,
Gleitwinkel- und Fahrtsteuerung mit Hilfe der Luftbremsen durchführen,
nach Überfliegen des Hindernisses Luftbremsen voll ausfahren.

Das »Überspringen« von Hindernissen durch Andrücken bis an den Boden und anschließendes Hochziehen vor dem Hindernis ist gefährlich. Schätzfehler können böse Folgen haben.

Dieses Verfahren ist nur sinnvoll, wenn man den Anflug zu knapp angesetzt hat und der Bodeneffekt bzw. die geringere Windgeschwindigkeit in Bodennähe ausgenützt werden soll. Bei stärkerem Wind ist allerdings mit Leerwirbelbildung hinter den Hindernissen zu rechnen.

Besser erfolgt der Anflug mit der Fahrt des besten Gleitens ohne Luftbremsen, bis eine ausreichende »Gleitwinkelreserve« geschaffen ist.

5.8. Landung in Hindernisse

Sollte das gewählte Gelände sich wegen irgendwelcher Hindernisse (Felsbrocken, Bebauungen, Gebüsch usw.) als untauglich herausstellen, so darf auf das Flugzeug keine Rücksicht mehr genommen werden.

Maßnahmen: Grundsätzlich mit ausgefahrenem Fahrwerk landen, Gurte nachziehen,
mit Geringstfahrt aufsetzen, den Rumpf zwischen den größten Hindernissen hindurchsteuern.
Bei völlig untauglichem Gelände vor den Hindernissen Seitengleitflug einleiten und mit dem Flügel voraus in die Hindernisse hineinlanden.

5.9. Landung bei starkem Seitenwind

Maßnahmen: Landeanflug mit entsprechend großem Vorhaltewinkel, falls Seitengleitflug durchgeführt wird, dann mit hängender Fläche in den Wind slippen, Schnauze kurz vor dem Aufsetzen in Landerichtung drehen,
Flügel rechtzeitig horizontal nehmen (Bodenberührung!)

5.10. Landung mit Rückenwind

Maßnahmen: Landeanflug länger als gewohnt ansetzen,
Überfahrt vermeiden,
zum frühest möglichen Zeitpunkt aufsetzen,
lange Ausrollstrecke einkalkulieren,
Ruderwirkung ist in der letzten Rollphase nicht mehr gegeben.

5.11. Versteckte Gefahren

Besonders bei Außenlandungen in fremden Geländen ist damit zu rechnen, daß trotz sorgfältiger Beobachtung nicht immer alle Einzelheiten der Landefläche erkannt werden können. Schmale Gräben, Weidezaundrähte, Schlammlöcher, Steinbrocken usw. bergen ernsthafte Gefahren.

Maßnahmen: Auch indirekte Merkmale beachten, wie unterschiedliche Grünfärbung der Wiesen, Zaunpfosten, Telefonmasten usw.
Nach dem Aufsetzen so rasch wie möglich zum Stehen kommen.

6. Unfall

6.1. Häufige Unfallursachen

- Unterschreitung der Mindestfluggeschwindigkeit in Bodennähe (unter 100 m)
- Mißachtung der Forderung nach Fahrterhöhung im Kurvenflug
- Kurven in Bodennähe
- Verschätzen bei der Landeeinteilung, Mißachtung der Position
- Einflug in Schlechtwettergebiete
- Zusammenstöße beim Thermikkreisen und beim Hangflug
- Überbeanspruchung beim Abfangen oder in der Turbulenz
- Unterschätzung der Gefahren bei starker Böigkeit
- Blockieren von Steuerorganen durch Fremdkörper
- Außenlandungen in ungeeignetem Gelände

6.2. Verhalten nach einem Unfall

Maßnahmen: Zuerst die Verletzten versorgen,
Erste Hilfe leisten, auf jeden Fall Arzt verständigen,
Meldung bei der Polizei,
Heimatflugplatz verständigen,
Meldung beim Luftfahrtbundesamt, Braunschweig, Flughafen.
Innerhalb von 72 Stunden ist vom Halter oder Flugzeugführer die Störungsmeldung abzugeben.
Versicherung verständigen.
Der Bruch darf erst nach Freigabe durch das LBA aufgeräumt werden.

Luftrecht (Stand 1985)

1. Nationale Organisation der Luftfahrt

Die Lufthoheit in der Bundesrepublik Deutschland liegt bei der Bundesregierung.
Die Aufgaben, die dem Staat daraus erwachsen, werden aber teilweise auch von den Regierungen der einzelnen Bundesländer übernommen, sofern sie regionalen Charakter haben.
Zur Erfüllung vorwiegend überregionaler Aufgaben unterstehen dem Bundesverkehrsministerium, der höchsten Luftfahrtbehörde der BRD, folgende Behörden:
- Bundesanstalt für Flugsicherung (BFS)
- Luftfahrtbundesamt (LBA)
- Deutscher Wetterdienst (DWD)

1.1. Die Länder

- Die *Länder* erteilen die Erlaubnis für Privatflugzeugführer, Berufsflugzeugführer Klasse 2, nicht berufsmäßige Führer von Drehflüglern, Segelflugzeugführer, Freiballonführer und Fallschirmspringer.
- Dazu erteilen sie die Berechtigungen für Schleppflug, Kunstflug, Instrumentenflug und Ausbildung.

Weitere Aufgaben sind:
- Genehmigung von Flugplätzen, soweit sie nicht die Interessen des Bundes berühren,
- Genehmigung von Luftfahrtveranstaltungen,
- Erteilung der Erlaubnis zum Starten und Landen außerhalb von Flugplätzen,
- Erteilung der Erlaubnis für Luftbildaufnahmen, besondere Benutzung des Luftraums (Kunstflug, Akrobatik, Reklame . . .),
- Ausübung der Luftaufsicht, soweit nicht Bundesorganisa-

tionen zuständig sind, durch *Beauftragte für Luftaufsicht* (BfL).

Alle Anträge, die oben genannte Bereiche betreffen, sind also an die zuständigen Landesbehörden zu richten. .

1.2. Bundesanstalt für Flugsicherung (BFS)

Die Bundesanstalt für Flugsicherung (BSF) untersteht dem Bundesminister für Verkehr. Ihre Zentrale befindet sich in Frankfurt/Main, Opernplatz 14. Ihre Hauptaufgabe ist die Sicherung der Luftfahrt durch Flugverkehrskontrolle und Beratung. Zur Durchführung ihrer Aufgabe hat die BFS folgende Dienstzweige eingerichtet:

- Flugverkehrskontrolldienst mit   ATC
  - Bezirkskontrolldienst   ACC
  - Anflugkontrolldienst   APP
  - Flugkontrolldienst   TWR
- Fluginformationsdienst   FIS
- Flugalarmdienst   ALS
- Flugberatungsdienst   AIS
- Flugfernmeldedienst   AFS
- Flugnavigationsdienst

Die Bundesanstalt für Flugsicherung unterhält Außenstellen auf allen Verkehrsflughäfen.

Die *vier Flugsicherungsregionalstellen* sind in Frankfurt, München, Bremen und Düsseldorf eingerichtet.

1.3. Luftfahrtbundesamt (LBA)

Das Luftfahrtbundesamt (LBA) ist für die technischen Belange der Luftfahrt zuständig. Es hat seinen Sitz in Braunschweig, Flughafen, und führt folgende Aufgaben durch:

- Musterzulassung von Luftfahrtgerät
- Verkehrszulassung der Luftfahrtgeräte (einschl. Segelflugzeuge)
- Führung der Luftfahrzeugrolle und anderer Verzeichnisse für Luftfahrtgerät
- Zulassung von Prüfern für Luftfahrtgerät
- Untersuchung von Störungen und Unfällen
- Mitwirkung bei Bau- und Prüfvorschriften

■ Sammeln von Nachrichten und Berichten aus Gebieten, die für das LBA notwendig sind.

Die erforderlichen Prüfungen des Luftfahrtgerätes werden von amtlichen Stellen (Deutsche Forschungs- und Versuchsanstalt für Luft- und Raumfahrt DFVLR) durchgeführt.

1.4. Deutscher Wetterdienst (siehe Meteorologie 7)

2. Internationale Organisation

2.1. Die ICAO

Die ICAO (Internationale Zivil-Luftfahrtorganisation) hat ihren Sitz in Montreal/Kanada. Ihr sind nahezu alle westlichen Staaten angeschlossen. Die ICAO hat sich zur Aufgabe gesetzt, einheitliche Richtlinien festzulegen und Normen zu schaffen, die über die einzelnen Staatsgrenzen hinausgreifen, um die internationale Zusammenarbeit in der Luftfahrt zu erleichtern und zu verbessern.

So wurden z. B. einheitliche Abkürzungen, Definitionen und Symbole festgelegt, in der Sprache einigte man sich auf Englisch, es wurde ein einheitliches Maßsystem geschaffen, um Umrechnungen zu ersparen oder zu vereinfachen, es werden gemeinsame Mindestanforderungen an das Luftfahrtpersonal gestellt u. v. m.

Die nationalen Organisationen richten sich nach den Empfehlungen der ICAO.

2.2. Das ICAO-Maßsystem

■ Strecken werden in Seemeilen angegeben:
   1 nm   = 1,852 km
■ Höhen über NN oder Grund in Fuß:
   1000 ft   = ca. 300 m
   1000 m   = 3281 ft
■ Geschwindigkeit (auch Windstärken) in Knoten
   1 kt   = 1 nm/h (Seemeile pro Stunde)
   1 kt   = 1,852 km/h

Faustregel zur Umrechnung:
Knoten mal 2 minus 10 % = Kilometer
z. B. 50 kts = 50 km/h · 2 – 10 %
= 100 km/h – 10 %
= 90 km/h

- Steiggeschwindigkeit in Fuß pro Minute:
1000 ft/min = ca. 5 m/sec
- Sicht in Kilometer oder Meter
- Luftdruck in Millibar (Hektopascal = hPa)
- Die Temperatur wird in Grad Celsius und
- das Gewicht in Kilogramm angegeben.

2.3. Das Zeitsystem

In der Fliegerei wird eine einheitliche Uhrzeit über der gesamten Erde verwendet, die an Stelle der örtlich verschiedenen Lokalzeiten tritt. Man richtet sich nach der Uhrzeit, die in Greenwich herrscht. Sie wird mit Greenwich Mean Time (GMT) bezeichnet. Für die Bundesrepublik bedeutet das eine Verschiebung um eine Stunde. Wenn es z. B. nach mitteleuropäischer Zeit (MEZ) 15.00 Uhr ist, dann ist es in Greenwich erst 14.00 Uhr.

Merke: **Für die BRD gilt**
- **MEZ minus 1 Stunde = GMT**
bei Sommerzeit (MESZ):
- **MESZ minus 2 Stunden = GMT**

3. Einteilung des Luftrechts

3.1. Das Luftverkehrsgesetz

Das Luftverkehrsgesetz (LuftVG) bildet die gesetzliche Grundlage für alle Vorschriften, die in der bundesdeutschen Luftfahrt erlassen werden. Es gliedert sich in die drei Hauptabschnitte Luftverkehr, Haftpflicht und Straf- und Bußgeldvorschriften. Die folgenden Verordnungen sind Ausführungsbestimmungen zum LuftVG.

3.2. Die Luftverkehrsordnung

Die *Luftverkehrsordnung (LuftVO)* regelt den Luftverkehr und schreibt in Einzelheiten vor, wie sich die Teilnehmer im Luftverkehr zu verhalten haben.

Sie enthält die Abschnitte
1) Pflichten der Teilnehmer am Luftverkehr
2) Allgemeine Regeln
3) Sichtflugregeln
4) Instrumentenflugregeln
5) Bußgeld- und Schlußvorschriften

Außerdem sind in der Anlage Vorschriften über zu führende Lichter, Signale, Zeichen und Flughöhen zu finden.

3.3. Die Luftverkehrszulassungsordnung

Die Luftverkehrs-Zulassungsordnung (LuftVZO) legt fest, was alles zulassungspflichtig ist und unter welchen Bedingungen es zugelassen wird. Außerdem sind die Behörden angeführt, die berechtigt sind, die Zulassung zu erteilen.

Im einzelnen enthält sie folgende Abschnitte:
1) Zulassung des Luftfahrtgeräts und Eintragung der Luftfahrzeuge
2) Luftfahrtpersonal
3) Flugplätze
4) Verwendung und Betrieb von Luftfahrtgerät
5) Haftpflicht- und Unfallversicherung, Hinterlegung
6) Kosten, Ordnungswidrigkeiten und Schlußbestimmungen

3.4. Verordnung über Luftfahrtpersonal (LuftPersV)

Die Luftfahrtpersonal-Verordnung (LuftPersV) legt fachliche Voraussetzungen,
Art der Prüfung,
Umfang der Erlaubnis,
Gültigkeitsdauer,
Verlängerungs- und Erneuerungsbedingungen
für die einzelnen Erlaubnisse oder Berechtigungen für Luftfahrer oder sonstiges Luftfahrtpersonal fest.

3.5. Die Prüfordnung für Luftfahrtgerät

Die Prüfordnung für Luftfahrtgerät (LuftGerPo) legt die Anforderungen für Geräte fest, die in der Luftfahrt verwendet werden. Luftfahrtgeräte werden nur dann zugelassen, wenn sie den Bestimmungen dieser Prüfordnung entsprechen. Diese amtliche Prüfung darf nur ein anerkannter Prüfer durchführen.

3.6. Betriebsordnung für Luftfahrtgerät (LuftBO)

In der LuftBO sind die technischen Betriebsvorschriften, die Flugbetriebsvorschriften, sowie die Ausrüstung der Luftfahrzeuge erfaßt.
Sie gilt für den Betrieb des zum Verkehr zugelassenen Luftfahrtgeräts.

3.7. Durchführungsverordnungen (DVO)

Zu den oben aufgeführten Verordnungen werden zusätzlich sog. Durchführungsverordnungen herausgegeben, die die einzelnen Vorschriften erläutern und für jeden Einzelfall präzisieren.

4. Regeln, Vorschriften und Bekanntmachungen für den Sportflieger

4.1. Der Luftfahrer

4.1.1. Erlaubniserteilung

Luftfahrzeugführer bedürfen laut LuftVZO der Erlaubnis. Die Erteilung der Erlaubnis (Ausstellung des Luftfahrerscheins) obliegt der Luftfahrtbehörde des Landes, in dem der Bewerber seinen Wohnsitz hat oder ausgebildet worden ist.

Art, Umfang und fachliche Voraussetzungen zur Prüfung richten sich nach der Verordnung über Luftfahrtpersonal (LuftPersV).

Die Ausbildung selbst ist nach den »Richtlinien für die Ausbildung und Prüfung des Luftfahrtpersonals« vorzunehmen. Dort wird im einzelnen aufgeführt, welche theoretischen Gebiete und welche praktischen Übungen der Unterricht umfassen muß und welche Anforderungen in den Prüfungen gestellt werden.

Der Luftfahrerschein für Privatflugzeugführer wird mit den Beiblättern für Privatflugzeugführer (A), Motorseglerführer (B), Segelflugzeugführer (C), Ballonführer (D) und Privathubschrauberführer (E) ausgestellt.

Für den *Erwerb des Beiblattes C* sind erforderlich (§§ 36–41 Luft-PersV):
1) Theoretische Ausbildung mit mind. 60 Std.
2) Flugausbildung von mindestens 30 Stunden innerhalb der letzten vier Jahre auf Segelflugzeugen verschiedener Muster. Davon 15 Stunden Alleinflug. Wird die Flugausbildung innerhalb 18 Monate abgeschlossen, ermäßigen sich die Flugstundenzahlen auf 25 bzw. 10 Stunden.
In dieser Flugausbildung müssen enthalten sein:
- 60 Starts und Landungen, davon 20 allein,
- 3 Landungen aus ungewohnter Position mit Fluglehrer,
- 3 Landungen mit oder ohne Fluglehrer auf mindestens einem zweiten Flugplatz,
- selbständige Vorbereitung und Durchführung eines Überlandfluges von mindestens 50 km im Segelflug als Alleinflug,
- theoretische und praktische Einweisung in besondere Flugzustände, Notfälle und Unfälle.
3) Berechtigung zur Ausübung des Sprechfunkdienstes (Sprechfunkzeugnis BZF I, BZF II oder AZF),
4) erfolgreiche Teilnahme an einer Unterweisung in Sofortmaßnahmen am Unfallort.

Die zulässigen Startarten werden nach folgender Ausbildung eingetragen:
- Windenstart: mind. 10 Starts mit Lehrer und 10 Alleinstarts
- Flugzeugschlepp: 5 Starts mit Lehrer und 5 Alleinstarts

Erleichterungen:
Die Flugausbildung kann teilweise auf Motorseglern durchgeführt werden.
Für Bewerber, die eine Erlaubnis für selbststartende Motorsegler besitzen, verringert sich die Flugausbildung auf Segelflugzeugen auf 5 Stunden mit je 15 Alleinflügen und 3 Landungen aus ungewohnter Position.
Der 50 km-Überlandflug im Segelflug entfällt nicht, ebenso ist die Einweisung in besondere Fälle auf dem Segelflugzeug obligatorisch.

Für den *Erwerb des Beiblattes B (Motorsegler)* sind erforderlich (§§ 31 bis 35 LuftPersV):

1) theoretische Ausbildung mit mind. 80 Stunden innerhalb der letzten 24 Monate,
2) Flugausbildung innerhalb 24 Monaten mit mindestens 35 Flugstunden, davon mind. 15 Stunden im Alleinflug. Wird die Ausbildung innerhalb fünf Monaten abgeschlossen, ermäßigen sich die Flugstundenzahlen auf 25 bzw. 10.
In dieser Ausbildung müssen enthalten sein:
- 60 Flüge, davon 10 allein auf drei verschiedenen Flugplätzen, sowie 5 Anflüge und Landungen ohne Fluglehrer bei abgestelltem Motor,
- selbständige Vorbereitung und Durchführung eines Navigationsfluges von mind. 300 km mit einer Zwischenlandung auf einem mindestens 100 km entfernten Flugplatz und einer weiteren Zwischenlandung,
- 5 Außenlandeübungen,
- theoretische und praktische Einweisung in besondere Fälle auf Motorseglern.

3) Sprechfunkzeugnis,
4) Sofortmaßnahmen am Unfallort

Erleichterungen:
Die Flugausbildung kann teilweise auf Flugzeugen und Segelflugzeugen durchgeführt werden.
Für Bewerber, die eine Erlaubnis für Segelflugzeugführer besitzen, verringert sich die Flugausbildung auf eine Einweisung in besondere Fälle auf Motorseglern und eine Flugzeit von 5 Stunden auf selbststartenden Motorseglern.
In dieser Flugzeit müssen 10 Alleinflüge, sowie der 300 km-Navigationsflug enthalten sein.

4.1.2. Erweiterung der Erlaubnis (§§ 81 bis 87)
Die Erlaubnis kann von der Luftfahrtbehörde des Landes nach entsprechender Ausbildung und Prüfung erweitert werden auf
- Berechtigung zum Kunstflug
- Berechtigung zum Wolkenflug
- Berechtigung zur Ausbildung von Luftfahrern

Für Motorseglerführer zusätzlich:
- Berechtigung zur Durchführung kontrollierter Sichtflüge (CVFR-Berechtigung)
- Nachtflugberechtigung

4.1.3. Gültigkeitsdauer einer Erlaubnis (§ 125)
Die Erlaubnisse haben eine Gültigkeitsdauer von 24 Monaten. Sie richtet sich nach dem Datum des ärztlichen Tauglichkeitszeugnisses. Bei der Verlängerung eines Scheines kann die ärztliche Untersuchung bis zu 45 Tage vor Ablauf der Gültigkeitsdauer datiert sein, ohne daß sich der Termin für die nächste Verlängerung verschiebt.

4.1.4. Verlängerung der Erlaubnis (§ 41)
Eine Erlaubnis wird verlängert, wenn der Bewerber innerhalb der Gültigkeitsdauer folgende Nachweise erbringt
Beiblatt C (Segelflugzeugführer):
- fliegerärztliches Tauglichkeitszeugnis
- 10 Stunden oder 30 Starts als verantwortlicher Führer von Segelflugzeugen, Motorseglern oder Flugzeugen
- für jede zu verlängernde Startart 5 Starts
jeweils innerhalb der letzten 24 Monate vor Ablauf der Gültigkeitsdauer.

Beiblatt B (Motorsegler, § 35):
- fliegerärztliches Tauglichkeitszeugnis
- 24 Flugstunden und 25 Starts, davon
- 3 Streckenflüge mit mindestens 100 km Entfernung mit Landung

Flugzeiten und Startzahlen können durch gleiche Anzahl Stunden und Starts auf Flugzeugen oder Segelflugzeugen ersetzt werden. 5 Starts müssen jedoch in der jeweiligen Startart (z. B. Selbststart) erfolgen.

Erleichterungen:
Die Hälfte der Flugzeiten und Starts kann durch einen Überprüfungsflug auf Segelflugzeug (für Beiblatt C) bzw. Motorsegler (für Beiblatt B) mit einem von der Erlaubnisbehörde anerkannten Sachverständigen ersetzt werden.

4.1.5. Erneuerung (§§ 117 bis 119)
Ist die Gültigkeitsdauer eines Luftfahrerscheins überschritten, so darf nicht mehr als verantwortlicher Luftfahrer geflogen werden. Der Schein kann erneuert werden, wenn die gleichen Bedingungen nachgewiesen werden, die zur Verlängerung not-

wendig sind. Sie sind unter Aufsicht eines Fluglehrers *im Alleinflug* zu erfüllen, wenn sie nach Ablauf der Gültigkeitsdauer geflogen werden müssen.
Erleichterungen:
Eine Erlaubnis, deren Gültigkeit nicht länger als 6 Monate abgelaufen ist, kann erneuert werden, wenn die Voraussetzungen wie zur Verlängerung vorliegen und die Verlängerung aus entschuldbaren Gründen unterblieben ist.
Sind nach dem Verlängerungstermin mehr als 5 Jahre verstrichen, muß der Bewerber die theoretische Prüfung wiederholen.
Der Nachweis über alle geforderten Flugzeiten und Startzahlen erfolgt in jedem Fall durch die Eintragungen im persönlich geführten Flugbuch.

4.1.6. Überprüfung durch die Luftfahrtbehörde
Die Luftfahrtbehörde kann eine fliegerische Überprüfung von Scheininhabern anordnen, wenn Tatsachen bekannt werden, die Zweifel am ausreichenden Können des Inhabers einer Erlaubnis rechtfertigen.

4.1.7. Entzug der Erlaubnis
Die Erlaubnis wird entzogen, wenn sich herausstellt, daß der Inhaber
1) für die Erlaubnis ungeeignet ist oder
2) ausreichendes Können nicht mehr nachweisen kann oder eine von der Erlaubnisbehörde angeordnete Überprüfung verweigert.

So werden in der Regel Luftfahrerscheine z. B. dann entzogen, wenn der Betreffende wegen eines Alkoholdelikts im Straßenverkehr für schuldig befunden wurde.

4.2. Das Luftfahrzeug

4.2.1. Arten
Nach dem LuftVG § 1 Abs. 2 gibt es 8 Arten von Luftfahrzeugen:
1) Flugzeuge (darunter werden angetriebene Flächenflugzeuge verstanden)
2) Drehflügler (Trag-, Hub- und Flugschrauber)
3) Luftschiffe
4) Segelflugzeuge
5) Frei- und Fesselballone

6) Drachen
7) Flugmodelle
8) Sonstige für die Benutzung des Luftraums verwendeten Geräte (wie Raketen, Raumfahrzeuge usw.)

4.2.2. Zulassung
Alle Luftfahrzeuge bedürfen der behördlichen Zulassung und erhalten je nach Art ein Kennzeichen zugeteilt, das am Luftfahrzeug nach der Vorschrift der LuftVZO angebracht werden muß. Man unterscheidet zwei Arten von Zulassung:

1) Die Musterzulassung. Sie wird vom Hersteller beantragt. Das LBA erteilt den Musterzulassungsschein und legt Betriebsgrenzen fest, die im sog. *Kennblatt* erfaßt werden.

Für jedes Muster wird ein Flug- und Betriebshandbuch erstellt, das vom LBA anerkannt sein muß und in jedem Luftfahrzeug mitzuführen ist. (Siehe dazu Kapitel TECHNIK »Betrieb des Segelflugzeugs«.)

2) Die Verkehrszulassung. Sie wird in der Regel nur für musterzugelassenes Gerät erteilt. Hierzu muß der Eigentümer den Antrag stellen.
Der Antrag auf Verkehrszulassung muß enthalten:
1) Die Bezeichung des Eigentümers
2) die Bezeichnung des Halters
3) den regelmäßigen Standort
4) eine Erklärung, daß das Luftfahrzeug nicht zugelassen ist
5) Staatsangehörigkeit
6) Verwendungszweck

Mit dem *Eintragungsschein* wird die Registrierung beim LBA dokumentiert.

Das *Lufttüchtigkeitszeugnis* weist in Verbindung mit dem Stückprüfschein bzw. Nachprüfschein die Verkehrszulassung nach. Luftfahrzeuge dürfen nur zu dem im Lufttüchtigkeitszeugnis angeführten Zweck verwendet werden.
Die Verkehrszulassung erlischt am Ende des Monats, in dem die Nachprüfung fällig ist.
Im Nachprüfschein sowie im Bordbuch des Luftfahrzeugs ist das Datum der letzten Nachprüfung vom Prüfer vermerkt.

4.2.3. Verantwortlichkeit für das Luftfahrzeug

Der Halter ist für den sicheren Betrieb des Luftfahrzeuges verantwortlich, insbesondere dafür, daß die Vorschriften der LuftBO, der LuftVZO und der LuftVO eingehalten werden.
Technische Mängel, welche die Lufttüchtigkeit beeinträchtigen, die Änderung des Standorts und Störungen (innerhalb von 3 Tagen) sind vom Halter dem LBA anzuzeigen.
- Für die sichere Führung des Luftfahrzeugs ist der Luftfahrzeugführer verantwortlich.

Er hat dem Halter die am Luftfahrzeug festgestellten Mängel anzuzeigen und im Falle von schweren Störungen (siehe unten) Sofortanzeige zu erstatten.

Erläuterungen zur Meldepflicht:
Alle Störungen beim Betrieb eines Luftfahrzeuges sind dem Luftfahrtbundesamt schriftlich anzuzeigen.
Eine Störung liegt nicht vor, wenn
- kein Personenschaden verursacht wurde,
- kein Drittschaden von mehr als DM 100 entstanden ist,
- der Schaden am Luftfahrzeug ohne jede Bedeutung für seine Lufttüchtigkeit ist.

Als Störung ist anzusehen:
- Tod oder schwere Verletzung einer Person
- schwere Schäden am Luftfahrzeug
- Bedrohung der Besatzung während des Flugs
- Ausfall eines Besatzungsmitglieds durch gesundheitliche Störungen
- Störungen an den Steueranlagen
- Abkommen von Start- und Landebahnen
- unkontrollierte Fluglagen
- besondere meteorologische Einwirkungen auf den Flug
- Schäden an tragenden Bauteilen
- Zusammenstöße mit Vögeln
- Zusammenstöße mit Luftfahrzeugen
- gefährliche Begegnungen zwischen Luftfahrzeugen
- Notlandung (Außenlandung eines Segelflugzeuges gilt nicht als Notlandung)

Sind Personenschäden oder schwere Beschädigungen am Luftfahrzeug eingetreten, so ist unverzüglich die nächste Polizeidienststelle zu verständigen, die die Anzeige an die Luftfahrtbehörde des Landes weiterzuleiten hat. Das entbindet den Halter jedoch nicht von der Plficht, die Meldung des Unfalls dem LBA innerhalb von 72 Stunden zu übermitteln.

In jedem Fall dürfen aber das Luftfahrzeug und die Spuren der Störung erst dann verändert oder beseitigt werden, wenn das Luftfahrtbundesamt seine Erlaubnis erteilt hat.

4.2.4. Instandhaltung des Luftfahrzeuges

- Jedes Luftfahrtgerät darf nur innerhalb der *zulässigen Betriebszeiten* verwendet werden (§ 4 der LuftBO).

  Sind die zulässigen Betriebszeiten erreicht oder stellen sich vorher schon Mängel heraus, die im Rahmen der Wartung nicht zu beheben sind, so ist das Gerät ganz oder teilweise zu überholen (§7 der LuftBO).

- Unter *Wartung* versteht man die Durchführung planmäßiger Kontrollen zur Aufrechterhaltung und Überwachung der Lufttüchtigkeit sowie zusätzliche kleinere Reparaturen (§6 LuftBO). Im nichtgewerblichen Verkehr dürfen Wartungsarbeiten auch vom Eigentümer oder Halter durchgeführt werden, sofern er die notwendigen Kenntnisse und Fähigkeiten besitzt.

  Die Nachprüfungen erfolgen in diesem Falle bei der nächsten Jahresnachprüfung, die für die entsprechenden Muster vorgeschrieben ist.

- Falls erforderlich, gibt das LBA sog. Lufttüchtigkeitsanweisungen (LTA) heraus. Das sind Anordnungen zur Behebung von Mängeln, die sich beim Betrieb eines Luftfahrzeugs herausgestellt haben und die die Lufttüchtigkeit beeinträchtigen. Die Fristen, innerhalb derer die LTAs durchgeführt werden müssen, sind einzuhalten, da sonst u. U. die Lufttüchtigkeit gefährdet ist.

4.2.5. Betriebsaufzeichnungen

Halter von Luftfahrzeugen sind verpflichtet, *Betriebsaufzeichnungen* zu führen und sie bei den Nachprüfungen vorzulegen (§15 LuftBO).

Sie müssen enthalten:
- Stück- und Nachprüfscheine seit der Verkehrszulassung
- Angaben über Wartungsarbeiten
- Angaben über Reparaturen und Überholungen.

Die Betriebsaufzeichnungen können in der Form des *Bordbuches* geführt werden. Oft werden sie auch der Lebenslaufakte des Luftfahrzeuges beigefügt.

Für die Führung des *Bordbuchs* ist der Halter verantwortlich. Daneben ist der Luftfahrzeugführer für die Eintragungen verantwortlich, die seinen Flug betreffen. Vor allem hat er festgestellte Mängel im Bordbuch einzutragen und umgehend den Halter davon zu unterrichten.

Jeder Luftfahrzeugführer ist verpflichtet, ein *persönliches Flugbuch* zu führen, mit dessen Eintragungen er den Nachweis der fliegerischen Voraussetzungen zur Verlängerung oder Erneuerung seines Luftfahrerscheins erbringen muß.

4.2.6. Haftung

In der Luftfahrt unterscheidet man
– Haftung für Schäden außerhalb des Flugzeugs gegenüber Dritten und
– Haftung für Schäden, die den Insassen eines Luftfahrzeugs zugefügt wurden.

In beiden Fällen muß jedoch der Schaden durch einen Unfall entstanden sein.

Der Halter des Luftfahrzeugs haftet grundsätzlich für alle Schäden, die einem Dritten aus dem Betrieb des Luftfahrzeugs entstanden sind. Lediglich, wenn ein Pilot ohne Wissen und Willen und ohne Verschulden des Halters ein Luftfahrzeug in Betrieb genommen hat, haftet bei Schäden außerhalb des Luftfahrzeugs nicht der Halter, sondern der Pilot selbst.

Die gesetzliche Haftungssumme ist hierbei für Segelflugzeuge (bis 1000 kg) auf DM 850 000,– begrenzt (§ 33 LuftV.G).

Jeder Halter ist verpflichtet, eine sog. *Halterhaftpflichtversicherung* in dieser Höhe abzuschließen, oder Geld oder Wertpapiere zu hinterlegen.

Bei der Mitnahme von Passagieren haftet der *Luftfrachtführer* für die Insassen in Höhe von 320 000,– DM pro Person, wenn ein

Vertragsverhältnis bestand (auch mündlich). Der Luftfrachtführer ist in der Regel derjenige, zu dessen Gunsten der Flug durchgeführt wurde. Wird nach einem Unfall nachgewiesen, daß alle Maßnahmen getroffen wurden, den Schaden zu verhüten, so entfällt auch diese Ersatzpflicht. Bei grober Fahrlässigkeit oder bei nachgewiesenem Vorsatz entfällt die Haftungsbeschränkung, d. h., sowohl Luftfrachtführer als auch der Luftfahrzeugführer haften in unbeschränkter Höhe.

4.3. Flugbetrieb

4.3.1. Sorgfaltspflicht des Luftfahrzeugführers

Der Luftfahrzeugführer ist für die sichere Führung des Luftfahrzeuges sowie für Sicherheit und Ordnung an Bord verantwortlich.

Wie jeder Teilnehmer am Luftverkehr, hat er sich so zu verhalten, daß Sicherheit und Ordnung gewährleistet sind und kein anderer gefährdet, geschädigt oder mehr als den Umständen nach unvermeidbar behindert oder belästigt wird (§ 1 LuftVO). Dazu gehört auch, daß der Lärm so gering wie möglich gehalten wird.

Der Genuß von Alkohol, Drogen und Medikamenten ist untersagt. Ein Flug darf nicht angetreten werden, wenn der Gesundheitszustand des Flugzeugführers Zweifel an der sicheren Durchführung des Fluges aufkommen läßt.

4.3.2. Flugvorbereitung

■ Bei der Vorbereitung eines Fluges hat der Luftfahrzeugführer sich mit allen Unterlagen und Informationen, die für die *sichere Durchführung* des Fluges von Bedeutung sind, vertraut zu machen und sich davon zu überzeugen, daß das Luftfahrzeug und die Ladung sich in verkehrssicherem Zustand befinden, das zulässige Fluggewicht nicht überschritten wird, die vorgeschriebenen Ausweise vorhanden und die erforderlichen Angaben im Bordbuch eingetragen sind (§ 3 LuftVO).

■ Vor jedem Flug ist eine Schwerpunkts- und Gewichtskontrolle vorzunehmen. (Einhalten des Beladeplans!)

■ Für einen Flug, der über die Umgebung des Flugplatzes hinausführt *(Überlandflug),* hat sich der Luftfahrzeugführer über die verfügbaren Flugwettermeldungen und -vorhersagen ausreichend zu unterrichten.

Definition:
Unter *Überlandflügen* versteht man alle Flüge, bei denen der Luftfahrzeugführer den Verkehr in der Platzrunde nicht mehr beobachten kann.

- Vor einem Flug, für den ein Flugplan abzugeben ist, ist außerdem eine Beratung bei einer Flugberatungsstelle einzuholen.
- Der Luftfahrzeugführer muß mit allen Betriebsgrenzen und Eigenarten des Musters vertraut sein.
- *Fluggäste* dürfen nur dann mitgenommen werden, wenn der Luftfahrzeugführer innerhalb der vorhergehenden 90 Tage mindestens 3 Starts und Landungen mit demselben oder einem ähnlichen Muster durchgeführt hat.
Segelflugzeuge gelten untereinander als ähnliche Muster.
Der *Beauftragte für Luftaufsicht* (BfL) hat das Recht, die Flugvorbereitung zu überprüfen.

4.3.3. Mitzuführende Unterlagen

In jedem Luftfahrzeug sind mitzuführen:
- Bordbuch und persönliches Flugbuch
- neuester Nachprüfschein
- Eintragungsschein
- Lufttüchtigkeitszeugnis
- Flughandbuch
- Klarliste (Checkliste)
- Luftfahrerschein
- Flugfunkzeugnis, soweit nicht im Luftfahrerschein eingetragen
- Luftfahrtkarte mit Flugsicherungsaufdruck nach neuestem Stand
- ggf. weitere navigatorische Unterlagen

4.3.4. Flugplätze

Flugplätze werden eingeteilt in *Flughäfen, Landeplätze und Segelfluggelände.* Sie dürfen nur mit Genehmigung angelegt oder betrieben werden.

Segelfluggelände sind Flugplätze, die für Start und Landung von Segelflugzeugen und Motorseglern, die nicht mit eigener Kraft starten, bestimmt sind.

Auf *Segelfluggeländen mit Zulassung für Flugzeugschlepp* dürfen nur die Motorflugzeuge starten und landen, die eigens für diesen Flugplatz genehmigt sind. Andere Flugzeuge, z. B. auch fremde Schleppflugzeuge, dürfen nur mit Erlaubnis der zuständigen Luftfahrtbehörde und mit Zustimmung des Flugplatzhalters starten und landen.

Außerhalb von Flugplätzen dürfen Starts und Landungen nur mit Erlaubnis der zuständigen Luftfahrtbehörde durchgeführt werden. Die Erlaubnis für Außenlandungen von Segelflugzeugen, die sich auf einem Überlandflug befinden, gilt als erteilt (LuftVO § 15). Nach einer erfolgten Außenlandung ist die Besatzung verpflichtet, dem Grundstückseigentümer über Namen und Wohnsitz des Halters, des Luftfahrzeugführers und des Versicherers Auskunft zu geben. Nach erteilter Auskunft darf der Abtransport oder Abflug nicht verhindert werden (LuftVG § 25 Abs. 2).

Landungen auf Militärflugplätzen dürfen nur durchgeführt werden, wenn vom Flugplatzkommandanten vorher die Erlaubnis dazu erteilt wurde.

(Im allgemeinen wird an den Wochenenden auf vielen Militärflugplätzen Segelflug betrieben, so daß man in diesem Fall auch ohne besondere Erlaubnis mit dem Segelflugzeug landen kann, vorausgesetzt, es wurde dazu eine Freigabe über Funk erteilt. Bei Militärflugbetrieb ist die Kontrollzone des Flugplatzes jedoch unter allen Umständen zu meiden. Anm. des Verfassers.)

4.3.5. *Kontrollierter und unkontrollierter Luftraum*

Um den Flugverkehr sicher leiten zu können, werden kontrollierte Lufträume eingerichtet, in denen die Flugverkehrs-Kontrolldienste die Führung der Luftfahrzeuge übernehmen.

Zu den kontrollierten Lufträumen gehören:
- *Kontrollbezirke* (CTA, von Control Area)
- *Nahverkehrsbereiche* (TMA, von Terminal Control Area), die innerhalb der Kontrollbezirke liegen
- *Kontrollzonen* (CTR, von Control Zone)

Die Grenzen der *Kontrollbezirke* decken sich in etwa mit denen der vier Fluginformationsgebiete (FIR), Frankfurt, München, Bremen und Düsseldorf.
In den Kontrollbezirken wird der nach IFR fliegende Luftverkehr geführt. Kontrollbezirke haben eine Untergrenze von 2500 Fuß über Grund. Sofern das Gebiet einem Nahverkehrsbereich angehört, richten sich die Untergrenzen nach den einzelnen TMA-Sektoren (siehe unten).
Die Nahverkehrsbereiche gliedern sich in unterschiedlich viele Sektoren, die mit den Buchstaben A, B, C bezeichnet werden. Der Sektor A schließt sich meist direkt an die Kontrollzone an und beginnt in einer Höhe von 1000 ft über Grund (Abkz. 1000 ft GND). Die B-Sektoren schließen sich an A-Sektoren an, fangen aber erst in 1700 ft GND an, während die C-Sektoren am weitesten von der Kontrollzone entfernt in 2500 ft über Grund beginnen.
Die Kontrollzonen dienen der Sicherung des startenden und landenden Verkehrs, vornehmlich des IFR-Verkehrs (Flüge nach Instrumenten-Flug-Regeln).

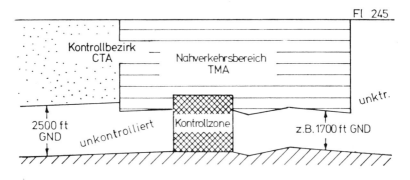

Abb. 1 Schema für kontrollierte Lufträume

Sie reichen vom Boden aus bis in den nächsten kontrollierten Luftraum, den Nahverkehrsbereich, der sich um die Kontrollzone herumlegt und ebenfalls zur Führung des IFR-Verkehrs gedacht ist.

Man unterscheidet zwei Grundtypen von Kontrollzonen:

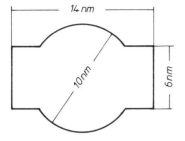 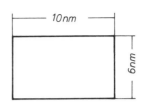

An kontrollierten Flugplätzen ohne IFR-Verkehr können sog. *Flugplatzverkehrszonen* (ATZ von aerodrome traffic zone) eingerichtet werden. Sie haben einen Durchmesser von 10 nm und reichen von Grund bis 2000 ft GND.
Einflug ist nur mit Freigabe möglich. Ansonsten werden sie wie unkontrollierter Luftraum behandelt.
Die obere Begrenzung der unteren kontrollierten Lufträume liegt bei Flugfläche 245 (etwa 24 500 ft über NN). Unterhalb der Nahverkehrsbereiche und außerhalb der Kontrollzonen ist der Luftraum unkontrolliert. Oberhalb 2500 ft bewegt man sich in der BRD immer im kontrollierten Luftraum.
Die vier Fluginformationsgebiete (FIR, von Flight Information Region) Frankfurt, Bremen, Düsseldorf und München umfassen dagegen kontrollierte und unkontrollierte Lufträume. Zusammen überdecken sie die gesamte Fläche der Bundesrepublik. Sie sind dazu eingerichtet, allen Luftfahrzeugen Fluginformationen zukommen zu lassen oder den Such- und Rettungsdienst einzusetzen.
Die *Luftraumgliederung* ist Sache des Bundesministers für Verkehr.

4.3.6. Fliegen in Kontrollzonen
Da die Verkehrsdichte in der Nähe der Flughäfen ein beachtliches Ausmaß angenommen hat, sind die Vorschriften hier entsprechend verschärft.
Kontrollzonen dürfen ohne *Flugverkehrsfreigabe* nicht durchflogen werden. Sie sind ausschließlich dem landenden oder startenden Verkehr sowie Luftfahrzeugen in der Platzrunde vorbehalten.

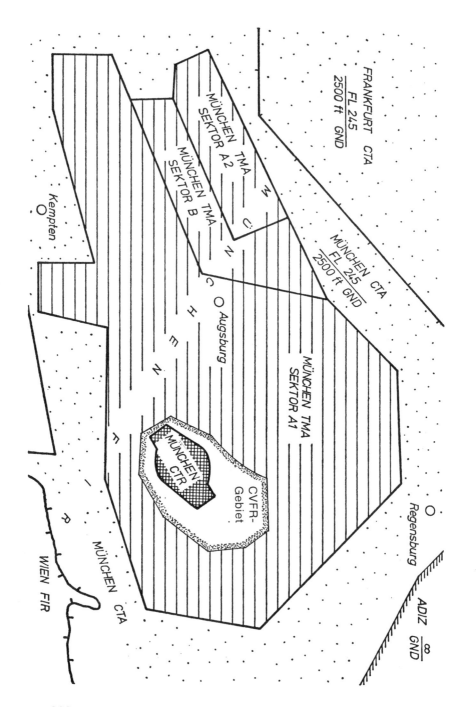

Abb. 2 (nicht maßstabsgetreu, vereinfacht) zeigt als Beispiel die Luftraumgliederung im süddeutschen Raum.
Neben der Kontrollzone München (München CTR) gibt es in diesem Kartenausschnitt weitere acht militärische Kontrollzonen, vier Gebiete mit Flugbeschränkungen (außer der ADIZ) und zwei Tiefflugsysteme zu beachten.
Außerdem können sog. TRAs (Temporary Reserved Airspaces) in Kraft sein, die als Beschränkungsgebiete zeitweise für militärische Flüge reserviert sind. Sie werden in den NfL bekanntgegeben.
Die Zahlen hinter der Bezeichnung des Luftraums geben seine Ober- und Untergrenze an.

Außerdem müssen Luftfahrzeuge mit einem *Funksprechgerät* ausgerüstet sein, wenn sie sich in Kontrollzonen, oberhalb der Flugfläche 200 (ca. 20 000 ft oder 6000 m NN) oder sonstigen Gebieten mit Flugbeschränkung bewegen wollen. Das Überfliegen von Kontrollzonen ist erlaubt, sofern keine anderen Beschränkungen es verbieten.

Es ist deshalb dringend geboten, vor einem Überlandflug eine Luftfahrtkarte mit FS-Aufdruck zu Rate zu ziehen, die auf dem neuesten Stand ist. Hier werden auch die Obergrenzen der zivilen und militärischen Kontrollzonen angegeben.

Eine ganze Reihe von *Militärflugplätzen* ist an den Wochenenden nicht in Betrieb, so daß sie ohne weiteres überflogen werden können. Man darf aber nicht von vornherein mit dieser Möglichkeit rechnen, sondern muß sich an Hand des Luftfahrthandbuches (RAC-1) oder einer entsprechenden Luftfahrtkarte eingehend informieren.

Kontrollzonen, die an den Wochenenden nicht in Betrieb sind, werden mit den Buchstaben HX versehen. Vor Einflug ist aber über Funk beim Fluginformationsdienst (FIS) die Bestätigung über die Nichtwirksamkeit einzuholen. Luftfahrzeuge ohne Funk haben solche CTRs zu meiden.

Aus Sicherheitsgründen sollte man Kontrollzonen mit reichlichem Abstand um- oder überfliegen, sofern man keine Genehmigung zum Durchflug oder zur Landung erhalten hat.

4.3.7. Gebiete mit Flugbeschränkungen und Auflagen

(1) Lufträume, die mit einem Verbot belegt sind (restricted areas), das auch nur für eine begrenzte Zeit gültig sein kann, werden ordnungsgemäß bekanntgegeben. Sie dürfen nur be-

flogen werden, wenn es die Beschränkung zuläßt oder wenn der Ein- oder Durchflug genehmigt wird.

Das ausgedehnteste Beschränkungsgebiet ist ED-R9, das oberhalb Flugfläche 100 (10 000 ft bei 1013,25 mb-Einstellung) über der gesamten BRD liegt. Lediglich im Voralpen- und Alpenraum liegt die Untergrenze bei Fl 200 (siehe AIP-RAC).

Im ED-R9 sind VFR-Flüge verboten. Ausnahmen müssen beantragt werden.

Außerdem sind in den sog. TEMPORARY RESERVED AREAS (TRA) die Untergrenzen des ED-R9 auf Fl 60, 80 oder 90 von Montag bis Freitag herabgesetzt.

Die TRAs sind in den ICAO-Karten verzeichnet, das ED-R9 nicht.

(2) *Sperrgebiete* (ED-P) dürfen überhaupt nicht durchflogen werden. Sie sind meist militärischer Art.

(3) für die sog. *Flugüberwachungszone* (FlugÜZ) gelten besondere Regeln. Sie erstreckt sich in einem Abstand von etwa 30 km entlang der Grenze der DDR und CSSR. Will man in die FlugÜZ (auch ADIZ) einfliegen, ist ein Flugplan notwendig, den die zuständige Flugsicherungsdienststelle entgegennimmt.

Auf jeden Fall ist jedoch ein Mindestabstand zur Staatsgrenze von 9 km einzuhalten. Beim Einfliegen in die DDR oder die Tschechoslowakei ist damit zu rechnen, daß man von Abfangflugzeugen angesteuert und zur Landung gezwungen wird.

Um ein unbeabsichtigtes Einfliegen in östliches Territorium weitgehend auszuschalten, ist bei Orientierungsverlust in der Nähe der FlugÜZ nördlich einer Breite von 51°23'N ein Steuerkurs von 270° und südlich von 51°23'N ein Steuerkurs von 240° zu fliegen, auf dem nächsten geeigneten Flugplatz zu landen und die zuständige Flugsicherungskontrollstelle zu benachrichtigen.

(4) In *Gefahrengebieten* (ED-D) finden gefährliche Vorgänge für die Fliegerei statt (z. B. Schießübungen). Ein unbehinderter Durchflug ist zwar erlaubt, geschieht jedoch auf eigene Gefahr des verantwortlichen Flugzeugführers.

(5) *VFR-Beschränkung,* ED-R (VFR)

Eine Beschränkung besonderer Art wurde für Gebiete hoher Verkehrsdichte erlassen. Hier sind alle Flüge nach Sichtflugregeln untersagt. Das bedeutet, daß Segelflieger, Motorsegler und

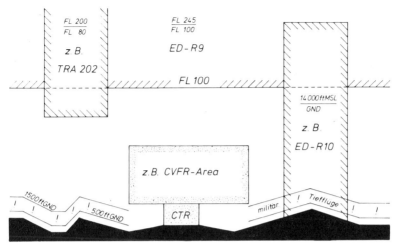

Abb. 3 Lufträume mit Beschränkungen oder Auflagen (Beispiel)

der Großteil der Privatpiloten diese Lufträume zu meiden haben. Zur Zeit liegt um fast jeden der deutschen Flughäfen ein derartiges VFR-Beschränkungsgebiet, das nicht nur die Kontrollzone, sondern auch Teile des Nahverkehrsbereiches umfaßt. Die einzelnen Ausdehnungen, Regelungen und Ausnahmen sind dem AIP (RAC-3) oder den ICAO-Karten zu entnehmen.

(6) *CVFR-Regelung*

Anstelle der VFR-Beschränkungsgebiete können sog. CVFR-Gebiete eingerichtet werden, die mit CVFR-Berechtigung beflogen werden können.

CVFR-Flüge *(kontrollierte Sichtflüge)* dürfen allerdings nur mit Flugzeugen, Hubschraubern und motorgetriebenen Motorseglern durchflogen werden.

Segelflugzeuge haben CVFR-Gebiete zu unterfliegen, zu überfliegen oder seitlich zu umfliegen.

(7) Militärisches Tiefflugband

Fast über dem gesamten Gebiet der Bundesrepublik finden wochentags Tiefflugübungen von militärischen Strahlflugzeugen statt. Besonders intensiv wird dabei der Luftraum zwischen 500 und 1500 ft über Grund benützt. Im eigenen Interesse sollte dieses Band soweit wie möglich gemieden bzw. so schnell wie möglich verlassen werden, wenn sich ein Einflug nicht vermeiden läßt (z. B. bei Start, Landung oder schwacher Thermik).

4.4. Wichtige Regeln und Vorschriften

4.4.1. Sichtflugregeln (VFR); § 28ff. LuftVO

Etwas weniger scharfe Bestimmungen gelten für die übrigen Lufträume. Hier wurden bestimmte Sichtflugbedingungen (VMC, von Visual Meteorological Conditions) angesetzt, um die Gefahr von Zusammenstößen zu vermindern.

Dabei unterscheidet man zwei Gruppen:

a) Im kontrollierten Luftraum *und* oberhalb 900 m über Grund im unkontrollierten Luftraum werden als Mindestbedingungen gefordert:
- 8 km Flugsicht
- horizontaler Wolkenabstand 1,5 km
- vertikaler Wolkenabstand 300 m

b) Im unkontrollierten Luftraum unterhalb 900 m gilt:
- mindestens 1,5 km Flugsicht
- Wolken dürfen nicht berührt werden
- Erdsicht muß stets gegeben sein

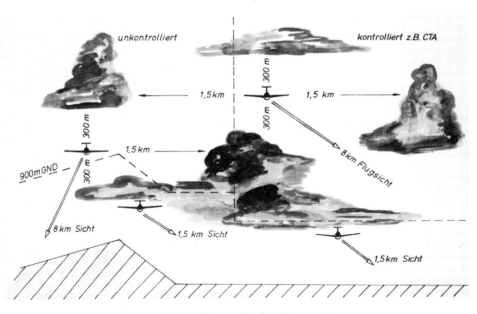

Abb. 4 Schema für Sichtflugregeln

Werden diese meteorologischen Werte nicht erreicht, so darf nicht geflogen werden.
Diese Sichtflugregeln (VFR, von Visual Flight Rules) sind wichtiger Bestandteil der Luftverkehrsordnung. Verstöße werden deshalb als Ordnungswidrigkeiten oder Straftaten geahndet.

4.4.2. Sicherheitshöhen (§ 6 LuftVO)

Sicherheitsmindestflughöhe ist die Höhe, bei der im Falle einer Notlandung weder eine Gefährdung von Personen noch Sachen zu befürchten ist. Als Minimum ist vorgeschrieben:

- Über besiedeltem Gebiet oder über Menschenansammlungen ist eine Sicherheitsmindesthöhe von 300 m über dem höchsten Hindernis im Umkreis von 600 m einzuhalten.
- Über freiem Gelände darf eine Höhe von 150 m nur von Segelflugzeugen und nur dann unterschritten werden, wenn dadurch weder Personen noch Sachen gefährdet werden.
- Über Großstädten ist eine Mindesthöhe von 600 m vorgeschrieben.
- Für Kunstflüge beträgt die Mindesthöhe 400 m GND. Kunstflüge dürfen nur über freiem Gelände durchgeführt werden.

4.4.3. Ausweichregeln (§ 13 LuftVO)

- Im Gegenflug nach rechts ausweichen!
- Bei kreuzenden Flugwegen hat der von rechts kommende das Vorrecht, jedoch haben die beweglicheren Luftfahrzeuge den unbeweglicheren auszuweichen.
Reihenfolge des Vorrechts: Ballon, Segelflugzeug, Luftschiff, Flugzeug. Motorgetriebene Luftfahrzeuge haben Schleppflügen auszuweichen.
- Überholen rechts!
Von Überholen spricht man, wenn das von hinten kommende Luftfahrzeug die Flugbahn des vorausfliegenden in einem Winkel von weniger als 70° schneiden würde.
Das überholende Luftfahrzeug hat in jedem Fall den Flugweg des anderen zu meiden.
- Landende Luftfahrzeuge haben Vorrecht, das im Endteil zur Landung tieferliegende vor dem höheren.
- Nicht auf einem Vorrecht bestehen!
Wer Vorrecht hat, behält Kurs und Höhe bei, bis die Zusammenstoßgefahr vorbei ist.

4.4.4. Halbkreisflughöhen

Im Reiseflug (betr. auch Motorsegler) sind die sog. Halbkreisflughöhen einzuhalten, die für mißweisende Kurse zwischen 0 und 179 Grad und Kurse zwischen 180 und 360 Grad unterschiedlich gestaffelte Höhen bei Standard-Höhenmessereinstellung (1013,25 mb) vorschreiben.

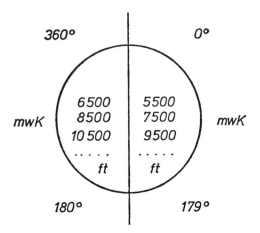

Abb. 5 VFR-Halbkreisflughöhen

4.4.5. Flugplanabgabe (§ 25 LuftVO)

Ein Flugplan ist eine schriftliche Meldung (kann auch telefonisch übermittelt werden) an die zuständige Flugsicherungskontrollstelle über einen geplanten Flug. Er enthält alle Daten, die zur sicheren Durchführung des Fluges wichtig sind (siehe AIP RAC 1–2). Der Flug darf erst angetreten werden, wenn der Flugplan von der FS-Stelle angenommen worden ist.

Er ist zwingend vorgeschrieben bei
- Flügen aus oder in die BRD
- Flügen in Gebiete mit Flugbeschränkungen (z. B. FlugÜZ)
- Flügen bei Nacht im kontrollierten Luftraum
- Kunstflüge im kontrollierten Luftraum und über Flugplätzen
- Wolkenflüge mit Segelflugzeugen

Für Einflüge in die FlügÜZ muß der Flugplan mindestens eine Stunde vor Einflug abgegeben sein.

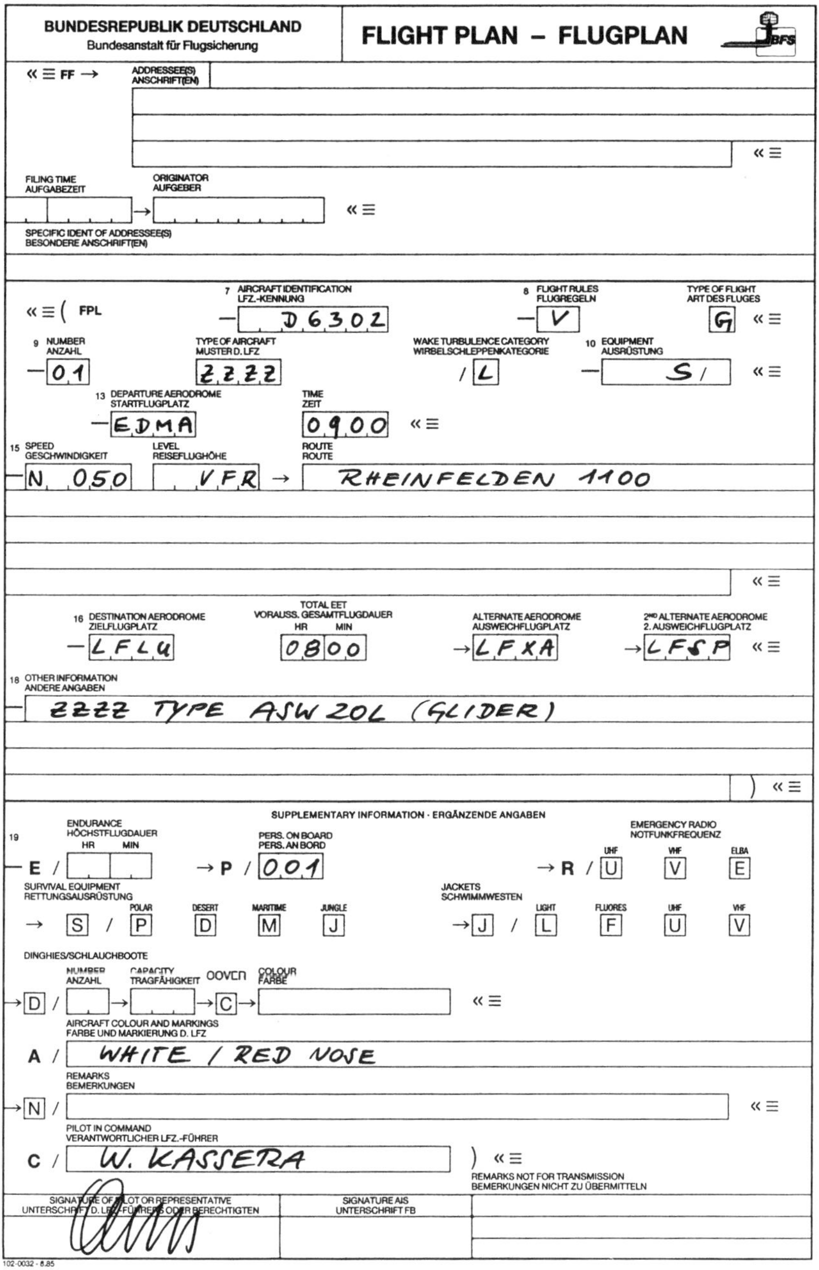
BUNDESREPUBLIK DEUTSCHLAND
Bundesanstalt für Flugsicherung

FLIGHT PLAN – FLUGPLAN

BFS

«≡ FF → ADDRESSEE(S) / ANSCHRIFT(EN) «≡

FILING TIME / AUFGABEZEIT → ORIGINATOR / AUFGEBER «≡

SPECIFIC IDENT OF ADDRESSEE(S) / BESONDERE ANSCHRIFT(EN)

«≡ (FPL

7 AIRCRAFT IDENTIFICATION / LFZ.-KENNUNG – D 6 3 0 2

8 FLIGHT RULES / FLUGREGELN – V

TYPE OF FLIGHT / ART DES FLUGES G «≡

9 NUMBER / ANZAHL – 0 1

TYPE OF AIRCRAFT / MUSTER D. LFZ Z Z Z Z

WAKE TURBULENCE CATEGORY / WIRBELSCHLEPPENKATEGORIE / L

10 EQUIPMENT / AUSRÜSTUNG – S / «≡

13 DEPARTURE AERODROME / STARTFLUGPLATZ – E D M A

TIME / ZEIT 0 9 0 0 «≡

15 SPEED / GESCHWINDIGKEIT – N 0 5 0

LEVEL / REISEFLUGHÖHE V F R

ROUTE / ROUTE → RHEINFELDEN 1100

«≡

16 DESTINATION AERODROME / ZIELFLUGPLATZ – L F L U

TOTAL EET / VORAUSS. GESAMTFLUGDAUER HR MIN 08 00

ALTERNATE AERODROME / AUSWEICHFLUGPLATZ → L F X A

2ND ALTERNATE AERODROME / 2. AUSWEICHFLUGPLATZ → L F S P «≡

18 OTHER INFORMATION / ANDERE ANGABEN

– ZZZZ TYPE ASW 20L (GLIDER)

) «≡

SUPPLEMENTARY INFORMATION · ERGÄNZENDE ANGABEN

19 ENDURANCE / HÖCHSTFLUGDAUER HR MIN – E /

PERS. ON BOARD / PERS. AN BORD → P / 0 0 1

EMERGENCY RADIO / NOTFUNKFREQUENZ → R / UHF U VHF V ELBA E

SURVIVAL EQUIPMENT / RETTUNGSAUSRÜSTUNG → S / POLAR P DESERT D MARITIME M JUNGLE J

JACKETS / SCHWIMMWESTEN → J / LIGHT L FLUORES F UHF U VHF V

DINGHIES/SCHLAUCHBOOTE

NUMBER / ANZAHL → D / CAPACITY / TRAGFÄHIGKEIT → COVER → C → COLOUR / FARBE «≡

AIRCRAFT COLOUR AND MARKINGS / FARBE UND MARKIERUNG D. LFZ

A / WHITE / RED NOSE

REMARKS / BEMERKUNGEN

→ N / «≡

PILOT IN COMMAND / VERANTWORTLICHER LFZ.-FÜHRER

C / W. KASSERA) «≡

REMARKS NOT FOR TRANSMISSION / BEMERKUNGEN NICHT ZU ÜBERMITTELN

SIGNATURE OF PILOT OR REPRESENTATIVE / UNTERSCHRIFT D. LFZ.-FÜHRERS ODER BERECHTIGTEN

SIGNATURE AIS / UNTERSCHRIFT FB

102-0032 - 8.85

Abb. 6 Flugplanmuster für einen Segelflug nach Frankreich (Valence)

Für flugplanpflichtige Flüge muß eine Beratung bei einer FS-Beratungsstelle (AIS) eingeholt werden.
Übermittelt man den Flugplan telefonisch, so orientiert man sich dabei am besten an einem Flugplanformular (siehe Abbildung). Man gibt zunächst die Kennummer der auszuführenden Zeile und sodann den zugehörigen Kurztext im ICAO-Alphabet durch.

4.4.6. Flüge ins Ausland

Für Luftfahrzeuge, die die Grenzen überfliegen, ist ein Flugplan abzugeben. Außerdem ist eine Zollkontrolle auf einem Zollflugplatz beim Aus- und Einflug bindend vorgeschrieben. Für Segelflugzeuge wurden Erleichterungen für Streckenflüge geschaffen.
Für den jeweiligen Start- und Landeort bleibt jedoch immer die entsprechende FS-Kontrollstelle zuständig.

Der Streckenflugausweis ist vom Flugleiter und vom Flugzeugführer auszufüllen und zu unterschreiben. Er entbindet vom Zollflugplatzzwang, so daß der Start auf jedem Flugplatz erfolgen kann. Dieser Ausweis beschränkt sich allerdings auf die ausländischen Staaten, die der Bundesminister für Verkehr bekanntgegeben hat.

Handhabung des Streckenflugausweises:
Der Streckenflugausweis ist in dreifacher Ausfertigung (Original weiß, gelbe und blaue Durchschrift) auszufüllen. Die gelbe Kopie bleibt am Startflugplatz. Original und blaue Durchschrift sind mitzuführen (außerdem der gültige Luftfahrerschein, gültige Pässe, Eintragungsschein und Lufttüchtigkeitszeugnis, Bordbuch, Haftpflichtversicherungsnachweis, Flugkarten mit FS-Aufdruck). Nach der Landung hat sich die Besatzung bei der nächsten Polizeidienststelle auszuweisen und die Landung auf dem Streckenflugausweis bestätigen zu lassen. Der Flugzeugführer hat die Landemeldung unverzüglich an den Flugleiter des Startflugplatzes durchzugeben, sich einer Zollkontrolle durch die nächstliegende Zollstelle zu unterziehen und sich die Zollabfertigung bestätigen zu lassen. Bei der Ausreise ist die blaue Kopie dem Grenzzollamt abzugeben.
Trotz dieser Erleichterung ist es empfehlenswert, sich vor einem Auslandsflug zu vergewissern, welche Erfordernisse der jeweilige Staat an den Einflug stellt.

4.4.7. Erlaubnispflicht für Luftbildaufnahmen
Auch der Sportflieger darf nur mit behördlicher Erlaubnis Luftbildaufnahmen anfertigen. Die Erlaubnis wird von der zuständigen Landesbehörde auf Antrag erteilt.
Zur Veröffentlichung der Aufnahmen ist nochmals eine besondere Freigabe durch die Landesbehörde erforderlich.
Die Erlaubnisbehörde kann für Luftbildaufnahmen zur Registrierung luftsportlicher Leistungen (z. B. Beurkundungen von Dreiecksflügen oder Zielrückkehrflügen) von Verpflichtungen bei der Durchführung von Bildflügen Befreiung gewähren, was aber nicht bedeutet, daß die Erlaubnis von vornherein als erteilt gilt.

4.4.8. Wolkenflüge mit Segelflugzeugen (§ 14 LuftVO)
Hierfür ist eine Berechtigung notwendig, das Flugzeug muß für Wolkenflug zugelassen sein, ein Flugplan muß abgegeben werden (schriftlich, telefonisch oder über Funk) und die Flugverkehrsfreigabe muß erteilt sein.
Außerdem ist ein betriebsklares Sprechfunkgerät mit der entsprechenden Frequenz erforderlich.

4.4.9. VFR-Flüge über Wolkendecken (§ 32 LuftVO)
sind möglich, wenn
- die Sichtflugregeln eingehalten werden können
- der beabsichtigte Flugweg eingehalten werden kann
- am Landeort VFR-Bedingungen herrschen
- entsprechende Funkausrüstung vorhanden ist (bei Segelflugzeugen ein Sprechfunkgerät)

4.4.10. VFR-Flüge bei Nacht (§ 33 LuftVO)
Als *Nacht* gilt der Zeitraum zwischen einer halben Stunde nach und einer halben Stunde vor Sonnenaufgang.
Flugplanabgabe bei Flügen im kontrollierten Luftraum.
Außerhalb der Sichtweite eines befeuerten Platzes sind zusätzliche Funknavigationsanlagen notwendig.

4.4.11. Kunstflüge (§ 8 LuftVO)
Für Flüge im kontrollierten Raum ist ein Flugplan erforderlich und die entsprechende Flugverkehrsfreigabe. Das Flugzeug muß für Kunstflug zugelassen, mit einem Sprechfunkgerät und vierteiligen Anschnallgurten für jede Person ausgerüstet sein.

Der Flugzeugführer muß die Kunstflugberechtigung haben und alle Personen an Bord müssen ihr Einverständnis erklären.
Die Mindesthöhe von 400 m GND darf nur mit Genehmigung der zuständigen Luftfahrtbehörde des Landes unterschritten werden.

4.4.12. Schleppflüge (§ 9 LuftVO)
Schleppflüge dürfen nur mit der entsprechenden Berechtigung und mit dafür zugelassenem Gerät durchgeführt werden.

4.4.13. Höhenflüge (§ 21 LuftBO)
Luftfahrzeuge, die länger als 30 Minuten in Höhen von mehr als 3600 m NN fliegen, müssen mit einer Sauerstoffanlage und mit Atemgeräten ausgerüstet sein. Die Höhe von 4000 m NN darf ohne diese Ausrüstung nicht überstiegen werden.

4.4.14. Meldungen (§§ 21, 27 LuftVO)
Vor einem Start hat sich der Flugzeugführer bei der Luftaufsichtstelle bzw. der Flugleitung zu melden.
Nach Flügen, für die ein Flugplan abzugeben war, ist unverzüglich eine Landemeldung abzugeben, sofern die Landung nicht auf einem Platz mit Flugverkehrskontrolle erfolgte.

4.4.15. Flugfunkverkehr (§ 26 a LuftVO)
Kontakt mit der zuständigen Flugverkehrskontrollstelle ist aufrechtzuerhalten bei
- Flügen innerhalb Kontrollzonen,
- Flügen, die der Flugverkehrskontrolle unterliegen (z. B. Wolkenflügen),
- Anflügen zu Kontrollzonen,
- Flügen bei Nacht im kontrollierten Luftraum

Flugfunkverkehr darf ausüben, wer das entsprechende Flugfunkzeugnis besitzt (BZF II, BZF I, AZF).
Es ist größtmögliche Sprechdisziplin zu halten, die durch Anwendung der Standard-Sprechgruppen (siehe Teil COM-O des AIP) gewährleistet wird.
Beim Erreichen von Meldepunkten ist eine Standortmeldung abzugeben.

4.4.16. Abwerfen von Gegenständen (§ 6 LuftVO)
Das Abwerfen von Gegenständen ist untersagt. Das gilt nicht für Ablassen von Wasser, Sand oder Treibstoff.

Schleppseile u. ä. dürfen an vorher bestimmte Stellen abgeworfen werden.

4.4.17. Signale und Zeichen (LuftVO, Anlage)

Signalen oder Zeichen ist Folge zu leisten.

Bodensignale werden meist in einem sog. Signalgarten in der Nähe der Landebahn ausgelegt:
1) Landeverbot
2) Vorsicht beim Landeanflug und bei der Landung (z. B. schlechter Bahnzustand)
3) Starten, Landen und Rollen nur auf Start-, Lande- und Rollbahnen
4) Rollen auch außerhalb der Bahnen möglich
5) Nicht benutzbar zwischen diesen Zeichen
6) Start- und Landerichtung auf den Querbalken zu
7) Angabe der Startbahn
8) Rechtsplatzrunde
9) Flugplatz mit Segelflugbetrieb. Der Pfeil gibt die Platzrunde für Motorflugzeuge an.
10) Flugleitung

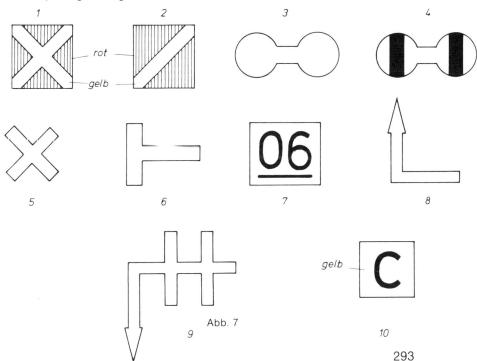

Abb. 7

Lichtsignale werden z. B. bei Funkausfall angewendet:
für Luftfahrzeuge am Boden bedeutet

rotes	Dauerlicht	=	Halt
rotes	Blinklicht	=	Landefläche freimachen
grünes	Dauerlicht	=	Starterlaubnis
grünes	Blinklicht	=	Rollerlaubnis
weißes	Blinklicht	=	Aufforderung zum Zurückrollen

für Luftfahrzeuge im Flug bedeutet

rotes	Dauerlicht	=	anderes Luftfahrzeug hat Vorrecht
rotes	Blinklicht	=	Landeverbot
grünes	Blinklicht	=	Anflug fortsetzen bzw. zur Landung zurückkehren
grünes	Dauerlicht	=	Landefreigabe
weißes	Blinklicht	=	Landen Sie hier!
rote und grüne Leuchtkugeln im Wechsel		=	Sie befinden sich in einem Gebiet mit Flugbeschränkung

Die Bestätigung erfolgt am Tage durch Betätigen der Querruder, nachts durch zweimaliges Aus- und Einschalten der Lichter. Zum Rollen auf dem Boden erhalten Luftfahrzeuge Einwinkzeichen.

5. Straftaten und Ordnungswidrigkeiten

Verstöße gegen die gesetzlichen Vorschriften werden ähnlich wie im Straßenverkehr als Straftaten oder Ordnungswidrigkeiten geahndet.
Verstöße gegen das LuftVG (§ 58, 61), die LuftVO (§ 43), die LuftBO (§ 57) und die LuftVZO (§ 108) werden als *Ordnungswidrigkeiten* behandelt und von den Behörden mit Geldbußen bis zu 10 000,- DM geahndet.
Ordnungswidrigkeiten sind z. B.

- Nichtmitführen von geforderten Unterlagen und Papieren
- keine oder mangelhafte Flugvorbereitung
- Fliegen unter Alkoholeinfluß
- Anfertigen oder Veröffentlichen von Luftbildaufnahmen

Als *Straftaten* (LuftVG §§ 59, 60, 62) werden Zuwiderhandlungen gegen die Sicherheit des Luftverkehrs und gemeingefährliches Verhalten gewertet (Gefängnis oder Geldstrafe), ferner
- das Führen eines Luftfahrzeuges ohne Verkehrszulassung
- Flugausbildung ohne Erlaubnis
- Starten und Landen außerhalb von Flugplätzen
- Mitführen erlaubnispflichtiger Gegenstände ohne Erlaubnis
- Mißachtung von Anordnungen über Luftsperrgebiete oder Gebiete mit Flugbeschränkung

(Gefängnis bis zu zwei Jahren und/oder Geldstrafe, sofern nicht andere Vorschriften eine schwerere Strafe androhen).

Rechtsmittel
Gegen einen Bußgeldbescheid (bei Ordnungswidrigkeiten) kann bei Gericht Einspruch eingelegt werden, dann kommt es zur gerichtlichen Verhandlung.
Gegen ein Urteil aus einem Strafprozeß gibt es das Rechtsmittel der Berufung, d. h., der Fall gelangt vor die nächsthöhere Instanz.

6. Amtliche Veröffentlichungen

6.1. Das Luftfahrthandbuch (AIP)

Das AIP ist die amtliche Veröffentlichung von Informationsmaterial über die Luftfahrt und ihre Organisationen und Einrichtungen. Es enthält im Band I die Kapitel:

GEN = Allgemeiner Teil
AGA = Flughäfen und Bodeneinrichtungen
COM = Fernmeldewesen
MET = Meteorologie – Flugwetterdienst
RAC = Luftverkehrsregeln und FS-Kontrolle
FAL = Erleichterungen für den internationalen Verkehr
SAR = Such- und Rettungsdienst

Außerdem ist zu jedem Staat ein Kartenband erhältlich (Band III). Jeder Flugplatzhalter hat ein AIP für die Teilnehmer am Luftverkehr auszulegen und ist verpflichtet, es auf dem neuesten Stand zu halten.

Der Segelflieger sollte über den GEN-Teil und die genannten Abschnitte des RAC-Teils informiert sein.

Auch der Umgang mit dem Band III sollte geübt werden. Hier findet der VFR-Flieger Angaben über die Flugplätze in Form von Sichtanflugkarten, Datenblättern und Hinweisen. Wichtig sind vor allem dabei die An- und Abflugverfahren.

6.2. Nachrichten für Luftfahrer (NfL)

Die Bundesanstalt für Flugsicherung (BFS) gibt in deutscher Sprache die Nachrichten für Luftfahrer heraus. Sie enthalten Anordnungen, Informationen und Hinweise der Luftfahrtbehörden und anderer zuständiger Stellen über Luftfahrtanlagen aller Art, sowie über Dienste, Verfahren oder Gefahren, die für Luftfahrt- und Flugsicherungspersonal wichtig sind.

NfL werden in zwei Teilen – NfL I und NfL II – ausgegeben. In den NfL II sind Informationen über Luftfahrtgerät (z. B. Lufttüchtigkeitsanweisungen des LBA) und Luftfahrtpersonal (z. B. Änderungen der LuftPersV) veröffentlicht.

In der Regel können sich die Luftfahrzeugführer über die wichtigen Punkte der neuesten NfL von ihrem zuständigen Flugleiter unterrichten lassen.

6.3. NOTAMs [Notice To AirMen]

Sollen Anordnungen und Hinweise aus den NfL international verbreitet werden, so werden sie in englischer Sprache unter der Bezeichnung NOTAM auf dem Postwege verbreitet. Für schnellere Übermittlung bedient man sich des festen Flugfernmeldenetzes (Fernschreiber). NOTAMs sind in der Regel Meldungen, die dazu beitragen, einen sicheren und flüssigen Flugbetrieb zu gewährleisten.

6.4. Sonderdrucke

Von der Bundesanstalt für Flugsicherung werden außerdem alle Verordnungen, amtliche Nachweisformulare und eine Reihe von Verzeichnissen in Buch-, Heft- oder Loseblattform herausgegeben. Der Vertrieb dieser Schriften erfolgt unter anderem auch durch den Wirtschaftsdienst des Deutschen Aeroclubs.

Literaturnachweis

1) Bergmann-Schaefer, Lehrbuch der Experimentalphysik, de Gruyter
2) Blüthgen, Allgemeine Klimageographie, de Gruyter
3) Bodlée, Motor- und Segelflug, Motorbuch
4) Calder, Die Wettermaschine, Hallwig
5) DAeC, Fragenkataloge
6) Dubs, Aerodynamik der reinen Unterschallströmung, Birkhäuser
7) Eichenberger, Flugwetterkunde, Schweizer Verlagshaus
8) Gebhardt, Navigation für Privatpiloten, Zuerl
9) Geistmann, Die Entwicklung der Kunststoffsegelflugzeuge, Motorbuch
10) Georgii, Meteorologische Navigation, vieweg
11) Götzsch, Einführung in die Flugzeugtechnik, Frankfurt
12) v. Kalckreuth, Segeln über den Alpen, Motorbuch
13) Kassera, Der lautlose Flug, Motorbuch
14) Kassera, Prüfungsfragen Segelflug, Motorbuch
15) Kreipl, Mit dem Wetter segelfliegen, Motorbuch
16) Kreipl, Wolken, Wind und Wellenflug, Motorbuch
17) LuftBO, BFS
18) Luftfahrthandbuch, BFS
19) LuftVG, BFS
20) LuftGerPO, BFS
21) LuftPersV, BFS
22) LuftVO, BFS
23) LuftVZO, BFS
24) Reichmann, Streckensegelflug, Motorbuch
25) Schiffmann, Der Privatflugzeugführer
26) Schmidt, Lexikon der Luftfahrt, Motorbuch
27) Segelflugkommission des DAeC, Die Segelflugausbildung
28) Segelflugsportbetriebsordnung, DAeC
29) Seidler, Einführung in die Aerodynamik
30) Thomas, Grundlagen für den Entwurf von Segelflugzeugen, Motorbuch
31) Weinholtz, Grundtheorie des modernen Streckenfluges, Bochum

Stichwortverzeichnis

Abflughöhe 227
Ablösungspunkt 20
Abtrift 223
Abwind 254
ADF 213
Adiabaten 137f
Äquator 194
Agone 199
AIP 242, 295f
akustische Anzeige 88
Amboß 147
Anemometer 164
Aneroiddose 85
Anflug
 -karte 244
 -verfahren 242
Anlaufstrecke, laminare 24
Anstellwinkel 21f, 31, 46, 114
 kritischer – 21, 27, 49
Atmosphäre 118
Auffanglinie 211
Auftrieb 17ff, 56, 108, 161
Aufwind 148, 174
Ausgleichsgefäß 87
Auslandsflug 290
Auslösetemperatur 148
Ausrüstung 41, 57
Außenlandung 258f
Ausweichregeln 287
Barogramm 87
Barograph 86
Barometer 125f
barometr. Höhenstufe 126
Bauweisen 56
Beanspruchung 36f
Beladeplan 39f
Beplankung 58, 61
Bereifung 66
Bernoullisches Gesetz 17
Bespannung 61
Betriebsaufzeichnungen 275
Betriebshandbuch 78, 84
Betriebszeit 275
Bewölkung 182

Blitz 177
Böen 164
Bordbuch 276
Bordpapiere 278f
Brandhahn 70
Breitengrad 194f
Brems
 -klappe 52
 -schirm 53
Corioliskraft 165
CVFR 270, 285
Dampfdruck 132
Deklination 199f
Delphinflug 240
Deutscher Wetterdienst 186f
Deviation 97, 220
Divergenz 169
Drehen 43
Drehklappe 52
Drehmoment 38
Drehzahlen kritische 77
Drehzahlmesser (M) 98f
 elektrischer – (M) 98
 mechanischer – (M) 98
Drosselklappe 71
Druck 19
 -ausgleich 25
 -punkt 31f
 -punktwanderung 31
 statischer – 82
 -verteilung 18f
 -widerstand 23
Düse
 Haupt- 71
 Kompensations- 89
 Leerlauf- 71
Dunst 163f
Eigenstart (M) 104f
Einstellwinkel 31f, 74
Eintragungsschein 273
Endgeschwindigkeit 52
Energie 16, 91
Erdachse 193
Erlaubnis 268f

Entzug der – 272
 -erneuerung 271
 -erteilung 268
 -erweiterung 270
 Gültigkeit der – 271
 -verlängerung 271
Faden 108f
Fahrtmesser 82f, 253
Fahrwerk 65f, 253
Fahrwerkschaden 253
Fallschirm 251
Fernanzeige (M) 100
Festigkeit 37
Feuchtadiabate 138
Feuchtigkeit siehe Luftfeuchtigkeit
Flächenbelastung 35, 54, 114
Flügel 60f
 -form 26
 -streckung 26
Flügeltiefe mittlere 26
Flugbenzin 69
Flugbeschränkungen 283f
Flugfläche 130
Fluggäste 278
Flughandbuch 78
Flug horizontaler 32
Fluginformationsdienst 264, 281
Flugklarheit 79
Flugleistungen 24, 27, 53f, 77f
Flugplan 288f
Flugplatz 278f
Flugplatzverkehrszone 281
Flugplatzvorhersagen 189f
Flugsicherung 281f
 Bundesanstalt für – 264, 297
 Dienststellen 264
Flugüberwachungsgeräte 81, 82f
Flugverkehrsfreigabe 281
Flugvorbereitungen 277
Flugwerk 57
 – Überwachungsinstrumente 81
Flugwetteransage 186f
Flugwetter 278
 -beobachtung 186

-beratung 186
-dienst 186f
-vorhersage 187f
FlugÜZ 284f, 288
Flugzeit 266, 242
Flugzeugpolare 30
Flugzeugschlepp 103f, 245, 248f, 279
Föhn 172f
Fronten 151f
  Kalt- 152
  Warm- 152, 157
Funkgerät 82, 283
Funkverkehr 292
Fuß 265
GAFOR-System 186f
Gasgesetze 120f
Gefahrengebiet 284
Gemisch (M) 71
  armes – (M) 72
  fettes – (M) 72
Genehmigungsurkunde 82
Gesamtdruck 83
Gesamtpolare 30
Geschwindigkeit 84
  Bereiche 84
  Eigen- 218, 239
  End- 52
  Höchst- 84, 116
  relative – 82
  – über Grund 219f
  Sink- 35, 52
Geschwindigkeitspolare 54
Gewichte 57f
  Flug- 58
  Leer- 57
  Rüst- 58
Gewitter 176f, 257
  -Fronten 176
  Gefahr im – 177
  thermisches – 176
  -wolke 177
GFK 59f
Gieren 43
Gipfelhöhe (M) 78
  Dienst- (M) 78
Gleiten, bestes 30

Gleitflug 32
  geschwindigkeitsoptimaler 233
  streckenoptimaler 226f
  stationärer 33
Gleitwinkelberechnung 228f
Gleitzahl 33, 53, 227f
GMT 266
Gradient 138
Grenzschicht 19f
  -ablösung 20
  laminare 19
  turbulente 19f
Haftung 276
Halbkreisflughöhen 288
Halter 80, 274, 276
Hangflug 110f
Hauptwolkenuntergrenze 187
Himmelsrichtung 197f
Hindernisse 260
Hochachse 43f
Hochdruck
  -gebiet 128, 165, 168, 178
  -rücken 169
Höchstauftrieb 27
Höhenflosse 46
Höhenflug 292
Höhengas (M) 71
Höhenmesser 85f, 129f
Höhenruder 37, 43f, 107, 252
Höhenwetterkarte 180
Holm 60
Horizont 253
  künstlicher – 92
Hygrometer 135
Hysteresis 86
ICAO-Maßsystem 265
  -Karte 204, 208f
  -Standard-Atmosphäre 130, 181f
Inklination 95
Instandhaltung 275f
Instrumentierung 41, 81f
  Soll- 81
  Wolkenflug- 82
Inversion 132, 142f, 147
  Boden- 132, 143
  Höhen- 163
Ionosphäre 120

Isobaren 128
Isogone 199
Isohypse 181
Isothermie 132
Jet stream 180
Kaltfront 152, 157
  Höhen- 154
Kaltluft 152
  -tropfen 179
Kapillare 87
Karten 208
Kennblatt 41
Klappen 50f
Klarliste 79, 278
Klopfen 69
Knoten 164
Kolben 67
Kompaß 94f
  -anzeige 94, 198
  -drehfehler 96
  Magnet- 93f
  -richtkraft 95
  -rose 198
  -steuerkurs 215f
Kompensationsdüse 89f
Kompensierung 97f
Kondensation 134
Kondensationsniveau 146
Kontrollbezirke 279f
Kontrollgang 79
Kontrollzone 279f
Konvektions
  -raum 163
  -strömung 122, 148
Konvergenz 169
Koordinaten 196
Kreisel 91
  -achse 91
  -instrumente 91f
  -wirkung 91
Kühlung (M) 67
Kufe 65
Kunstflug 82, 270, 291
Kurbelwelle (M) 67
Kurs 251f
  -dreieck 216
  -kreisel 93

-linie 215
mißweisender – 216
rechtsweisender – 215f
-schema 221
-verbesserung 223f
Kurven 106f
-flug 34f
-gewicht 34
Stell- 107f
über – 107
Labilität 32, 139f
Labilitätsenergie 143
Ladedruck (M) 77
Lader (M) 72
Längengrad 194f
Längsachse 31, 43f, 108
Laminarprofil 29
Laminat 59, 62
Landen 112f, 258f, 279
Lastverteilung 35
Lastvielfaches 36, 114
Bruch- 37
sicheres – 36
Leergewicht 39, 57
Leitlinie 211
Leitwerk 57, 62f
Libelle 93
Loxodrome 201
Luftaufsicht 263
Beauftragter für 264, 278
Luftbildaufnahmen 291
LuftBO 268
Luftdichte 22, 121f
Luftdruck 121f
-änderung 126
-messung 124
-schwankungen 127
-unterschiede 165
Luftfahrt
-gerät 265, 267
-handbuch 295f
-personal 268
-regeln 268f
Luftfahrtbundesamt 264f
Luftfahrtorganisation
internationale – 265
nationale – 263

Luftfahrzeuge 272
Luftfeuchtigkeit 132
absolute 133
maximale 132
Messung der – 135
relative – 133
spezifische – 135
Luftkraft 17, 31f
Luftmassen 179f
LuftPersV 267
Luftraum 279
kontrollierter – 280
unkontrollierter – 279
Luftschraube 74
Lufttemperatur 131f
-änderung 131, 156
-messung 131
Lufttüchtigkeit 82
-anweisung 275
-zeugnis 273
Luftverkehrsgesetz 266
-ordnung 266
-zulassungsordnung 267
Luftwirbel 250
Luvwinkel 216, 219f
McCready-Ring 90, 232
-Kurve 231
Meereshöhe 193
Membrandose 83
Meridian s. Längengrad
Mesosphäre 120
Meßgenauigkeit 83
Millibar 125
Millimeter Hg 124
Mindestausrüstung 57
Mindestgeschwindigkeit 35, 42, 114, 255
Monsun 170
Motoraufhängung (M) 66
-flug 77, 241
-leistung (M) 77
Nachprüfschein 278
Nachprüfung 81
Nachrichten für Luftfahrer 296
Nacht 291
Nahverkehrsbereich 279f
Navigation 211f

astronomische – 214
Koppel- 214
meteorologische – 214
Radio – 212
terrestrische – 211
Navigationsgeräte 81
NDB (M) 213, 210
Nebel 161f, 255
negatives Wendemoment
s. Querruder-Sekundäreffekt
Nfl 296
Niederschläge 158f
NN 193
NOTAM 296
Oberfläche 24
Öl (M) 68f
-druck 68
-druckmesser 69, 99
-filter 68
-kühler 68
legiertes – 68
-pumpe 69
-temperatur 69
-temperaturmesser (M) 69, 99
-wanne (M) 68
Okklusion 151, 153f
Oktanzahl 69
Ordnungswidrigkeit 294
Orthodrome 202
Ortsmißweisung 199f
Peilstab 99
Peilung 212f
Eigen- 212, 213
Fremd- 212
Pendelruder 48
Pfeilung 47
Pitotrohr 82
Platzrunde 101f, 247
Polardiagramm 30f
Lilienthalsches – 27
Prandtlsches Staurohr 83
Präzession 91
Projektion 200f
gnomonische – 206
Kegel- 203f
Zylinder- 200f
Profil 18

-änderung 43, 51
-arten 28
-bezugslinie 18, 21, 31
-dicke 18, 52
-polare 27
-tiefe 18
-wölbung 18
Propeller s. Luftschraube (M)
Prüfer 80, 264
QDM 212
QDR 213
QFE 129
QFF 129
QNH 129f
QTE 213
Querachse 43f
Querneigung 34, 96, 107
Querruder 43f, 252
 differenziertes – 64
 -Sekundäreffekt 45f, 64, 105f, 115
Rad 65
 -bremse 66
 Bug- 66
 Sporn- 66
Randbogen 60
Reichweite 78
Reisegeschwindigkeit 75
 mittlere – 238f
Reparatur 80, 82
Reserve 242
Rippen 61
Rollen 43
Rollstrecke 51
Roßbreiten 178
Rotor 173
Rowing 62
Rüstgewicht 58
Ruderausgleich 48
 aerodynamischer – 48
 statischer – 48
Rückseitenwetter 153
Rumpf 58f
Sättigung 134
Sandwich 61
Sauerstoff 118, 253
 -mangel 126

Schauglas (M) 100
Schichtung 139f
 indifferente – 142
 labile – 145
 stabile – 145
Schmierfilm (M) 68
Schmierung (M) 68f
Schnellflug 30, 36, 51
Schränkung 49f
 aerodynamische – 49
 geometrische – 49
Schwerpunkt 32, 38f, 277
 Fluggewichts- 38, 117
 Leergewichts- 39
Seemeile 195
Segelfluggeländeordnung 102
Seilriß 246f
Seitenflosse 47
Seitengleitflug 109f
Seitenruder 43f, 252
Seitenverhältnis 24
Seitenwind 261
Sicherheitsmindesthöhe 287
Sichtflugregeln 286f
Signale 293
Sinken 229f
 bestes 53
 Brutto – 229
 Netto – 229
 polares 226
Sog 19
Sollbruchstelle 104
Sollfahrt 227f
Sonderausrüstung 57
Sperrgebiet 284
Sporn 65
Spreizklappe 51
Stabilität 45f, 139f
 dynamische – 45
 statische – 45
Standard – Atmosphäre 130, 181f
 – Einstellung 130
Startcheck 79
Starten 102, 245f
Startrollstrecke (M) 78
Startstrecke (M) 77

Stationskreis 182f
statischer Druck 82, 85, 88
Staubewölkung 149, 173
Staudruck 22f, 82
Staupunkt 18
Stauscheibenvariometer 88f
Steigen mittleres 233f
Steuerdruck 117
Steuerknüppel 43, 63
Steuerung 43f
Steuerwerk 63f
Störklappe 52
Störung 80f, 274f
 Meldung einer – 274
Straftat 294
Stratosphäre 118, 174
Streckenflug 225f, 241
Streckenflugausweis 290
Streckung 26
Strömung 20f
 Abriß der – 22
 laminare – 20
 turbulente – 20
Stromlinienform 24
Sturzflugbremse 52
TAF-Meldung 189f
Taupunkt 134, 163
Temperaturgradient 132f
Thermik 148, 233
Tiefdruck 128, 158, 168
 -gebiet 178
 -rinne 169
 -trog 169
 -wirbel s. Zyklone
Tiefflugband 285
Torsionsnase 60
Tragflügel 60f
 -anordnung 56
 Anzahl der – 56
 -form 26
Tragwerk 57, 60f
Transport 257
Treibstoff (M) 69
 -anlage (M) 70
 -behälter (M) 70, 100
 -verbrauch (M) 242
Triebwerkausfall (M) 249

301

Triebwerküberwachungs
  instrumente 98f
Trimmung 64
  Feder- 65
  Flettner- 65
  Gewichts- 64
Trockenadiabate 137
Tropopause 118
Troposphäre 118
Trudeln 38, 114f, 251
Turbulenz 175, 250
Überhitzen (M)
Überlandflug 278
Überziehen 22, 107
Umschlagpunkt 20
Unfall 262, 275
Unfallursachen 262
UV-Strahlung 119
Variometer 87f
VDF 212
Ventile (M) 67
Verantwortlichkeit 80, 274
Vereisung 160, 178, 255
Vergaser (M) 70f
  -brand 72
  -vereisung 72, 253
  -vorwärmung 72
Verkehrsflughäfen 264
Verkleidungen 67
Versicherung 276f
Verwirbelung 116
VFR-Beschränkung 284
Viertakter (M) 66
Viskosität (M) 68

VMC 286
VOR (M) 191, 213
Vortrieb 32f
V-Stellung 47
Wägung 40
Warmfront 152, 157
Warmlaufen (M) 89
Warmluft 157
Wartung 275
Wasserballast 36, 58
Wellenbildung 173
Weltzeit 266
Wendezeiger 91
Wettbewerbsklassen 57
Wetter 137f, 185
  -änderung 156
  -faktoren 124f
  -karte 180, 182f
  -meldung 183f
  -schlüssel 184f
Widerstand 17, 23f, 161
  Beiwert- 23
  Druck- 23
  Gesamt- 27
  Grenzschicht- 24
  induzierter – 25
  Interferenz- 26
  Profil- 24
  Rest- 27
  Tragflügel- 30
Wind 112, 178, 216, 257, 163f
  Berg- 172
  Boden- 167
  -dreieck 216f

  -einfluß 216f, 223
  geostrophischer – 165
  Gradient- 166
  Land- 170
  -messung 164
  -richtung 163, 183, 217
  -scherung 256
  See- 170
  -stärke 164, 183
  -stillepunkt 218
  Tal- 171
Windenstart 102f, 245
Wirbel 25
  -schleppe 25, 250
Wölbklappe 50, 252
Wolkenbildung 145f, 168
  orographische – 148f
  thermische – 145f
Wolkenflug 82, 254, 270, 291
Wolkenformen 149f, 185
Zeichen 293f
Zentrifugalkraft 34
Zielanflug 234f
Zündung (M) 72
  Magnet- 73
Zündzeitpunkt (M) 73
Zuladung 39f
  maximale – 39, 58
  Mindest- 39, 42
Zulassung 264, 273f
Zustandskurve 131f
Zyklone 155f
Zylinder (M) 67

302

-änderung 43, 51
-arten 28
-bezugslinie 18, 21, 31
-dicke 18, 52
-polare 27
-tiefe 18
-wölbung 18
Propeller s. Luftschraube (M)
Prüfer 80, 264
QDM 212
QDR 213
QFE 129
QFF 129
QNH 129f
QTE 213
Querachse 43f
Querneigung 34, 96, 107
Querruder 43f, 252
 differenziertes – 64
 -Sekundäreffekt 45f, 64, 105f, 115
Rad 65
 -bremse 66
 Bug- 66
 Sporn- 66
Randbogen 60
Reichweite 78
Reisegeschwindigkeit 75
 mittlere – 238f
Reparatur 80, 82
Reserve 242
Rippen 61
Rollen 43
Rollstrecke 51
Roßbreiten 178
Rotor 173
Howing 62
Rüstgewicht 58
Ruderausgleich 48
 aerodynamischer – 48
 statischer – 48
Rückseitenwetter 153
Rumpf 58f
Sättigung 134
Sandwich 61
Sauerstoff 118, 253
 -mangel 126

Schauglas (M) 100
Schichtung 139f
 indifferente – 142
 labile – 145
 stabile – 145
Schmierfilm (M) 68
Schmierung (M) 68f
Schnellflug 30, 36, 51
Schränkung 49f
 aerodynamische – 49
 geometrische – 49
Schwerpunkt 32, 38f, 277
 Fluggewichts- 38, 117
 Leergewichts- 39
Seemeile 195
Segelfluggeländeordnung 102
Seilriß 246f
Seitenflosse 47
Seitengleitflug 109f
Seitenruder 43f, 252
Seitenverhältnis 24
Seitenwind 261
Sicherheitsmindesthöhe 287
Sichtflugregeln 286f
Signale 293
Sinken 229f
 bestes 53
 Brutto – 229
 Netto – 229
 polares 226
Sog 19
Sollbruchstelle 104
Sollfahrt 227f
Sonderausrüstung 57
Sperrgebiet 284
Sporn 65
Spreizklappe 51
Stabilität 45f, 139f
 dynamische – 45
 statische – 45
Standard – Atmosphäre 130, 181f
 – Einstellung 130
Startcheck 79
Starten 102, 245f
Startrollstrecke (M) 78
Startstrecke (M) 77

Stationskreis 182f
statischer Druck 82, 85, 88
Staubewölkung 149, 173
Staudruck 22f, 82
Staupunkt 18
Stauscheibenvariometer 88f
Steigen mittleres 233f
Steuerdruck 117
Steuerknüppel 43, 63
Steuerung 43f
Steuerwerk 63f
Störklappe 52
Störung 80f, 274f
 Meldung einer – 274
Straftat 294
Stratosphäre 118, 174
Streckenflug 225f, 241
Streckenflugausweis 290
Streckung 26
Strömung 20f
 Abriß der 22
 laminare – 20
 turbulente – 20
Stromlinienform 24
Sturzflugbremse 52
TAF-Meldung 189f
Taupunkt 134, 163
Temperaturgradient 132f
Thermik 148, 233
Tiefdruck 128, 158, 168
 -gebiet 178
 -rinne 169
 -trog 169
 -wirbel s. Zyklone
Tiefflugband 285
Torsionsnase 60
Tragflügel 60f
 -anordnung 56
 Anzahl der – 56
 -form 26
Tragwerk 57, 60f
Transport 257
Treibstoff (M) 69
 -anlage (M) 70
 -behälter (M) 70, 100
 -verbrauch (M) 242
Triebwerkausfall (M) 249

Triebwerküberwachungsinstrumente 98f
Trimmung 64
  Feder- 65
  Flettner- 65
  Gewichts- 64
Trockenadiabate 137
Tropopause 118
Troposphäre 118
Trudeln 38, 114f, 251
Turbulenz 175, 250
Überhitzen (M)
Überlandflug 278
Überziehen 22, 107
Umschlagpunkt 20
Unfall 262, 275
Unfallursachen 262
UV-Strahlung 119
Variometer 87f
VDF 212
Ventile (M) 67
Verantwortlichkeit 80, 274
Vereisung 160, 178, 255
Vergaser (M) 70f
  -brand 72
  -vereisung 72, 253
  -vorwärmung 72
Verkehrsflughäfen 264
Verkleidungen 67
Versicherung 276f
Verwirbelung 116
VFR-Beschränkung 284
Viertakter (M) 66
Viskosität (M) 68

VMC 286
VOR (M) 191, 213
Vortrieb 32f
V-Stellung 47
Wägung 40
Warmfront 152, 157
Warmlaufen (M) 89
Warmluft 157
Wartung 275
Wasserballast 36, 58
Wellenbildung 173
Weltzeit 266
Wendezeiger 91
Wettbewerbsklassen 57
Wetter 137f, 185
  -änderung 156
  -faktoren 124f
  -karte 180, 182f
  -meldung 183f
  -schlüssel 184f
Widerstand 17, 23f, 161
  Beiwert- 23
  Druck- 23
  Gesamt- 27
  Grenzschicht- 24
  induzierter – 25
  Interferenz- 26
  Profil- 24
  Rest- 27
  Tragflügel- 30
Wind 112, 178, 216, 257, 163f
  Berg- 172
  Boden- 167
  -dreieck 216f

  -einfluß 216f, 223
  geostrophischer – 165
  Gradient- 166
  Land- 170
  -messung 164
  -richtung 163, 183, 217
  -scherung 256
  See- 170
  -stärke 164, 183
  -stillepunkt 218
  Tal- 171
Windenstart 102f, 245
Wirbel 25
  -schleppe 25, 250
Wölbklappe 50, 252
Wolkenbildung 145f, 168
  orographische – 148f
  thermische – 145f
Wolkenflug 82, 254, 270, 291
Wolkenformen 149f, 185
Zeichen 293f
Zentrifugalkraft 34
Zielanflug 234f
Zündung (M) 72
  Magnet- 73
Zündzeitpunkt (M) 73
Zuladung 39f
  maximale – 39, 58
  Mindest- 39, 42
Zulassung 264, 273f
Zustandskurve 131f
Zyklone 155f
Zylinder (M) 67

Erlebnisse und Eindrücke von Winfried Kassera
DER LAUTLOSE FLUG

Segelfliegen – das ist mehr als sich mit einer gültigen Lizenz hinter den Steuerknüppel zu setzen und einfach zu entschweben. In diesem Buch wird gezeigt, welche Vielfalt sich beim Betrachten dieses Hobbys auftut, welche Möglichkeiten sich bieten, aber auch welche Schwierigkeiten sich in den Weg stellen.
Lockere Erzählungen und spannende Berichte lassen den Leser miterleben, wie man sich den motorlosen Flug erobert.
160 Seiten, 56 Fotos, 20 Zeichnungen, gebunden DM 36,—

Selbstverständlich aus dem
MOTORBUCH VERLAG
Postfach 1370 · 7000 Stuttgart 1

Wer wie Sie vom Fliegen fasziniert ist,
will wissen, was sich in diesem Bereich tut.
FLUG REVUE informiert über die Fortschritte
der Technik, berichtet über aufregende
Ereignisse und unterhält mit Persönlichem
aus der Fliegerei.

FLUG REVUE – Das internationale Luft- und
Raumfahrt-Magazin.
Die Nr. 1 im deutschsprachigen Europa.